基于动态系统约束规划的水下机器人可靠定位方法

Reliable Robot Localization

A Constraint - Programming Approach Over Dynamical Systems

[法] 西蒙·罗乌(Simon Rohou)

[法] 吕克·若兰(Luc Jaulin)

[英] 柳德米拉·米哈伊洛夫(Lyudmila Mihaylova)　编著

[法] 法布里斯·勒·巴尔斯(Fabrice Le Bars)

[英] 桑多·M·维尔斯(Sandor M. Veres)

徐博　郭瑜　李盛新　译

国防工業出版社

·北京·

著作权合同登记　图字:01－2022－4698号

图书在版编目(CIP)数据

基于动态系统约束规划的水下机器人可靠定位方法/
(法)西蒙·罗乌(Simon Rohou)等编著;徐博,郭瑜,
李盛新译.—北京:国防工业出版社,2023.3
书名原文:Reliable Robot Localization:A
Constraint－Programming Approach Over Dynamical
Systems
ISBN 978－7－118－12751－5

Ⅰ.①基… Ⅱ.①西… ②徐… ③郭… ④李… Ⅲ.
①水下作业机器人－定位法 Ⅳ.①TP242.2

中国国家版本馆CIP数据核字(2023)第005141号

※

国防工業出版社 出版发行
(北京市海淀区紫竹院南路23号　邮政编码100048)
三河市腾飞印务有限公司印刷
新华书店经售
*
开本710×1000　1/16　印张13¼　字数225千字
2023年3月第1版第1次印刷　印数1—1500册　定价108.00元

国防书店:(010)88540777　书店传真:(010)88540776
发行业务:(010)88540717　发行传真:(010)88540762

译 者 序

水下机器人可以承担情报收集、侦察、应急救生与打捞等多种任务，具有广阔的应用前景。精确定位是水下机器人可靠、准确地执行任务的坚实保障，也是目前水下机器人领域的研究难点和热点。

针对强烈不确定性和感知困难所带来的挑战，本书提出了适用于恶劣环境的水下机器人鲁棒性 SLAM 定位方法，为水下机器人定位开辟了新的思路。原著于 2019 年 12 月发行，书中汇集了当时水下机器人导航定位领域最新的研究成果。此书源自 Simon Rohou 在法国高等科技学院和英国谢菲尔德大学攻读法英博士学位期间撰写的博士学位论文。该论文在 2018 年被法国机器人研究界评为最佳博士学位论文，具有很高的学术水平。

本书的总体结构如下：绪论部分对水下机器人定位进行了综述，明确了目前存在的问题，介绍了常用的定位方法；第 1 章给出了区间分析、约束、收缩子和集逆的概念；第 2 章介绍了包络边界函数的概念及其相关属性；第 3 章提出了一种新的包络边界函数收缩子来解决微分约束方程问题；第 4 章通过移动机器人的动态定位和漂移时钟校正这两个实例，证明了新收缩子的有效性；第 5 章通过相关测试验证了机器人执行期内没有受到位置不确定性的影响；第 6 章提出了具有鲁棒性的原始数据 SLAM 方法，并通过 Daurade AUV 实验证明了该方法在应用领域的巨大潜力；最后一章对本书内容进行总结并对未来进行展望。

本书的研究工作促进了区间分析和约束编程领域的学术发展，相关技术可以拓展到自动控制、路径规划、地面定位或空间轨迹评估领域，对武器装备发展具有重要的应用价值。读者可以通过将动力系统分解成一组涉及向量、轨迹或集合的基本约束来解决与动力系统相关的问题。此外，本书作者还开发了新的开放源代码库 Tubex，可在以下网址免费获取：http://www. simon - rohou. fr/research/tubex - lib。读者可以在此基础上构建自己的方案，以解决更专业的动力学问题。

相比于国内同类书籍，本书在创新性、前沿性和实用性方面有较突出的优势。本书内容紧跟当前自主水下航行器可靠、精确定位的发展动态和方向，可以为我国自主水下机器人定位与鲁棒滤波技术的研究提供有益的借鉴。目前，国内相关的研究单位尚不多,本书的出版将在一定程度上弥补我国在该领域理论上的不足,推动自主水下航行器技术的发展。

本书内容阐述清晰、有理有据、深入浅出,对其他平台精确导航定位及控制问题有很好的参考价值,可作为高等院校船舶与海洋工程、自动控制、探测制导与控制等相关专业本科生和研究生的教材,也可供从事控制理论与控制工程、水下机器人、区间分析和约束编程领域研究的相关技术人员阅读、参考。

译者为哈尔滨工程大学智能科学与工程学院徐博、郭瑜、李盛新,长期从事惯性导航、多智能体协同控制、多传感器智能信息融合方面的研究工作,所在团队研究项目曾获军队科学技术进步奖二等奖、省自然科学奖二等奖、中国航海学会技术发明二等奖。

最后,感谢近年来一起从事该领域研究的费亚林博士、王权达博士、沈浩硕士、李浩泽硕士、赵晓伟硕士、国运鹏硕士,他们为本书的出版也做出了相应的贡献。此外,本书的出版得到了国防工业出版社的大力支持,在此一并表示感谢。

由于译者水平有限,错误和不妥之处,衷心希望各位读者不吝批评指正。

本书插图的彩色版本参见 www. iste. co. uk/rohou/robot. zip。

2021. 12

前　言

在移动机器人领域，导航是执行所有自主任务的基础。它涉及多种能力，包括对环境感知、机器人定位、对一系列轨迹决策的认知以及控制器实现。定位问题极大地推动了新技术和算法的发展，如全球导航卫星系统(GNSS)以及各种卡尔曼滤波器。各种各样的环境和传感器的不确定性给定位带来的挑战，仍然是当今机器人领域所面临的主要问题。

本书提出了一种新的定位方法。它的灵感来自于水下机器人存在的强烈不确定性和感知困难所带来的挑战。此外，出于对与水面航行有关的安全因素或与海床碰撞的风险考虑，位置估计的准确性至关重要。集员方法使我们能够计算不确定性的可靠界限，本书阐述了如何将这些方法应用于移动机器人。本书中的插图与水下机器人有关，但是相关概念对于涉及动力系统的其他应用仍然有效。

本书可为移动机器人学、非线性控制系统、水下机器人学、区间分析和约束规划领域的学生和研究人员提供帮助。

本书源于 Simon Rohou 在法国高等科技学院和英国谢菲尔德大学的法英博士项目中撰写的博士学位论文。这项工作的其他参与者如下：Luc Jaulin，Lyudmila Mihaylova，Fabrice Le Bars 和 Sandor M. Veres。该论文被法国机器人研究界授予 2018 年最佳博士学位论文。

如果没有下面这些人提供的帮助和对本书做出的贡献，本书是不可能出版的，在此我要感谢他们：

感谢 Peter Franek（来自奥地利科技学院）在拓扑度理论领域卓有成效的工作。他对第 5 章的研究内容做出了贡献。

感谢 Philippe Bonnifait，Gilles Trombettoni，HishamAbou - Kandil，Gilles Chabert 和 Benoit Zerr 在论文答辩期间和之后给予的反馈、意见和建议。

感谢 Michel Legris 的见解和对本书应用所进行的讨论与评价。

感谢 Alain Bertholom 和 Aventuriere Ⅱ号(DGA - TN 布雷斯特)的全体船员在 Daurade 机器人试验方面提供的支持。

同时感谢法国防务采办局(DGA)及其英法博士项目对本书的资助。

最后,感谢法国国家科研署(ANR)在 Contredo 项目(ANR－16－ce33－0024)期间提供的资金支持。

Simon Rohou
Luc Jaulin
Lyudmila Miha ylova
Fabrice Le Bars
Sandor M. Veres
2019 年 8 月

符 号 说 明

为了便于读者理解，将本书使用的数学符号列在此处。所有这些符号将在各章中进行介绍。向量、矩阵和向量函数用黑斜体表示，区间用括号[ ]表示。空心体表示集合，如 $\mathbb{X}$、$\mathbb{Y}$。

模型构建

$\boldsymbol{x}$	状态向量，$\boldsymbol{x} \in \mathbb{R}^n$ （或者是一个任意变量）
$\boldsymbol{p}$	二维位置向量，$\boldsymbol{p} = (x_1, x_2)^{\mathrm{T}}$
$\boldsymbol{u}$	输入向量，$\boldsymbol{u} \in \mathbb{R}^m$
f	映射函数，$f: \mathbb{R}^n \times \mathbb{R}^m \to \mathbb{R}^n$ （或者是一个任意函数）
z	观测向量，$\boldsymbol{z} \in \mathbb{R}^p$
g	观测函数，$\boldsymbol{g}: \mathbb{R}^n \to \mathbb{R}^p$
h	时钟漂移函数（时钟问题，第 4 章） 配置函数（SLAM 方法，第 6 章）
τ	漂移时间基准
φ, θ, ψ	滚动角、俯仰角、偏航角（航向）

区间和集合

$\varnothing$	空集
$\mathbb{IR}$	$\mathbb{R}$ 的所有区间集
$\mathbb{IR}^n$	所有 $\mathbb{R}^n$ 盒子的集合
$[x]$	区间 $[x^-, x^+]$，$[x] \in \mathbb{IR}$
x^-	区间 $[x]$ 的下界
x^+	区间 $[x]$ 的上界
x^*	在区间 $[x]$ 内的实际（未知）值
$[\boldsymbol{x}]$	区间向量，$[\boldsymbol{x}] \in \mathbb{IR}$

$[f]$	f 的包络函数
$[f]^*$	f 的最小区间包络函数
$\amalg$	平方并集
$\mathcal{L}_f$	与函数 f 相关的约束条件
$\mathcal{C}_f$	在 $\mathcal{C}_f$ 约束下的收缩子
$[\mathbb{X}]$	包围集合 $\mathbb{X}$ 的盒子
$\partial\mathbb{X}$	集合 $\mathbb{X}$ 的边界
$\#\mathbb{E}$	集合 $\mathbb{E}$ 的基数(项数)

轨迹和包络边界函数

t	时间变量
$(\cdot)$	(点)系统自变量
$a(\cdot)$	轨迹,$\mathbb{R}\to\mathbb{R}$
$a(t)$	$a(\cdot)$在 t 时刻的值
$\dot{a}(\cdot)$	$a(\cdot)$的导数
$[a](t)$	t 时刻$[a](\cdot)$的值
$\varnothing(\cdot)$	空集的包络边界函数
$\boldsymbol{p}(\cdot)$	机器人二维轨迹,$\mathbb{R}\to\mathbb{R}^2$
$\mathcal{C}_{\frac{d}{dt}}$	包络边界函数收缩子的微分
$\mathcal{C}_{\mathrm{eval}}$	包络边界函数收缩子的估计值
$\mathcal{C}_{t_1,t_2}$	跨区间包络边界函数收缩子的估计值
$\mathcal{C}_{p\Rightarrow z}$	跨区间包络边界函数收缩子的隐含值
d	厚度函数,切片对角线,$d:\mathbb{IR}^2\to\mathbb{R}$
δ	包络边界函数的离散化采样周期

环路

$\boldsymbol{t}$	定义一个环路起止时刻对,也记为(t_1,t_2)
$\mathbb{T}^*$	$\boldsymbol{t}$ 的集合
$\mathbb{T}$	在有界误差环境下可行 $\boldsymbol{t}$ 的集合
$\mathbb{T}_i$	$\mathbb{T}$ 的紧连通子集
Ω	$\mathbb{T}$ 的外近似集合
Ω_i	Ω 的紧连通子集
$\mathcal{N}$	牛顿检验

$\mathcal{T}$	拓扑度检验
λ	沿轨迹 $\boldsymbol{p}(\cdot)$ 的圈数

其他符号

ε	SIVIA 算法的精度
$\deg(f,\Omega)$	f 对 Ω 的拓扑度
$\boldsymbol{J}^f$	f 的雅可比矩阵
$\det([\boldsymbol{J}])$	区间矩阵行列式

缩　略　语

缩写	英文全称	中文释义
AUV	autonomous underwater vehicle	自主式水下航行器
BPF	box particle filter	盒子粒子滤波
CN	constraint network	约束网络
CSP	constraint satisfaction problem	条件约束问题
DEM	digital elevation model	数字高程模型
DVL	doppler velocity log	多普勒计程仪
GNSS	global navigation satellite system	全球卫星导航系统
IMU	inertial measurement unit	惯性测量单元
INS	inertial navigation system	惯性导航系统
IVP	initial value problem	初值问题
LBL	long base line	长基线
ODE	ordinary differential equation	常微分方程
PF	particle filter	粒子滤波
SIVIA	set - inversion via interval analysis	基于区间分析的集逆算法
SLAM	simultaneous localization and mapping	同步定位与地图创建
USBL	ultra - short base line	超短基线

目　　录

第一部分　区间分析方法

第二部分 与约束相关的贡献

第三部分 与机器人相关的贡献

绪　　论

0.1　水下所面临的挑战

我们可以违抗人类的法则，但我们不能抗拒自然的法则。

Twenty Thousand Leagues Under the Sea, Jules Verne

0.1.1　浩瀚的未知区域

"95%"！美国国家海洋与大气管理局（NOAA）公布的[①]这一惊人数字让我们意识到，人类对海洋知之甚少，约95%的水下领域都还没有被发现。然而，海洋却覆盖了地球2/3的面积。甚至人类现在对月球表面的了解程度比对海洋的了解还要多。在过去的一百年中，海洋技术发生了巨大变化，人们找到了探索水域的方法，这在以前是无法想象的。

水下探险始于挑战者远征队（1872年，图0.1），他们用铅线测量海水的深

图0.1　英国皇家海军"挑战者"号（HMS）于1872—1876年参加了第一次全球海洋研究探险："挑战者"号探险。由威廉·弗雷德里克·米切尔（William Frederick Mitchell）绘画

① http://www.noaa.gov/oceans-coasts.

度。地球上已知最深的地点——挑战者深渊(The Challenger Deep)[①]就是在这次探险中发现的。然而,直到20世纪60年代初,在载人潜水器“特雅斯特”号(Trieste)下潜期间,人类才到达了这个地点,如图0.2所示。

图0.2 “特雅斯特”号是由瑞士设计、意大利建造的大潜深潜艇。它能够到达地球上的任何深渊,如1960年的马里亚纳海沟
(照片来源:美国海军历史中心)

“特雅斯特”号的下潜表明,人类是能够制造出抵抗巨大压力的水下航行器的。但是,因为潜水器探测范围只有几平方米,与勘探区域的范围相比,这项工作的成本是巨大的。就算这些年勘探技术有了很大的发展,但是勘探的费用成本,或者说勘探时间成本仍然是探测海洋的主要障碍。

0.1.2 恶劣的水下环境

能够承受住水的高压、腐蚀性盐度、不可预测的水流等是一回事,而感知环境是另一回事。图0.3提供了在水下可能遇到的能见度差的示例。浅海中强不透明性、深海处缺乏光线,这些原因使得我们很难从相机中获取信息。其他常规勘探或通信手段会遇到电磁波在水中迅速衰减的问题。

1. 水下声学

声学通信技术是目前唯一能够在水下较大范围内保持高性能的通信技术。

---

① 挑战者深渊:潜水器估计深度为10916m。

1991 年进行的赫德岛试验(Munk et al,1994)是一个很有说服力的试验,该试验的目的是测试海洋中人工声学信号的发射。全世界 16 个地点接收到来自南印度洋一个岛屿的 57Hz 的特殊相位调制信号,其中包括北美的两个海岸。这项试验证明,利用声学通信技术,信号可以传播到很远的距离。

基于沿传播方向的声速估计,声波非常适合测量发射器和环境中任何障碍物之间的距离。实际中,在几十米范围内保持良好的性能同时将能源消耗成本控制在一定范围内是完全可以实现的。但是应该注意,声学信号很少沿直线传播,这会影响对距离的估计,甚至可能会产生盲区①。尽管如此,水下声学探测仍然是最适合大范围探索的方法,但相关实施方案没有那么简单。

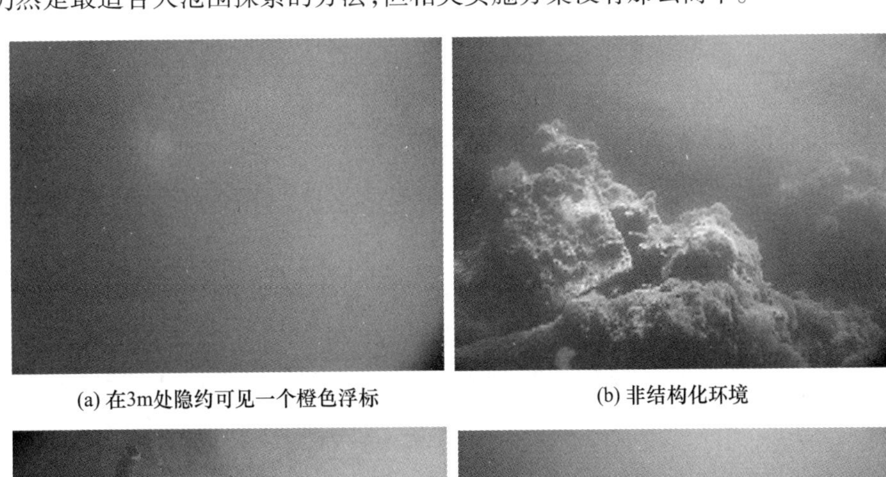

(a) 在3m处隐约可见一个橙色浮标　　(b) 非结构化环境

(c) 丢失的无线路由器　　(d) 离群的海洋生物

图 0.3　在北约海事研究与实验中心(CMRE,前身为 NURC)进行 SAUC - E 竞赛期间(2013—2014 年)的拉斯佩齐亚(Spezia)(意大利)的浅水区。(这些图片由恩斯塔・布雷塔涅(ENSTA Bretagne)的自主机器人 Vici 拍摄。设计自主分析这些观测值的算法仍然是一项具有挑战性的任务)

---

① 以大西洋为例,由于环境的物理特性,同一层水面上相隔 60m 的两个航行器可能无法相互感知。

2. 大海捞针

2014 年 MH370 飞机在南印度洋附近失踪,书中介绍的工作与马来西亚航空公司的 MH370 飞机进行水下搜寻是同一天开始的。这次多国搜寻成为航空史上规模最大、成本最高的一次搜寻,尽管部署了大量的海上搜寻方案但飞机仍然没有找到。2014 年 10 月—2017 年 1 月,多国对 12 万 km^2 的海底进行了全面调查,但还是没有成功。这次搜寻涉及区域广阔,结果表明在探索海底方面仍然存在困难。

然而,这项没有成果的研究加深了人类对这部分海洋的了解,得到了在深海环境中很少能达到的细节水平(Picard et al,2017)。图 0.4 展示了以前的海底地图(其平均空间分辨率约为 5 km^2)与分辨率小于 0.01km^2 的新数字高程模型(DEM)之间的比较。在搜索过程中,配备声学设备(如侧面扫描声呐或多束回声测深仪)的船只无法扫描搜索区域的整个范围。事实上,地形最复杂和最具挑战性的海底部分只能由自主式水下航行器(AUV)来完成,AUV 装配有类似的技术,专门设计用于远程深水位置的高分辨率测量作业。这些机器人用机器臂来进行这种探索工作。

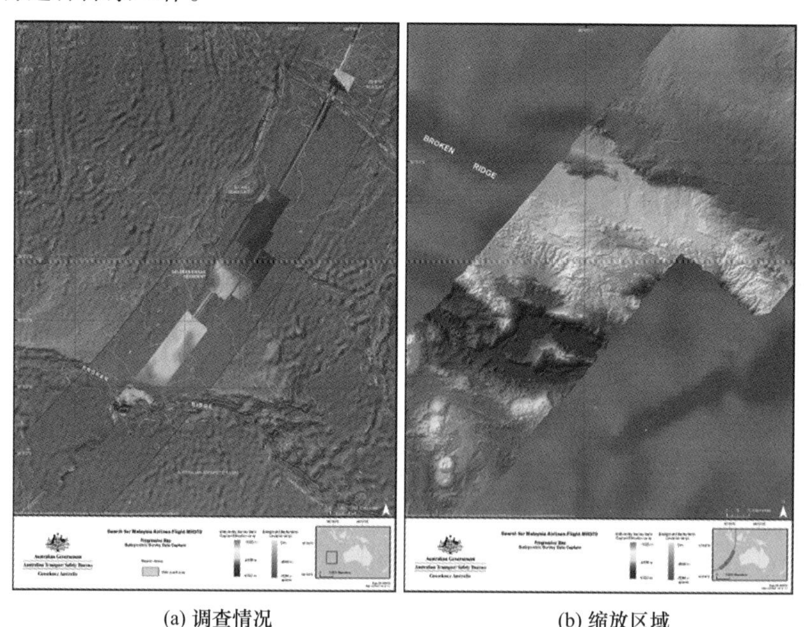

(a) 调查情况　　　　(b) 缩放区域

图 0.4　澳大利亚西海岸搜寻 MH370 飞机时进行的水深测量。灰色区域表示使用卫星衍生的重力数据间接估算的深度。彩色数据是通过海洋手段获得,这突出表明需要更高精度的准确性(© 版权所有 2014,澳大利亚联邦)

0.1.3 自主式水下航行器

由于复杂的环境和广袤的区域面积所带来的困难，使用自主式航行器似乎是一种可以克服这些挑战并突破海洋知识界限的可靠解决方案。事实上，即使采用了诸如水声学这样的有效方法，相比于必须要进行探索的范围来说，海洋传感器的覆盖面积仍然不大。由于需要技术人员的参与，一味成倍地增加船只配备传感器的数量将会导致成本激增。此外，水层表面机器人不足以提供深水区域的详细情况。海洋机器人(Creuze,2014)成本合理，因此是进行海洋勘探的一个很有吸引力的选择。

此外，由于前面提到的环境的不透明性，对于执行探测任务的水下机器人进行全局监督很难实现。低速率的水下通信和信息传播的延迟特点要求机器人具有完全的自主性。基于这些原因，新的海洋机器人被设计出来做无监督的决策，以完成给定的任务。它们可以参与一些海洋研究和活动，如水文、海洋学、气候变化监测、探雷军事行动(Toumelin et al,2001)、沉船搜索(L'Hour et al,2016)等。

由于它们在水下航行时没有接到来自水面的指令，因此需要感知环境并采取相应的行动，所以它们配备了声呐或摄像头等传感器。此外，它们对自己的位置进行估计(Leonard et al,1998)，这在水下世界一直是一项复杂的任务。定位问题将在0.2节中介绍，这是本书的主旨。本书的贡献将通过涉及两型AUV[①](Redermor和Daurade)的试验进行介绍，具体内容如下。

1. Redermor 自主式水下航行器

如图0.5所示，Redermor[②]自主水下航行器(Redermor AUV)是在法英合作项目"远程排雷狩猎系统"期间设计的试验机器人。它建于20世纪90年代，在DGA Technics Navales Brest(前身为GESMA)建造，作为多项研究的平台(Quidu et al,2007)。航行器的主要特性总结在表0.1中(Toumelin et al,2001)。

在执行任务期间，机器人的位置由惯性导航系统(INS)与多普勒计程仪(DVL)组合测量机器人的运动速度。定位估计误差约每小时几米。因为它与航行器所遵循的模式、高度或速度[③]有关，因此很难为读者提供有关该误差的准确数据。

---

① 本书的主要特征将由绘制，作为对MOOS-IvP中介软件的参考(Benjamin et al,2010)，该符号来自中介软件。MOOS-IvP是一组开源模块，为机器人平台上提供自主性，特别是在自主式海上航行器上。在这项工作中，这个框架被用作实验的基础。

② 在布雷顿语中，Redermor的意思是"海上骑士"。

③ 多普勒计程仪精度除以上影响因素外，还取决于其距海底的距离和感应到的速度。对于1200kHz Teledyne DVL，误差如下：1m/s时为±0.3cm/s，3m/s时为±0.4cm/s，5m/s时为±0.5cm/s。

图 0.5 试航前的 Redermor AUV。推进器的布局使其能够绕过要识别的水雷等点，其前视声呐提供了目标的不同视角(照片来源:DGA - TN Brest)

表 0.1 Redermor 的主要特性

质量	3400kg
长度	6.40m
速度	最多 10kn(5.14m/s)
最大深度	200m

2. Daurade 自主式水下航行器

如今,Redermor 已经退役,让位给了新的 Daurade AUV(图 0.6)。这款航行器是由 ECA 集团制造的,该集团自 2005 年以来一直在法国海岸进行各项试验。它仍然是 DGA - TN Brest 与海军水文和海洋学局(SHOM)合作用于勘测目的或地雷探测应用的工具。Daurade 的主要特性见表 0.2。

图 0.6 Daurade AUV 由 Aventurière Ⅱ号船员管理,2015 年 10 月在“布雷斯特雷德”号进行试验(照片来源:S. Rohou)

表 0.2 Daurade 的主要特性

重量	1010kg
长度	5m
速度	最快 8kn(4.11m/s)
最大深度	300m
自主性	4kn 时 10h,8kn 时 2h
声呐覆盖范围	150m

它配备有来自 iXblue 公司的 INS(Phins),以与 Redermor 相同的方式连接到 DVL[①]。在 INS/DVL 组合导航模式下,在航速 2kn 条件下其定位精度为 3m/h,或行驶距离的 0.1%。在纯惯性模式下,航行 5min 会产生 20m 的定位误差。Redermor 和 Daurade 是重型航行器,处理和维护成本很高。此外,嵌入式导航系统不易改变,这是尝试新的自主导航算法的一个限制。这就激励人们去设计更小和更便宜的单元。

3. Toutatis 自主式水下航行器项目

在此基础上,设计了一个水下机器人的新 class。术语 class 是指由若干个相同类型的单元组成的组。Toutatis[②](水下机器人团队,用于检查和测量的自主任务)项目是将本书中给出的方法应用于现实场景。该项目已暂停,未来将会恢复。

图 0.7 给出了航行器的一些建模视图。这些单元是模块化的,可以满足任务要求。铝制框架可保护线路、传感器和推进器,将设备放置在框架上的任何地

(a) 一个模块单元

① 机器人可以配置 300kHz 或 1200kHz Workhorse Teledyne RDI DVL。

② Toutatis 是古代高卢和布列塔尼的凯尔特人神,它被视为部落的领袖。这个词说明了这些机器人的作用,它们将基于交流和协作成为团队的成员。

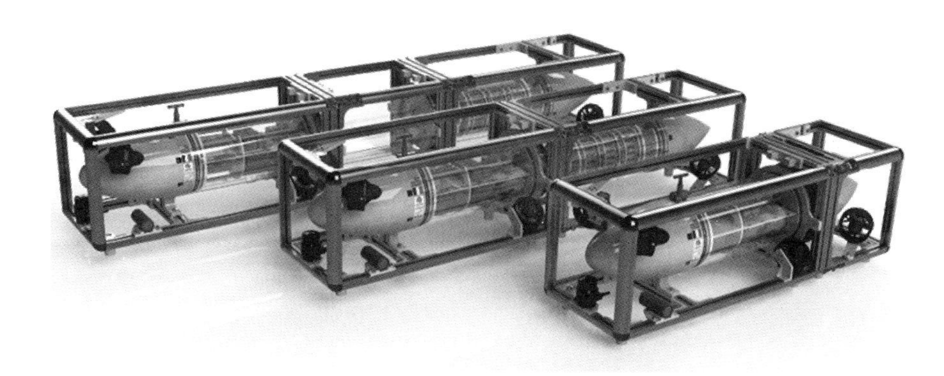

(b) 多个模块化的航行器

图 0.7　Toutatis 水下航行器项目示意

方也很方便。此外,框架还用于运载、运输和储存航行器;然后,所有的水下航行器都可以在一个较小的空间内相互叠放在一起。最后,在海底着陆不会带来任何风险。

自主式水下航行器由 6 个推进器提供全方位的动力,传感器可以根据需要进行定向。航行器应配备摄像头、声呐、回声探测仪、声学调制解调器、低成本惯性测量单元(IMU)、DVL 和压力传感器。

水下航行器有潜力彻底改变探索海洋的手段,但是在它们广泛应用前仍然存在一些挑战,首先要解决的就是定位问题。

0.2　定位问题

机器人定位是在给定参考坐标系下对机器人位置进行估计的过程。这是移动机器人技术中的一个关键问题,因为它决定了其他过程是否能够成功实施,如感知、驱动、操作或映射。较差的定位估计将直接导致无意义的空间分布数据集获取。此外,在某些海上工程附近移动时或在回收过程中,必须进行高精度的定位以确保航行器的安全。

对于自主航行器,定位过程需要通过完成嵌入式实现。实际上,一旦潜入水下,它就无法再接收电磁波。全球卫星导航系统(GNSS)[①]可以广泛应用于陆地和空中,但是在水下环境中无法使用。因此,在水下机器人领域需要采用特殊的

① 在本书编写时,全球定位系统、全球卫星导航系统和伽利略系统是可利用的地面定位系统,分别由美国、俄罗斯和欧盟管理。

传感器,并进行专门的导航定位算法设计。

本书介绍了对水下导航定位领域的最新研究进展。本节将问题进行数学建模,并简要介绍了现有的定位方法,以便将本书所提方法与其进行比较。本书的目的是探索广袤且未知的水下区域,因此我们只考虑在没有任何先验环境信息条件下的远程导航①。

0.2.1 状态空间描述构建

定位算法基于一组传感器采集的数据,可以分为两类:本体测量和外部测量。首先收集与机器人本体状态有关的信息,例如它的加速度、前进方向和速度;其次收集与环境有关的信息,例如温度、与信标间的距离和摄像机图像。

我们可以采用方程式来描述问题。对于定位问题,通常使用以下状态方程:

$$\begin{cases} \dot{\boldsymbol{x}}(t)=f(\boldsymbol{x}(t),\boldsymbol{u}(t)) & (0.1\text{a}) \\ z(t)=g(\boldsymbol{x}(t)) & (0.1\text{b}) \end{cases}$$

在此,$\boldsymbol{x}\in\mathbb{R}^n$表示机器人的状态,例如机器人的位置、前进方向和速度。然后本书讨论了状态估计问题,因为定位问题实质上是基于这些方程,利用本体感知和外部测量来估计$\boldsymbol{x}$。

方程(0.1a)是微分方程,表示状态演化。$f:\mathbb{R}^n\times\mathbb{R}^m\rightarrow\mathbb{R}^n$为映射函数。输入向量$\boldsymbol{u}\in\mathbb{R}^m$表示应用于$\boldsymbol{x}$的控制。通过观测函数$g:\mathbb{R}^n\rightarrow\mathbb{R}^p$(方程(0.1b)),测量值由与$\boldsymbol{x}$相关的向量$\boldsymbol{z}\in\mathbb{R}^p$表示。在实际中,函数$f$和$g$都可以是不确定的或非线性的。本书将仔细考虑这些限制因素。

例如,水下机器人可以描述为$\boldsymbol{x}=(x_1,x_2,x_3,\boldsymbol{\Psi},\boldsymbol{\vartheta})^{\mathrm{T}}$,其中$x_1$、$x_2$、$x_3$分别为机器人的东、北和垂直高度,$\boldsymbol{\Psi}$为航向,$\boldsymbol{\vartheta}$为速度。机载压力传感器将很容易提供有关机器人②垂直高度的本体感知数据。然而,水平位置(x_1,x_2)的计算更具有挑战性。在下面的章节中,总结了几种有效的定位方法(Leonard et al,1998)。注意,在本书中,水平位置有时用$\boldsymbol{p}=(x_1,x_2)^{\mathrm{T}}$表示,以简化阅读。

0.2.2 航位推算法的缺点

1. 本体感知法

最简单的自主定位方法就是航位推算法。通过连续的本体感知测量,一个

---

① 否则,当给定的环境初始地图可用时,机器人数据和地图之间的数据匹配过程将导致基于地图的导航方法(Tuohy et al,1996;Tyrén ,1982)。

② 估计深度取决于压力和海水盐度。在海洋中,每10m的深度增加1.025bar的表面压力。

系统将能够逐步估算出自己的位置变化。盲人步行者也会以同样的方式前进，计算他的脚步，然后粗略估计他的移动。这是移动机器人中最常见的定位方法，因为它只需要自身内部传感器，并能在绝大多数环境中运行。

嵌入式 IMU 将提供系统的线性加速度和转速信息。再加上磁强计，该系统还能够给出其欧拉角：滚动角 φ、俯仰角 θ 和偏航角 Ψ（或者也称为横摇 φ、俯仰 θ 和偏航 Ψ）。然后，惯性导航系统测量单元将根据这些量测和相关算法（如卡尔曼滤波（Kalman，1960））实时更新机器人的状态。

外部参考信息不涉及此过程。在水下机器人领域，能够提供有关速度信息的多普勒计程仪非常重要。根据波束的发射，该装置将利用多普勒效应测量速度。当波束到达海底时，测量速度可用于计算相对于海底的位移。目前，多普勒计程仪已经能够与船用惯性导航系统进行很好的融合，大大提高了纯惯性导航系统的性能。

2. 漂移效应

从已知的初始位置 $\boldsymbol{p}_0$ 出发，惯性导航系统将对量测噪声进行滤波并对机器人的姿态进行连续估计。这是通过对运动数据进行积分来实现的，加速度测量需要积分两次，这在数学上会导致二次误差。例如，使用带有偏差的加速度测量值 $\boldsymbol{a}_b(t)=\boldsymbol{a}^*(t)+\boldsymbol{b}$ 估计的位置表示为

$$\boldsymbol{p}_b(t)=\iint_{t_0}^{t}\boldsymbol{a}_b(\tau)\mathrm{d}\tau+\boldsymbol{p}_0 \tag{0.2}$$

偏差 $\boldsymbol{b}$ 随时间累积，使得位置误差为

$$\boldsymbol{e}(t)\approx\boldsymbol{b}\frac{t^2}{2} \tag{0.3}$$

这种影响如图 0.8 所示。当使用如加速度之类的二阶积分时，漂移是无法避免的，甚至会相当大。

这些误差可能是由多种原因造成的，如传感器量测噪声、测量单元的标定误差、磁强计和惯性测量单元之间的安装偏差等。在水下机器人领域中，我们还必须考虑洋流对航行器速度的影响，这相当于引入了另一个速度分量，而这些速度分量很难被这些传感器感知。此外，高精度惯导系统对于小型水下航行器来说成本可能太高，需要深入分析惯性导航系统和常规外部传感器（如声呐）之间的重要联系（Dillon，2016）。

因此，航位推算方法不适用于 AUV。自主式水下航行器必须定期浮出水面来获取全球卫星导航系统信号，以完成其位置估计。这涉及与自主决策、安全甚至与水面其他航行器相撞有关的风险。此外，当自主式水下航行器必须在非常深的水域（如 MH370 飞机搜索）作业时，浮出水面的过程需要很长时间和较大

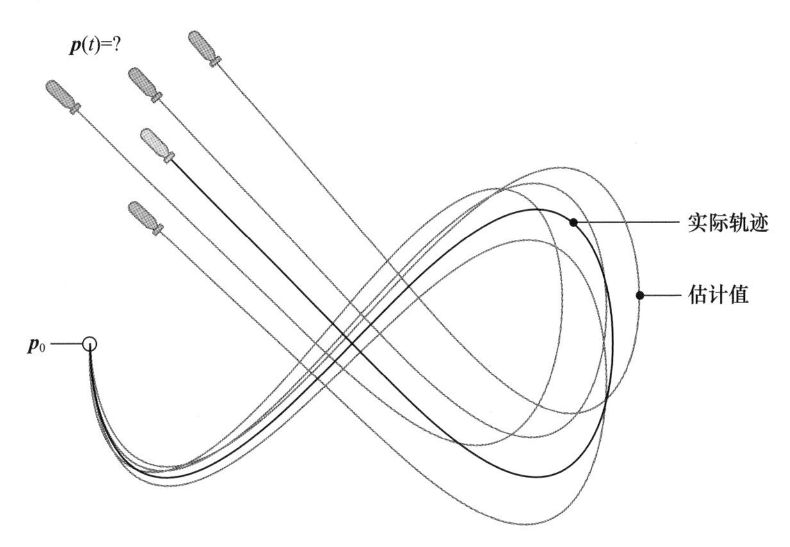

图 0.8 航位推算法估算漂移状态的示意图。从已知的初始位置 $\boldsymbol{p}_0$，航位推算法将速度和惯性测量结合起来，定位误差随时间累积，蓝线代表实际轨迹，四条灰线代表估计值

动力。自主式水下航行器还有其他应用，例如，探索冰雪覆盖的海洋或喀斯特环境时(Lasbouygues et al,2014)就需要采用其他方法来进行长时间定位。

0.2.3 水下声学定位系统

下面两种声学技术已被广泛应用，它们将在本书后面提到，并作为仿真示例的一部分或作为实际数据集的基准信息。

1. 基础

声学定位系统基于测量信号的传播时间。发射器和接收器(或反射波的障碍物)之间的距离可以通过估计水中的声速[①]来计算。赫德岛试验表明，通过声学手段可以传播很远的距离。然而，由于声波反射和多路径干扰，在两种不同介质(即水/海底或水/表面)的界面附近，估算变得复杂，需要使用强鲁棒滤波器来剔除这些离群值(Vaganay et al,1996)。

定位系统涉及不同配置的声学信标，下面介绍其中两种。感兴趣的读者可以参考相关文献了解更多信息(Jensen et al,2011;Milne,1983)。

① 声速的快慢主要取决于压力、盐度和温度:参数并不总是已知的，需要在现场测量。在盐水中，声音的传播速度约为1500m/s。

2. 长基线声定位系统

长基线(LBL)系统由部署在海底上并精确定位的一组声应答器组成。水下潜器上还配备了一个应答器,以触发信标的信号发射并接收反馈。图 0.9 展示了典型的 LBL 装置。

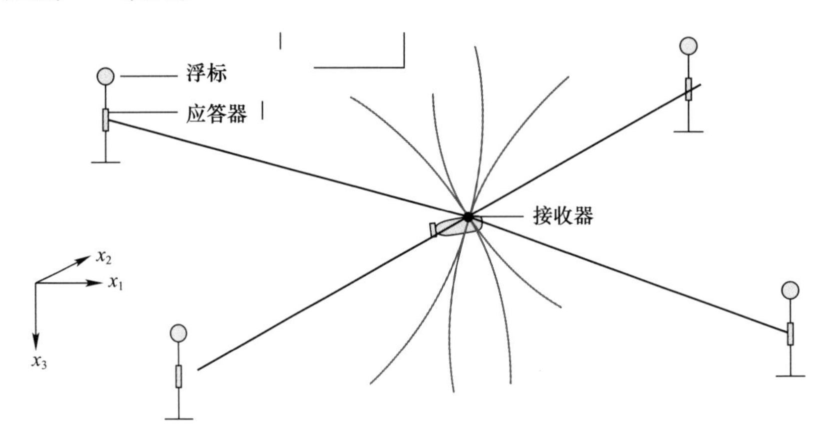

图 0.9　由 4 个应答器组成的长基线导航系统。航行器只接收测距信号,然后估计其位置

接收到的信号仅是距离信号,因为它由从发射器球形传播的波发射组成。方位信息无法通过单个信标获得。在以信标为中心的球体交叉点可以得到航行器的位置,每个球体的半径可以通过声波传播时间来获得。应答器的安装可以达到几千米范围,定位精度能够达到几米。

当然,这种装置的部署可能是昂贵的,更不用说校准所需花费的时间了,这可能涉及一系列相关的工作人员。而且,这种装置不适合几十千米或上百千米的大范围勘探。

3. 超短基线

一种移动性更好的方法是超短基线(USBL):安装在同一设备上的集中式收发器阵列(Pennec, 2010)。例如图 0.10(a)所示的系统,该系统用于本书所述的一些试验。

该装置包括一组声波收发器,在 USBL 和嵌入航行器的接收器单元之间提供距离和方位测量(图 0.10(b))。最初需要制造商进行一次校准,之后可以直接使用设备。此外,它还可以安置在一艘由精确的 GNSS① 定位的船上。这两种

① 诸如 GAPS 之类的某些设备(图 0.10(a))也有一个光纤 INS,不管海面情况如何,都要考虑船的姿态。

(a) USBL安装在任务船上，该设备由4个收发器组成

(b) 接收器单元与其他传感器一起嵌入AUV的顶部

图 0. 10　iXblue 的 USBL 收发器 GAPS 与 Daurade AUV 一起用于海上试验。该设备安装在船下,可以估算出实际的 AUV 轨迹(照片来源:S. Rohou)

定位系统的结合使航行器的绝对位置估计精度达到 1m 以内。然而,由于收发机的距离较近,角度精度可能不太适合定位远处的航行器。此外,收发器通常位于地表附近,会受到图 0. 11 所示的一些异常值的影响。

实际上,这些设备非常适合于近海岸的水下操作,例如进出港口或当船需要监视 AUV 时。但是,它们不能被称为完全自主的导航解决方案。

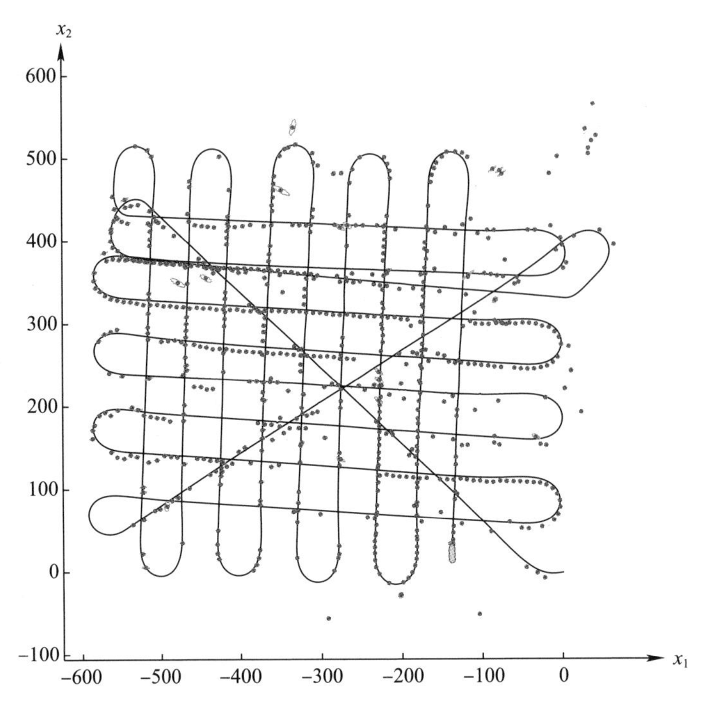

图 0.11　概述了在 Daurade AUV 的相关试验中基于 USBL 系统的二维定位结果曲线。未经滤波的水声测量数据用点表示，用卡尔曼滤波和本体测量获得的滤波轨迹则用连线表示。大量的异常值和较低的频率是这种系统的主要缺点。值得注意的是，图中仅显示了部分接收信号，其他点是位于测量区域之外的严重异常值

4. 动态定位系统概述

近年来，出现了一种新的水下定位方法，即适用于多航行器的协同定位。将仅测距信标（无方位测量）或 USBL 安装在 AUV 上，以跟踪检测水下探测过程。

自主航行器可以利用声学通信来传递低速率数据和交换状态估计等信息。然后，采用新的算法（Bahr et al，2009；Paull et al，2014；Seddik ，2015）进行分布式定位。在这种情况下，不同种类的自主式水下航行器甚至可以获得多样化的数据。例如，一些航行器可以留在海面上接收 GNSS 信号，帮助更深的机器定位并探索海底。同样，Matsuda 等（2012，2015）也研究了一种可重构的 LBL，并引入了交替信标导航的概念。USBL 作为固定点放置在海底，或由静止的信标定位进行探索。这可以看作是一种循序渐进的方法，其中每一步都由放置在海底的航行器来执行。

虽然这些研究工作取得了不错的进展，但也面临很多困难，如由于消息在同

一环境中传播导致声信道的饱和。

0.2.4 SLAM:一种独立的解决方案

同步定位与构图(SLAM)[①]是一种将状态估计与映射未知环境问题联系在一起的方法,在早期阶段就受到了该领域的广泛关注(Smith et al,1990)。

1. 鸡和蛋的问题

可以注意到,航位推算定位会导致随时间变化的不确定定位估计。航行器在探索周围环境时,会将这些不确定性与观测到的特征联系起来,给它们的位置分配一定的误差。然而,在勘探过程中可能会多次看到环境场景,这会导致跨区间测量,从而有利于定位和构图过程。事实上,一个航行器如果能识别出环境的一部分,就会推断出它接近先前的位置。图 0.12 中的示例突出显示了这一点。

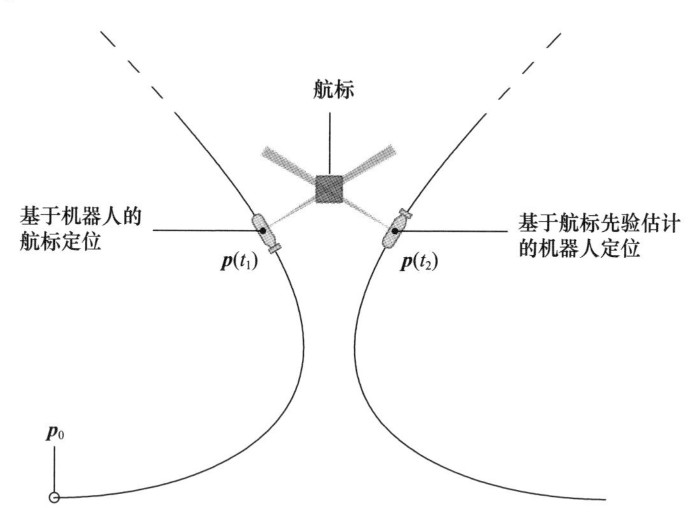

图 0.12　一个简单的 SLAM 视图,展示了在时间 t_1 和 t_2 时的航行器位置。在单纯的航位推算中,图的左半部分对航行器轨迹进行了精确估计,而右半部分的定位不确定性很强。在 SLAM 方法中,如果航行器返回到以前的位置并再次感知一个物体(如某个信标),将能够优化其状态估计

因此,这些方法认为定位和建图误差密切相关,同时提出可能适用的解决方案(Leonard et al,1991)。尽管相关学者在该问题上已开展了大量工作,但仍需进一步研究(Newman et al,2003;Lemaire et al,2007)。

① 在文献中,SLAM 有时被称为 CML(并发建图与定位)。

2. 环路

SLAM 方法的重点是检测以前访问过的地方。在文献中,此问题称为环路。由于对航行器位置和地图匹配的估计不足,航行器很难检测出环路。更糟糕的是,在具有高度不确定性的定位估计过程中,两个形状相同的不同对象可能被认为是同一个。图 0.13 给出了两个相同物体和不确定轨迹估计的情况。

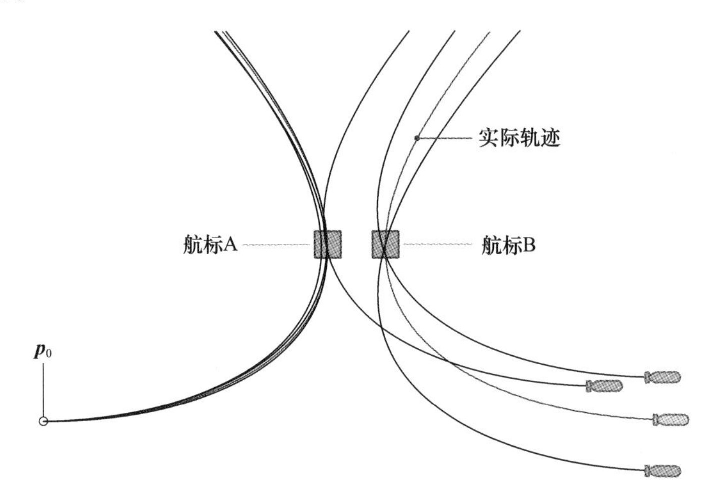

图 0.13 航行器在看似相同的两个航标上方搜寻。蓝线代表实际轨迹,灰线代表航位推算的估算轨迹。所有轨迹均与相应的观测保持一致。但是已知的地图无法防止错误的探测

因此,问题尚未完全得到解决。考虑到本体感知测量的不确定性,本书通过相关测试来证明航行器执行了环路的轨迹。这项工作将在第 5 章中介绍,并通过之前介绍的 AUV 实际试验加以验证。该方法可以避免在类似环境中发生错误的环路检测,此外还可以减少 SLAM 算法的计算负担。

3. 计算负担

SLAM 方法的复杂性随着对搜索区域的扩大而迅速增加,因为它需要在大量密集的数据中完成环路的识别。到目前为止,在三维环境中执行 SLAM 程序对于航行器的传统嵌入式系统来说是不可承受的。因此,相关学者着眼于轻量级的解决方案,有时会以牺牲数据关联为代价。

目前已经可以实现仅基于本体测量的回环检测算法,而不需要对观测数据集进行大量的数据分析(Aubry et al,2013)。这种方法大大降低了 SLAM 方法的复杂度。

4. 同质环境

另一个具有挑战性的问题是确定特征点。与让人迷惑的相似场景问题相比，利用高清晰度摄像机获得清晰场景使得在地面环境中识别人造物体更简单容易。一系列现成的图像处理库为此类应用提供了有效的解决方案。

然而，自然环境中的特征点并不容易识别。因此，我们需要研发不基于对象识别的原始数据方法。由于水下环境的形状是全球同质的，且可见度较差，因此本书提出了一种考虑这些约束的原始 SLAM 方法。

0.3 本书的贡献

必须要知道观测什么。

Complete Tales & Poems, Edgar Allan Poe

水下导航的特点是信息匮乏。本书的重点是提出一种适用于恶劣环境的定位方法。本书提出的方法是一种原始数据 SLAM 方法，采用时间区间分析法将时间扩充为标准变量进行估计。这一概念为状态估计开辟了新思路。

然而，这种方法需要一套理论来实现。因此，本书不仅是有关移动机器人领域最新成果的汇编，而且在约束编程和集员估计方面提供了新视角。

本节简要介绍了目前的定位方法，重点阐述了本书研究工作的具体步骤，并给出了章节结构安排。

0.3.1 适用于恶劣环境的新定位方法

1. 假设

本书所说的恶劣环境，是指没有陆地/航标或任何可作为参考的可见物体的环境，包括没有可识别物体（如锚或沉船）的广阔海底区域。此外，因为环境的不确定性太大，甚至假设观测函数 g 也是未知的。此外，我们假设一个静态环境，它不会在探测任务期间发生变化。任何可以测量到的动态变化都必须是模型已知的，例如基于物理模型的变化。

2. 时间区间法

基于静态环境假设，返回先前位置 $\boldsymbol{p}=\boldsymbol{x}_{1,2}$ 的航行器肯定会测量到与第一次相同的观测值 $\boldsymbol{z}$，可表达为

$$\boldsymbol{p}(t_1)=\boldsymbol{p}(t_2)\Rightarrow\boldsymbol{z}(t_1)=\boldsymbol{z}(t_2) \tag{0.4}$$

提出以下一般形式：

$$\begin{cases} \dot{\boldsymbol{x}}(t) = f(\boldsymbol{x}(t), \boldsymbol{u}(t)) & (0.5\text{a}) \\ \boldsymbol{z}(t) = g(\boldsymbol{x}(t)) & (0.5\text{b}) \\ \underbrace{h(\boldsymbol{x}(t_1)) = h(\boldsymbol{x}(t_2))}_{\text{相同状态配置}} \Rightarrow \underbrace{\boldsymbol{z}(t_1) = \boldsymbol{z}(t_2)}_{\text{相同观测值}} & (0.5\text{c}) \end{cases}$$

引入状态的单一配置的配置函数 $h: \mathbb{R}^n \to \mathbb{R}^{n'}$。如果相同的配置在 t_1 和 t_2 时刻出现两次，那么 $\boldsymbol{x}(t_1)$ 和 $\boldsymbol{x}(t_2)$ 将呈现奇异关系，从而导致相同的测量结果。本书将仅关注状态向量的位置 $\boldsymbol{p} = (x_1, x_2)$，但是式(0.5c)允许更广泛的应用[①]。这里需要强调的是，观测函数 g 并没有被引入。

水下潜器采用单波束回声测深仪获得标量深度测量值，即 AUV 距海底的高度。图 0.14 提供了水下航行器返回先前位置的合成图像。图中航行器被调节到恒定深度，并通过声呐感知其高度。我们可以考虑另一种观测形式，例如被动探测。

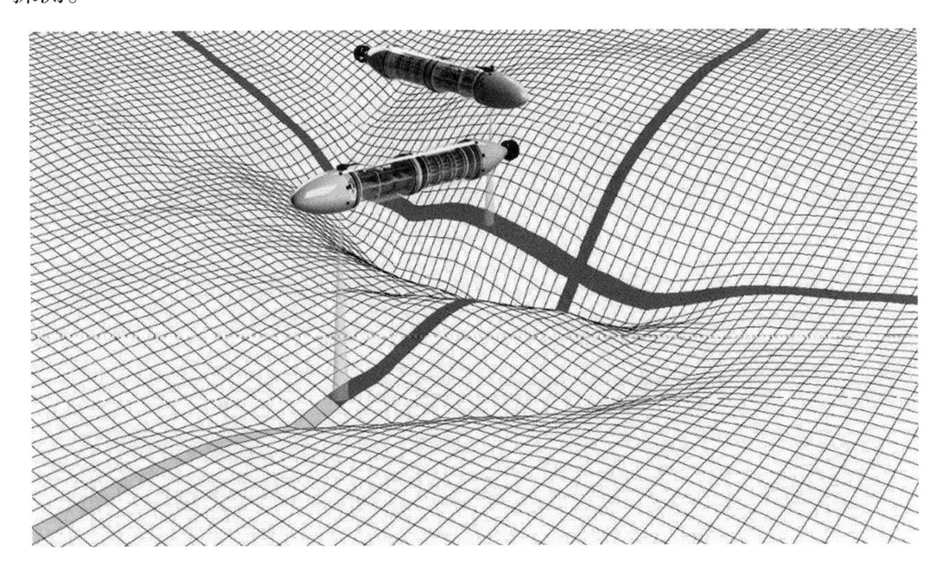

图 0.14　一种用单波束回声探测仪探测周围环境的水下航行器 Toutatis。此图显示执行环路之前和之后任务的两个瞬间。本书中所述的定位方法基于轨迹穿越期间的约束，尽管观测值在时间上存在跨度，但观测值应相同

方程(0.5c)建立了航行器状态和观测值之间的新联系，如函数 g 所起的作用。但不同之处在于，即使 $\boldsymbol{x}$ 和 $\boldsymbol{z}$ 之间的解析表达式未知，方程(0.5c)也能够连

① 例如，该方法还应适用于呈现对称特性的环境。

接时间跨度很大的两个时刻。根据该问题的解析法,时间基准 t_1 和 t_2 也可能存在不确定性。

为了简单起见,方程(0.5)中未考虑误差。这是一种简单的描述方式,相关的解决方案(如贝叶斯方法或集员估计)都将以特有的方式对不确定性进行建模。

0.3.2 面向非线性和不确定性的集员估计方法

由式(0.5)建模的定位问题包括非线性的微分方程和函数。此外,不确定性需要在系统的演化过程中产生。由于时间区间测量将是问题的核心,因此必须评估这些时间间隔产生的影响。

由于无法使用精确的方法对此问题进行求解,所以必须考虑估计方法。本节阐述了引入集员估计的原因。

1. 概率方法

这是常用的方法,它可以通过协方差矩阵来计算具有不确定性的唯一估计解(Papoulis et al,2002)。在处理高斯分布的线性方程组和不确定性问题时,著名的卡尔曼滤波器(Kalman,1960)是最优的。后来扩展到了非线性情况,必要时需要进行线性化。线性化可能会引入估计误差,但很难对这种不确定性进行量化描述。

相比之下,概率法受到自动化和控制领域的广泛关注,并在非线性情况下得到了显著的结果(Thrun et al,2005)。这些方法随机扫描可行的输入或参数,并生成一组可能的轨迹样本。为了增加样本中估计值的准确率(估计值接近实际解),需要执行大量运算来评估它们的概率,然后根据这些概率在可能的区域产生进一步的样本,使得算法向相关的估计收敛。

然而,这些基于概率的计算方法在强非线性或观测量缺乏的情况下可能会表现糟糕。风险在于也许会给错误的解分配一个高可能性,并允许算法向它收敛。在定位过程中,使用一种对稀疏数据或非冗余信息具有鲁棒性的估计方法来解决问题是至关重要的。然而,概率方法似乎并不适合。

2. 集员方法

本书将特别关注有能力处理非线性和强不确定性的集员方法。

我认为不知道要比知道可能是错误的答案更有趣。对于不同的事情,存在近似的答案和可能,有不同程度的确定性,但我对任何事情都不是绝对肯定的,有很多事情我是一无所知的。

Richard Feynman, *BBC Horizon*, 1981

就估计思路而言,该方法相比于概率方法有着很大区别。概率方法提供某一时刻的潜在解(如向量),而集员方法提供的是所有可行解的集合,因此是可行解的一个整体。另一个主要区别在于计算方式:在集员方法中,估计不是随机执行的而是确定性的,给定一组参数或输入,算法将始终输出相同的结果。

该方法依赖于在确定可能性范围内的可靠计算,保证操作不会丢失任何解。与之对应的措施是,只要满足系统方程的要求,则任何现实中不可能出现的解都将保留在结果集中。因此,算法在某些情况下可能会提供不好的结果,有时甚至是毫无意义的结果:“我对任何事情都没有绝对的把握”。

未知的解析解与输出集中任意点之间的最大距离是可计算的,并定义了近似的标准:如果将集合中的每个点都当作解,将是最坏的情况。因此,与上述方法相比,本方法非常适合在求解过程中减小不确定性。

3. 结论

本书处理的问题只能利用部分观测结果,甚至是非冗余的。如何充分利用这些信息是关键,而准确的判断方法是避免偏离这些信息的必要条件。因此,本书考虑了集员估计方法。此外,水下应用不确定性很强,而且由于只进行距离观测,非线性现象无处不在:这些情况很容易用这种方法来处理。

此外,集员估计方法可提供有保证的结果,这可能是航行器系统安全的主要关注点(Goubault et al,2014;Monnet et al,2016)。

最后,SLAM 问题将通过比较时间上相距较远的观测结果,并将时间基准视为完全变量从而以时间的方式解决。只有严谨可靠的方法才能奏效,然而集员估计方法还没有提供必要的理论依据。这项工作的目的之一是扩展这些方法以处理时间关系,并将所提出的方法应用于定位问题。

为了实现这一解决方案,将采用基于约束的方法。书中有关航行器问题所做的工作将会对约束编程和航行器领域做出贡献。与约束场相关的理论贡献将在下一节中简要介绍。

0.3.3 适用于动态系统的约束规划方法

集员方法的目标是定义一组可靠的可行解决方案。这一策略与约束传播技术很好地结合在一起:这是自 20 世纪 80 年代以来艺术情报界广泛探索的另一个领域(Cleary ,1987;Sam Haroud et al,1996)。本书将重点讨论连续约束,并提出在不同环境中实现新约束的方法。

1. 约束编程

约束编程的目的是通过在变量之间以基本事实和规则的形式来解决复杂问题——约束。约束被理解为绑定变量的任何关系的表达式,已知变量属于某些域。在本书中,约束可能是物理量之间的等式、非线性方程、不等式或量化参数。例如,为解决方程(0.5)问题,将列出一组数学约束,然后求解。解的合理范围通过其他约束或通过限制变量的域来确定。因此,该方法完全符合集员的要求,依赖可靠操作完成对集合的约束。

在这种方法中,开发人员不会考虑如何解决问题,而是将重点放在问题是什么上,然后让计算机处理如何解决的问题。实际上,每个基本约束都将作为一个不需要任何配置的黑盒。约束也可以很容易地组合起来,以增加复杂性,同时保持简单性。

因此,这种声明方式的优势在于它的简单性,因为它允许描述一个基本事实,而这些基本事实不需要了解解析工具和要选择的特定参数。第二个优点是它的通用性:这种抽象能够解决一系列问题。Prolog 语言(Benhamou et al, 1995)似乎是通用逻辑编程方法中最著名的。然而,该语言的主要缺点是效率较低,建模步骤的简单性是以对解析过程缺乏控制为代价的。通过设置一组参数可以提高这种求解方法的效率,但是会降低简单性和适应性。

研究人员围绕这一概念做了不少工作,提供了大量的约束储备。然而,该方法必须推广到动态系统,以处理航行器领域中遇到的状态估计等问题。

2. 推广到动态系统

需要用新的方法来处理微分方程,例如用 $\dot{\boldsymbol{x}}(t)=f(\boldsymbol{x}(t),\boldsymbol{u}(t))$ 来丰富约束存储。其目的是将约束规划方法应用于动态系统,并在时间空间上提出一种求解方法。为了解决诸如以下关系,例如时间方程 $\boldsymbol{p}(t_1)=\boldsymbol{p}(t_2)\Rightarrow\boldsymbol{z}(t_1)=\boldsymbol{z}(t_2)$,还应考虑其他约束。当然,这项工作必须保证集员方法和约束编程同时完成,即保证结果、非线性控制和简单性。

目前,相关学者已经在这方面进行了一些尝试,但并没有达到工程应用的通用性水平,面临非解析模型、异步观测、未知初始条件、跨时区测量、反馈修正等问题。

因此,本书进一步针对动态系统提出了一种可靠的约束规划方法,并给出了具体的应用实例。本书所提方法包括将轨迹视为变量并对其应用微分约束。最终,将经典的连续约束与差异约束合并在一起。可行解的域将用包络边界函数表示,即包含这个域的区间对象(Le Bars et al,2012;Bethencourt et al,2014),如图 0.15 所示。

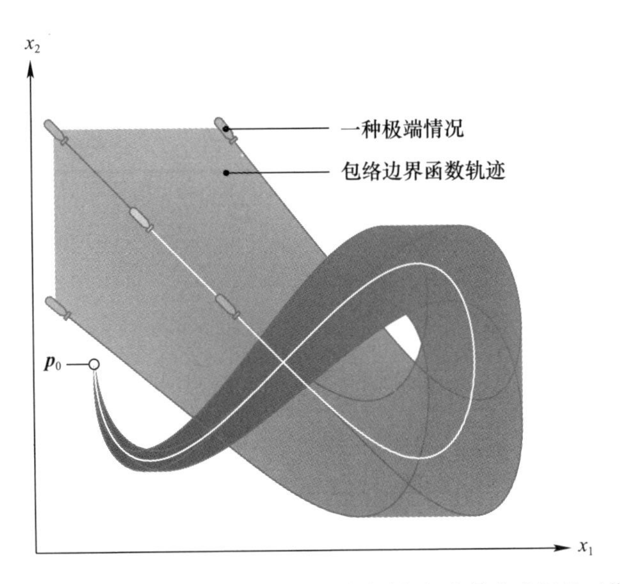

图 0.15　有关航行器包络边界函数轨迹的首个例子,这是本书相关工作的基础。包络边界函数的边界是最坏情况下的轨迹,这种表示方法允许将实际轨迹封闭在一组动力学解的集合中

0.3.4　本书的章节安排与内容分配

1. 一种可靠的原始数据 SLAM 方法

在本书中,主要的变量是时间基准和轨迹。通过引入集员估计方法,时间变量将通过第 1 章中介绍的区间进行处理,而轨迹将在第 2 章的包络边界函数中介绍。本书的目的是使用本体测量和原始数据观测(如水深测量)逐步缩小集合范围。这可以通过两个新的可靠方法来实现:本书第二部分(第 3 章和第 4 章)介绍的包络边界函数和时间区间。

本书的第三部分将集中讨论二维环路轨迹下的方程(0.5c):

$$\underbrace{h(\boldsymbol{x}(t_1)) = h(\boldsymbol{x}(t_2))}_{\boldsymbol{p}(t_1)=\boldsymbol{p}(t_2)} \Rightarrow \boldsymbol{z}(t_1) = \boldsymbol{z}(t_2) \tag{0.6}$$

在不确定情况下,$\boldsymbol{p}(t_1)=\boldsymbol{p}(t_2)$的可靠评估并不简单。图 0.16 显示了错误估计和可疑环路的问题。然后,我们需要来验证一条轨迹是否出现在某个交叉点,而不管描述它的不确定性如何(这个问题将在第 5 章中讨论)。最后,第 6 章将讨论新的 SLAM 方法及其具体应用。

本书提出的所有算法都能保证不会从数学角度丢失解。更准确地说,不需要无限小的步长来求解微分方程。

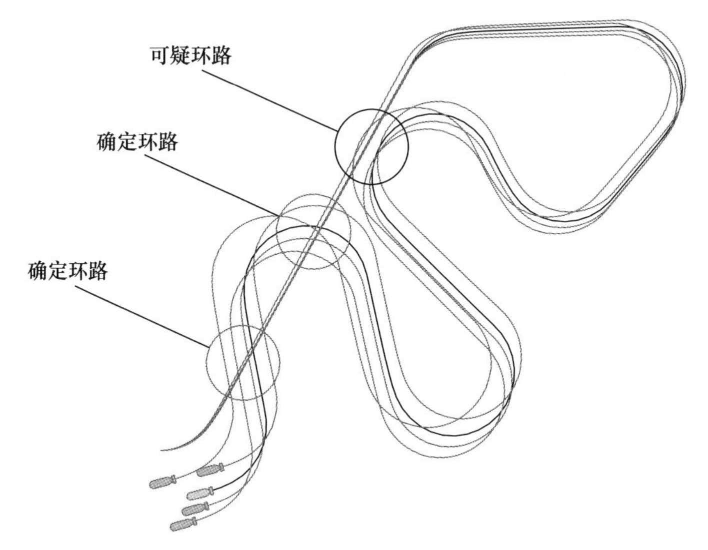

图 0.16　基于不确定状态估计的回环检测。实际轨迹包含两个环路,而 4 条估计曲线可能出现在 2 ~4 个交叉点之间。如何从确定环路中识别可疑环路值得研究

2. 本书的结构

本书的贡献有两个方面:一是开发了与约束规划方法相关的理论工具;二是在此基础上提出了一种新的航行器动态定位方法。这项研究工作中的每一个中间步骤都将成为一章的主题。本书的总体结构安排如下。

1）第一部分　区间分析方法

第 1 章旨在让读者了解后面要用的集员方法,基于一个简单的静态范围内定位示例阐述区间分析、约束、收缩子和逆集算法的概念。

第 2 章介绍了包络边界函数的概念及其相关性质、代数收缩子和实施选择。通过可靠的航位推算估计,将前面示例中的静态环境扩展到动态环境中。

2）第二部分　与约束相关的贡献

第 3 章是本书的第一个创新点,将重点放在微分约束 $\dot{x}(\cdot)=v(\cdot)$上。提出了新的包络边界函数收缩子 $\mathcal{C}_{\frac{d}{dt}}$,并给出了相关证明和算法实现。这将使我们能够处理基于异步观测的完整状态估计。

第 4 章是本书的第二个创新点,作为第一个创新点的补充,重点是评估约束 $z=y(t)$。本章将采用两个示例说明新收缩子 $\mathcal{C}_{\mathrm{eval}}$的效果:航行器的动态定位和漂移时钟校正。

3）第三部分　与机器人相关的贡献

第5章是本书的第三个创新点,为了证明航行器执行了一个闭合环路,而不考虑过程中的不确定性,本书的方法基于通过包络边界函数评估区间函数应用的拓扑度理论,并在实际的AUV试验中取得了令人信服的结果。

第6章是本书的重点,阐述了具有鲁棒性的原始数据SLAM方法,提出了一种新的基于约束的解决方案,可以基于之前提到的相关方法来实现。通过Daurade AUV进行的实际试验证明了该方法的有效性,但是迄今为止该定位方法尚未得到充分应用。

最后,对本书内容进行了总结。

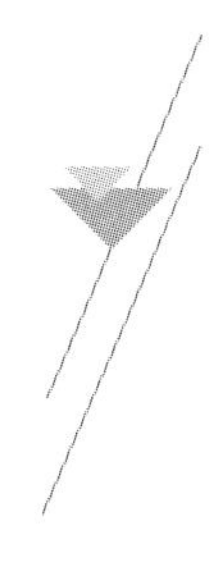

第一部分 区间分析方法

简 介

本书的主旨是用集员方法来解决机器人定位问题。本部分阐述了一种基于区间分析的方法,并通过几个简单的例子对航位推算和相对测距状态估计问题进行了验证。本部分提出的相关概念也将在后续章节中出现。

第 1 章介绍了区间分析、约束编程、收缩子和集逆算法的概念。第 2 章基于它们的相关属性给出了包络边界函数、代数收缩子的概念以及实施方案的选择,从而把这种方法延伸到实时动态系统中。

第1章　静态集员状态估计

1.1　概述

集员方法可以解决已知模型和测量误差不确定条件下的状态估计问题。所谓已知，是指可以确定一个未知的实际值处于某一范围内，以此定义一个解集（Walter et al,1988;Cerone,1996;Veres et al,1996;Maksarov et al,1996）。

与其他采用最小化误差准则的方法相比，这种估计方法通过算子来减少可行值范围。相关计算并不是以概率的方式进行的，而是基于对集合边界的确定性操作。该方法与常用方法有明显的区别，本书没有假设计算中的概率分布情况。此外，即使系统是非线性的，该方法的边界属性也将得到保证。这种特性在涉及大量非线性问题的移动机器人领域尤为重要，相对测距定位就是一个典型的例子（Caiti et al,2005）。

1. 仅基于相对测距的状态估计

一个典型的集员状态估计的例子是基于信标的移动机器人定位问题。Drevelle 于 2011 年提出的集员方法已经得到应用。它作为本书的引导线，首先在静态条件下（不考虑实时变化）通过同步测量来估计机器人的姿态。第 2 章～第 4 章针对同一个例子将采用基于微分状态方程、异步测量的动态状态估计方法，有时也包含时间不确定性。

一个机器人 R 由代表二维位置的状态 $\boldsymbol{x}=(x_1,x_2)^{\mathrm{T}}$ 来描述。该机器人在位于(x_1^k,x_2^k)的一组信标 $\mathcal{B}_k$ 之间移动并同步发送声信号，如图 1.1 所示。本章用 ρ_k 与 $\mathcal{B}_k$ 之间的距离来定位 R，量测方程如下：

$$\rho_k=g_k(\boldsymbol{x})=\sqrt{(x_1-x_1^k)^2+(x_2-x_2^k)^2} \tag{1.1}$$

该机器人位于圆的一个交集上，当至少使用 3 个信标时，交集一般为单点，即水平位置是确定的。

2. 包围区域

考虑测量的不确定度，图 1.1 中的圆圈将变粗，同时交集可能会变成一个任意形状的集合，如图 1.2 所示。

解集可以由几个连通子集或者是空集组成。图 1.2 说明了集合的不同表示

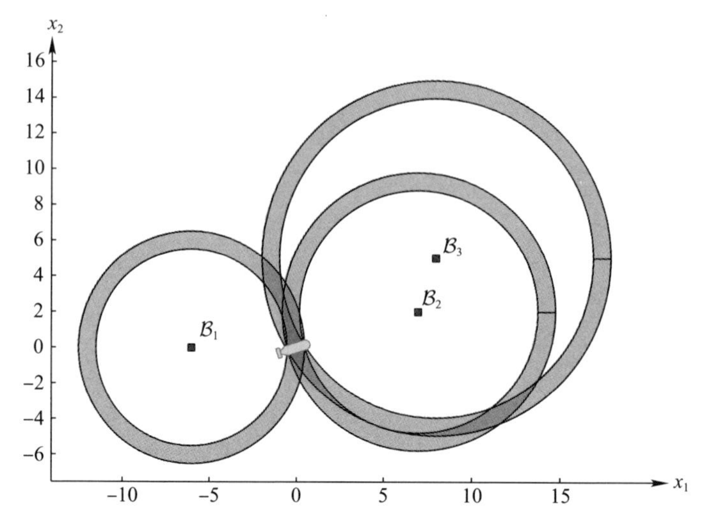

图 1.1　红色方块表示在 3 个信标中相对测距机器人的位置。R 在原点(0,0)的位置未知,状态估计要在基于环形区域的不确定测量下进行。

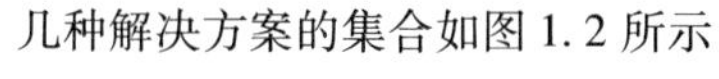
几种解决方案的集合如图 1.2 所示

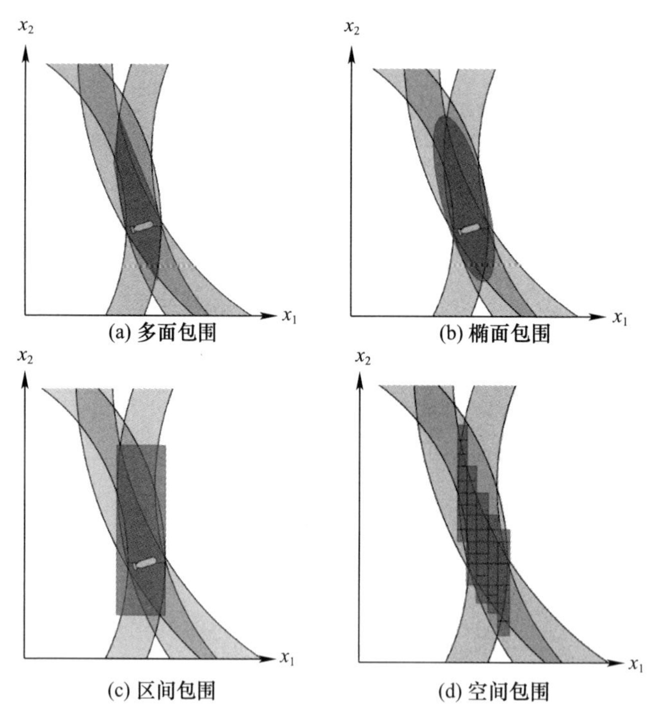

图 1.2　用可靠的集员方法来封装基于不确定信标测量的 R 可行位置的集合

方法,即带状区域或多面包围(Combastel,2005;Walter et al,1989),椭面包围(Rokityanskiy et al,2005),区间及空间包围(Jaulin et al,1993)。后两者已被证明可以有效地处理非线性系统或复杂的解结构。本章介绍了它们的理论基础,并在此基础上加以应用。1.2 节着重于区间分析;1.3 节提出了收缩子,它可以有效地缩小区间集合的界限;1.4 节介绍了集逆算法的空间(图 1.2(d));1.5 节讨论了实施方案和区间的具体使用方法。

1.2 区间分析

1.2.1 研究背景

从开始研究数学起,人们就提出了关于无理数的十进制表示法。区间似乎是一个很好的解决方法,即用上下两个边界给出一个无理数的精确近似值。例如,阿基米德计算出了 π 的一个可靠区间:

$$\frac{223}{71} < \pi < \frac{22}{7}$$

然而,随着数值计算时代的到来,人们逐渐找到了区间分析的精髓,对区间有了新的认识。使用计算机,通过有限精度的浮点值实现了对无限精度的实数表示。随后就可以得到这些数字的近似值,但同时会导致计算过程[①]中误差越来越大。

下面的公式由 Rump 于 1988 年给出。将 $x = 77617$ 和 $y = 33096$ 代入下式计算

$$f(x,y) = \frac{1335}{4}y^6 + x^2(11x^2y^2 - y^6 - 121y^4 - 2) + 5.5y^8 + \frac{x}{2y} \qquad (1.2)$$

它们在计算机中是非常有代表性的数字。使用单精度、双精度和扩展精度可以得到几乎相同的结果:前 7 个数字是相同的。

单精度:$f = 1.172603\cdots$

双精度:$f = 1.1726039400531\cdots$

扩展精度:$f = 1.172603940053178\cdots$

尽管在不同精度条件下得到的结果是相似的,但仍可以用精确值 $f^* = -0.827396059946821$来反映计算误差的大小。在计算机中,可以使用上下界来表示一个数值(如实数 π),因为当确定一个实数的表示方法时,这些极限值可

① 注意,这些误差可能因计算机而异。

以用有限精度的浮点数来表示。但因为这种算法是针对数值的取值范围进行处理，而不是针对单一值，所以也会有负面影响。因此，式(1.2)使用了区间算法，该算法为实际的f^*提供了很大的区间范围，同时又将其包含在内。

Moore 于 1966 年首次论述了浮点精度在区间上的应用，极大地推动了区间分析的发展，他从一个新的角度来理解区间：关于浮点精度的不确定性可以扩展到物理不确定性。这为处理机器人应用中的测量误差和环境未知性提供了理论指导。本章将会说明区间甚至可以用于表示较强的时间不确定性。此外，区间分析适用于计算搜索空间以及多机器人集群应用，如正向运动学(Merlet, 2004)、轨迹规划(Piazzi et al, 1997)或工作空间分析(Chablat et al, 2002)。

本书的方法不侧重于浮点精度有多高，而是着重于物理上的不确定性。此外，因为所有计算都基于严格的区间分析，所以本书中的数值结果较为精确，具有一定的说服力。

1.2.2 区间

下面几节介绍区间的基本概念，后面的章节中会用到。有关区间分析的更多信息及其应用，读者可参考 Jaulin 等的文章。

1. 基础知识

区间$[x]$是$\mathbb{R}$的一个闭合连通子集，所有区间的集合都用$\mathbb{IR}$表示。区间$[x]$由下界x^-和上界x^+界定，其中x^+可以是正无穷①：

$$[x]=[x^-,x^+]=\{x\in\mathbb{R}\mid x^-\leqslant x\leqslant x^+\} \tag{1.3}$$

$x^-=x^+$时，区间$[x]$就退化成了一个实数。在下面的计算中，为了保持一致性，任何实数都可以视为一种退化的区间。这同样适用于空集$\varnothing$。本书处理的问题中，$\varnothing$就代表无解。

下面给出几个区间的示例：

- $[2,3]$；
- $[5]=\{5\}$；
- $[-\infty,\infty]$；
- $[0,\infty]$；

$\varnothing$。

本书中，用x^*近似表示一个实际存在但未知的值，其估计值用$[x]$表示，其宽度表示x^*上的不确定度：

① 本书使用符号$\mathrm{lb}([x])=x^-$(或$\mathrm{ub}([x])=x^+$)来表示$[x]$的下(上)界。

$$([x])\text{的宽度} = x^+ - x^- \tag{1.4}$$

当某些应用程序需要处理标量值时，$[x]$ 的中心可以用来表示 x^* 的一个估计值。这种取值方法的相关内容将在 2.5.2 节的包络边界函数中讨论。

$$([x])\text{的中心} = \frac{x^- + x^+}{2} \tag{1.5}$$

2. 区间上的集合运算

两个区间的交集仍然是一个区间：

$$[x] \cap [y] = \{z \in \mathbb{R} \mid z \in [x]\text{且 } z \in [y]\} \tag{1.6}$$

但是，两个区间的并集可能不是一个区间：

$$[x] \cup [y] = \{z \in \mathbb{R} \mid z \in [x]\text{或 } z \in [y]\} \tag{1.7}$$

区间的并集表示为 $[x] \cup [y]$ 的区间体，这样，并集的结果就是 $\mathbb{R}$ 的一个连通子集。本章中，并集用 $[x] \cup [y]$ 来表示并且定义为

$$[x] \cup [y] = [[x] \cup [y]] \tag{1.8}$$

一些特殊的情况列举如下：

$$[x] \cup \varnothing = [x] \tag{1.9}$$

$$[x] \cap \varnothing = \varnothing \tag{1.10}$$

$$[x] \cup [-\infty, \infty] = [-\infty, \infty] \tag{1.11}$$

$$[x] \cap [-\infty, \infty] = [x] \tag{1.12}$$

3. 区间计算

区间分析是基于所有经典实算术算子的扩展。涉及两个区间 $[x]$ 和 $[y]$ 以及一个运算符 $\diamond \in \{+, -, \cdot, /\}$。本章把 $[x] \diamond [y]$ 定义为最小的区间，包括 $x \diamond y$ 的所有可行解，假设 $x \in [x]$ 和 $y \in [y]$（Moore et al,1959），则有

$$[x] \diamond [y] = [\{x \diamond y \in \mathbb{R} \mid x \in [x], y \in [y]\}] \tag{1.13}$$

$$[x] \diamond \varnothing = \varnothing \tag{1.14}$$

在处理闭区间时，大多数操作可以基于它们的界限来完成。例如，加减法、集合运算等：

$$[x] + [y] = [x^- + y^-, x^+ + y^+] \tag{1.15}$$

$$[x] - [y] = [x^- - y^+, x^+ - y^-] \tag{1.16}$$

$$[x] \cup [y] = [\min(x^-, y^-), \max(x^+, y^+)] \tag{1.17}$$

$$[x] \cap [y] = \begin{cases} [\max(x^-, y^-), \min(x^+, y^+)], \text{若 } \max\{x^-, y^-\} \leqslant \min\{x^+, y^+\} \\ \varnothing, \text{否则} \end{cases} \tag{1.18}$$

但是,有时进行一些运算操作并不简单。以除法为例:

$$1/[y]=\begin{cases}\varnothing, & 若[y]=[0,0]\\ [1/y^+,1/y^-], & 若0\notin[y]\\ [1/y^+,\infty], & 若y^-=0且y^+>0\\ [-\infty,1/y^-], & 若y^-<0且y^+=0\\ [-\infty,\infty], & 若y^-<0且y^+>0\end{cases} \tag{1.19}$$

$$[x]/[y]=[x]\cdot(1/[y]) \tag{1.20}$$

这种扩展运算还包括初等函数(如cos、exp和tan)的变体。当函数f不是连续函数时,则区间$[x]$通过函数f的映射亦并非区间,而表示为$[f]([x])$的$f([x])$的区间估计是最小区间,包含下面函数中定义输入的所有映射:

$$[f]([x])=[\{f(x)\mid x\in[x]\}] \tag{1.21}$$

当f单调时,$[f]([x])$可直接由其界限估计得到:

$$[\exp]([x])=[\exp(x^-),\exp(x^+)] \tag{1.22}$$

否则,必须使用其他表达式或算法(Bouron,2002)。余弦函数是非单调函数的一个典型例子:

$$[\cos]([0,2\pi])=[-1,1]\neq\underbrace{[\cos(0),\cos(2\pi)]}_{[1,1]} \tag{1.23}$$

4. 概述

可以考虑将实数区间的概念推广到其他集合中,如函数的区间、集合(Desrochers et al,2017)、布尔运算甚至是图表(Jaulin,2015)。本书主要提供了处理轨迹区间的方法,第2章会对其进行介绍。下面介绍区间向量。

5. 区间向量

n个区间的笛卡儿积定义了一个盒子,也称为区间向量,属于集合$\mathbb{IR}^n$。对于向量$\boldsymbol{x}$,盒子将用黑体来表示:$[\boldsymbol{x}]$。

$$\begin{aligned}[\boldsymbol{x}]&=[x_1]\times\cdots\times[x_n]\\ &=[x_1^-,x_1^+]\times\cdots\times[x_n^-,x_n^+]\\ &=([x_1],\cdots,[x_n])^{\mathrm{T}}\end{aligned} \tag{1.24}$$

$\mathbb{IR}^n$的区间向量$[\boldsymbol{x}]$是一个轴向的盒子,是$\mathbb{R}^n$的一个闭连通子集。由此第i个分量$[x_i]$就是$[\boldsymbol{x}]$在i轴上的投影,如图1.3所示。$\mathbb{R}^n$的空集是$(\varnothing\times\cdots\times\varnothing)^{\mathrm{T}}$。

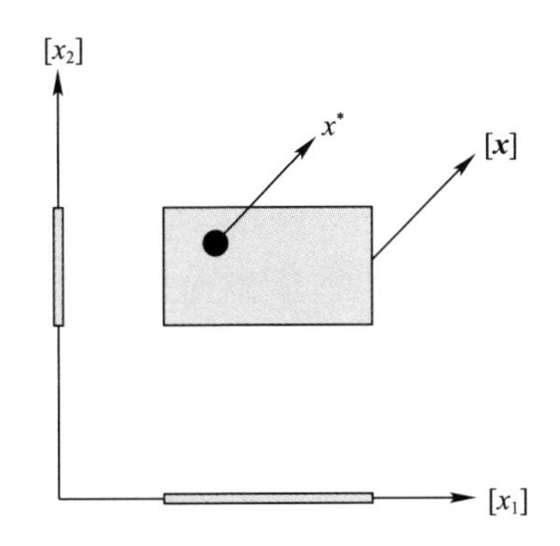

图 1.3　一个区间向量$[\boldsymbol{x}] \in \mathbb{IR}^2$,其分量$[x_i]$是$[\boldsymbol{x}]$在坐标轴上的投影

通过对每一分量进行计算,区间的大多运算可以很容易地扩展到盒子中。例如,盒子$[\boldsymbol{x}]$的界限定义如下:

$$x^- = (x_1^-, \cdots, x_n^-)^{\mathrm{T}}, \quad x^+ = (x_1^+, \cdots, x_n^+)^{\mathrm{T}} \tag{1.25}$$

这些扩展也适用于区间矩阵,其中每个分量就是一个区间,就像盒子一样。

1.2.3　区间扩展函数

1. 定义

把一个n维区间向量$[\boldsymbol{x}]$作为输入,一个函数$f: \mathbb{R}^n \to \mathbb{R}^m$输出一个集合,它不一定是区间向量,图 1.4 展示了一个由非连通子集和空集构成的图像。精确表示输出集合通常很复杂,有时涉及巨大的计算量。

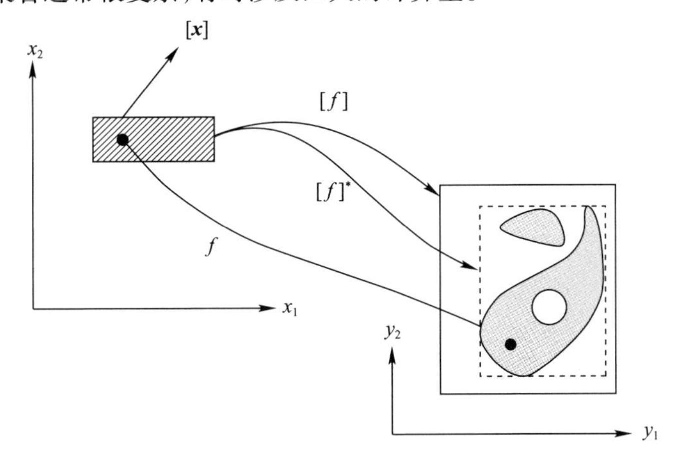

图 1.4　区间扩展函数:左上角绿色框$[\boldsymbol{x}]$表示一个任意集合$f([\boldsymbol{x}])$,右下角黄色表示可以近似为区间的扩展函数$[f]$。最小的区间扩展函数$[f]^*$提供了$f([\boldsymbol{x}])$的最小范围

相反，使用区间扩展函数$[f]:\mathbb{IR}^n \to \mathbb{IR}^m$，通过$f$把$[\boldsymbol{x}]$的映射封装在一个盒子中，像$\forall[\boldsymbol{x}] \in \mathbb{IR}^n, f([\boldsymbol{x}]) \subset [f]([\boldsymbol{x}])$。因此，可以快速合理地评估出可靠的包围图像集。此外，区间扩展函数是基于解析表达式的，甚至是基于以数据集为基础的算法。

2. 特性

如果任何退化区间向量的映射$[\boldsymbol{x}]=\boldsymbol{x}$也是精确的：$[f](\boldsymbol{x})=\{f(\boldsymbol{x})\}$，则称区间函数的范围很小。

如果$[f]$满足以下关系：

$$[\boldsymbol{x}] \subset [\boldsymbol{y}] \Rightarrow [f]([\boldsymbol{x}]) \subset [f]([\boldsymbol{y}]) \tag{1.26}$$

则称$[f]$为区间扩展单调的。

对于一个给定的f，存在无穷多个区间扩展函数，但只有一个是最小值，将其表示为$[f]^*$。若对$\forall[\boldsymbol{x}]$，$[f]([\boldsymbol{x}])$都是包含$f([\boldsymbol{x}])$的最小盒子，则$[f]$就是最小值，图1.4说明了这一概念。任何的非最小区间扩展函数都被称为负面的。

3. 自然区间扩展函数

当函数f由有限组初等函数（如sin，tan，$\sqrt{(\cdot)}$，min，…）和运算符（如+，-，*，/，）构成时，获得其区间扩展函数的最简单的方法是用它们的区间表示$[x_1]$，$[x_2]$，…来代替变量$x_1, x_2, \cdots$，同时用它们的对应区间[sin]、[tan]等来代替函数和运算符。得到的$[f]$称为f的自然区间扩展函数。

自然区间扩展函数是区间扩展单调的，并且范围很小。此外，如果f由连续函数和运算符组成时，它是收敛的。但是由于变量和一些包围效应之间的相关性，一个自然区间扩展函数可能并不是最小值，1.2.4节讨论了这一点。如果每个变量仅在它的表达式中出现一次，且表达式中包括了连续函数和运算符，则$[f]$就是最小值。

回到相对测距信标定位的例子中，计算距离函数g的自然区间扩展：

$$g:\mathbb{R}^2 \to \mathbb{R}$$

$$\begin{pmatrix} x_1 \\ x_2 \end{pmatrix} \to \sqrt{(x_1 - x_1^k)^2 + (x_2 - x_2^k)^2} \tag{1.27}$$

用对应区间来代替相应的项，则$[g]$表示为

$$[g]:\mathbb{IR}^2 \to \mathbb{IR}$$

$$\begin{pmatrix} [x_1] \\ [x_2] \end{pmatrix} \to \sqrt{([x_1] - x_1^k)^2 + ([x_2] - x_2^k)^2} \tag{1.28}$$

如果函数$\sqrt{\cdot}$，$(\cdot)^2$和运算符+、-在它们的定义域上连续，且变量x_1、x_2仅出现一次，则自然区间扩展函数$[g]$是最小值。

1.2.4 负面效果和包围效应

如前所述,区间基本运算的特性可能会不同于它们在$\mathbb{R}$中的属性,这有时会造成不必要的负面效果。本节简要介绍出现过优估计的两个原因。尽管这一效果并不会影响结果的可靠性,但当区间太宽时可能会导致无意义的结果。大部分情况下,都需要考虑如何克服这种负面效果。

1. 变量之间的相关性

在区间分析中,同一函数的不同解析表达式通常会产生不同的效果。例如,退化差分函数$f(x)=x-x=0$,其中区间替换如下:

$$[x]-[x]=[\{a-b\,|\,a\in[x],b\in[x]\}]=[x^- -x^+,x^+ -x^-] \quad (1.29)$$

当一个表达式中多次出现某一变量时,计算结果便不太精确。图 1.5 给出了一个示例(Ceberio et al,2002)。

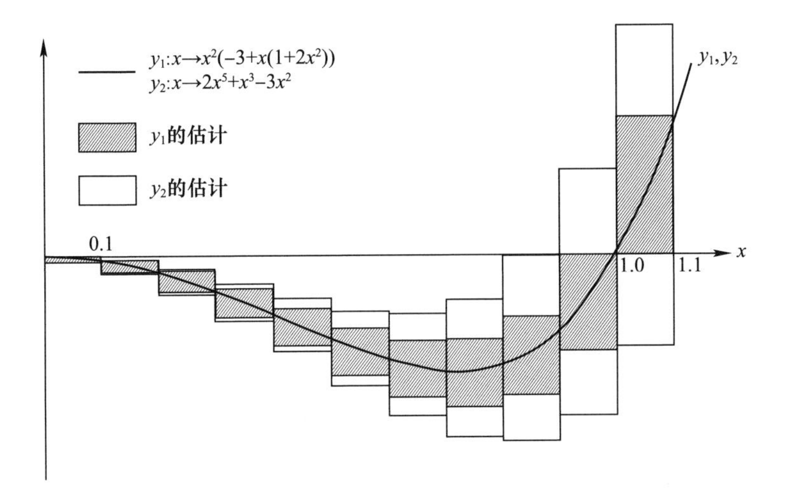

图 1.5 同一函数 $y_1=y_2$ 的不同区间估计的比较。区间运算的特性有时导致了计算出的区间比准确范围更大。这种相关性问题可以通过重写表达式,以及使用不同的因式分解方案来解决。该例子展示了一个经典的区间估计,其对应部分用蓝色表示,使用了基于霍纳规则的因式分解(Ceberio et al,2002)

变量之间的相关性可以通过分析来解决,例如,通过将方程组表示为唯一的有向非周期图(Schichl et al,2005)或利用公共子表达式(Araya et al, 2008)。然而,至今依然没有通用的解决方法。

2. 包围效应

区间和区间向量是沿着轴向的物理量。因此只要集合不是由与轴对齐的边界组成的盒子时,就会出现一个负面性的包围表示方法,即所谓的包围效应。

当一个集合由函数集连续求解,且其中每个函数都会产生自身的包围效应时,可能导致包围快速增长,也称为过度包围或者过包围。Moore 于 1966 年给出了一个典型的示例,呈现出一系列旋转,如图 1.6 所示。

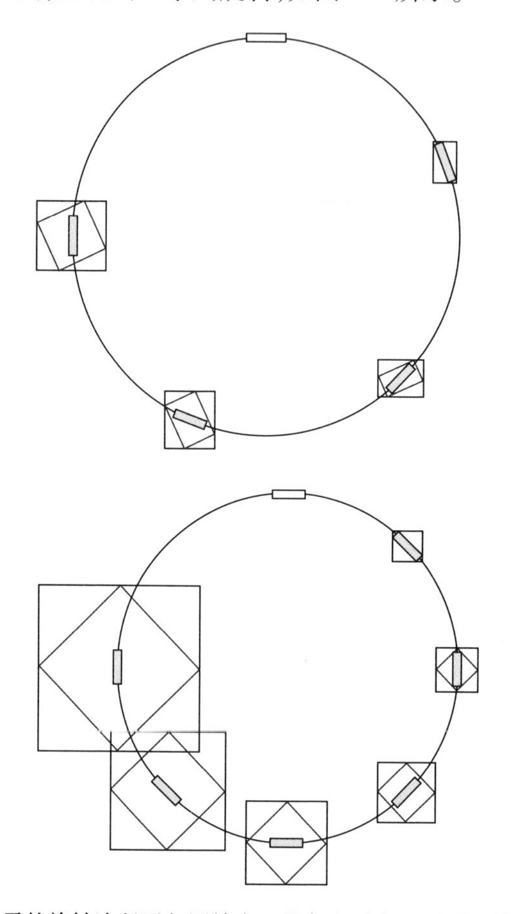

图 1.6　几个盒子的旋转诠释了包围效应。蓝色盒子有一系列的旋转角度,形成了一个 3π/2 球形的旋转轨迹。红色盒子表示区间包围,而绿色盒子是旋转包围的结果。旋转在第一种情况下分四个步骤执行,在第二种情况下分六个步骤执行。这表明包围效应随着计算量的增加而增强。注意,由于每个中间区域都是轴对齐的,所以当旋转是通过一个或三个步骤完成时,就会显示出最终蓝色盒子的最小包围

这种影响可以通过将解空间划分为一组不重叠的盒子来克服(见 1.4.1 节),但需要花费较长的计算时间和更大的存储空间。

1.3 约束传播

在区间分析方法出现的同时，人工智能机构已开发出基于约束传播的新方法(Bessiere,2006)。这些方法用于系统求解涉及实数的离散或连续变量问题(Benhamou et al,1997;Van Hentenryck et al,1998)，并且很好地使用了区间来定义这些变量的域名。

在本书的应用中，状态估计问题将用约束网络(CN)表示，并且通过使用收缩子来解决，可以减小网络变量区域。

1.3.1 约束网络

1. 简介

一个数学问题可以用包含变量$\{x_1,x_2,\cdots,x_n\}$的 CN 来表示，这些变量必须满足事先约束的规则，并且用$\{\mathcal{L}_1,\mathcal{L}_2,\cdots,\mathcal{L}_m\}$表示，在其域上定义了一个非空范围的可行变量$\{\mathbb{X}_1,\mathbb{X}_2,\cdots,\mathbb{X}_n\}$(Mackworth,1977)。

变量 x_i 可以是符号、实数(Araya et al,2012)或$\mathbb{R}^n$的向量。正如本章的简介中提到的，域可以是区间、盒子、多面体等。一般来说，很少限制约束的形式，例如，它可以是变量之间的非线性方程，如 $x_3=\cos[x_1+\exp(x_2)]$，也可以是不等式，甚至是量化的参数(Goldsztejn,2006)。

这种估计包括计算最小变量的域，同时又满足定义的约束[①]。图 1.7 简单描述了这种方法。

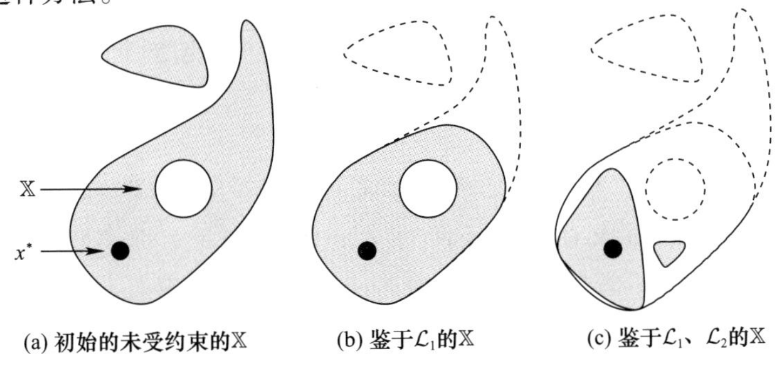

(a) 初始的未受约束的$\mathbb{X}$　(b) 鉴于$\mathcal{L}_1$的$\mathbb{X}$　(c) 鉴于$\mathcal{L}_1$、$\mathcal{L}_2$的$\mathbb{X}$

图 1.7　理论上来讲，已知用黄色表示的域 $\mathbb{X}$ 包含由红点表示的一个解集 $\boldsymbol{x}^*$，并且与两个约束条件 $\mathcal{L}_1$ 和 $\mathcal{L}_2$ 相一致。对 $\boldsymbol{x}^*$ 进行估计会在满足 $\mathcal{L}_1$ 和 $\mathcal{L}_2$ 的同时减少 $\mathbb{X}$ 的域

① 我们也经常谈到约束补偿问题(CSP)，用 $\mathcal{H}$ 表示($f(\boldsymbol{x})=\boldsymbol{0},\boldsymbol{x}\in[\boldsymbol{x}]$)，解决方案包括计算 x 的最佳近似。但是，集员状态估计不是由 $\mathcal{H}$ 形式化的，更恰当的做法是用 CN 表示本书应用程序的约束条件。

2. 分解

在处理复杂方程时,可以将其分解成一组原始约束。这里,原始意味着约束不能再被分解了。例如,在本章的相对测距定位问题中,基于式(1.1)的观测约束 $\mathcal{L}_{gk}$可以被分解为

$$\mathcal{L}_{gk}:\rho_k=\sqrt{(x_1-x_1^k)^2+(x_2-x_2^k)^2}\Leftrightarrow\begin{cases}a=x_1-x_1^k\\b=x_2-x_2^k\\c=a^2\\d=b^2\\e=c+d\\\rho_k=\sqrt{e}\end{cases}\tag{1.30}$$

其中 $a,b,\cdots,e$ 是中间变量,便于分解使用。这构成了一个由 $\mathcal{L}_-,\mathcal{L}_+,\mathcal{L}_{(\cdot)^2}$和$\mathcal{L}_{\sqrt{\cdot}}$基本约束组成的网络,易于实施。使用基本约束网络中的传播方式,就可以应对复杂的约束。

3. 传播

当处理有限域时,一种传播方法(Waltz,1972)可以简化问题。该过程会进行若干次,直到达到固定点(即 $\mathbb{X}_i$ 不再减少时)。利用区间运算及其保存任何可行解的能力,区间分析可以有效用于处理有限域。

此外,使用迭代分解过程中的单调算子,约束便可以在任何顺序中被使用(Apt,1999)。由于序列影响计算时间,所以在应用一个约束之前使用另一个约束可能更有趣。

本章采用的方法是用收缩子 $\mathcal{C}$ 在盒子$[\boldsymbol{x}]\in\mathbb{IR}^n$上使用一个给定的约束。

1.3.2 收缩子

形式上,与约束 $\mathcal{L}$ 相关的收缩子 $\mathcal{C}_{\mathcal{L}}$ 是一个算子$\mathbb{IR}^n\to\mathbb{IR}^n$,返回一个盒子$\mathcal{C}_{\mathcal{L}}([\boldsymbol{x}])\subseteq[\boldsymbol{x}]$,同时没有移除任何与 $\mathcal{L}$ 一致的向量。本书将使用改编自(Chabert et al,2009)的定义:

定义 1.1 若一个收缩子是从$\mathbb{IR}^n$到$\mathbb{IR}^n$的映射 $\mathcal{C}_{\mathcal{L}}$,如下:

(1) 收缩:$\forall[\boldsymbol{x}]\in\mathbb{IR}^n,\mathcal{C}_{\mathcal{L}}([\boldsymbol{x}])\subseteq[\boldsymbol{x}]$;

(2) 一致性:$\begin{pmatrix}\mathcal{L}(\boldsymbol{x})\\\boldsymbol{x}\in[\boldsymbol{x}]\end{pmatrix}\Rightarrow\boldsymbol{x}\in\mathcal{C}_{\mathcal{L}}([\boldsymbol{x}])$。

图 1.8 是对收缩的简单说明。

属性(i)说明当一个解集进入一个收缩子的范围时,即失解,而图 1.8(b)证

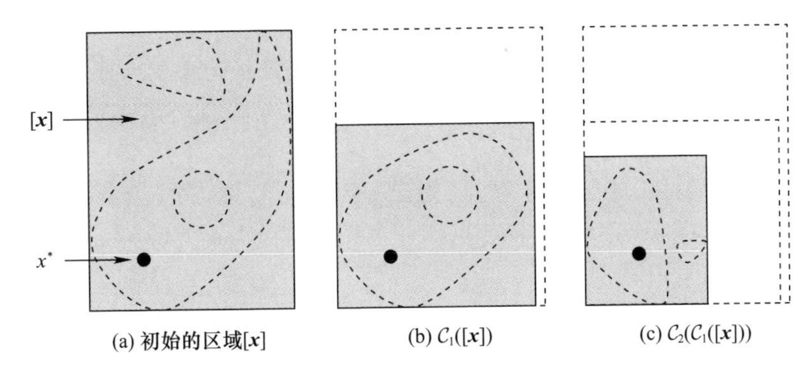

图 1.8　通过各自的收缩子 $\mathcal{C}_1$ 和 $\mathcal{C}_2$ 应用图 1.7 中的约束 $\mathcal{L}_1$ 和 $\mathcal{L}_2$。在这个理论算例中，域 $\mathbb{X}$ 目前是一个盒子 $[\boldsymbol{x}]$ 的子集，容易表示和收缩

明了与 $\mathcal{L}$ 一致的解不会丢失。因此收缩子可以多次在盒子中使用，而且不会有丢失解或更具负面性的风险。

实际上，这些运算符通常由多项式时间算法给出。建立大量的收缩子，如 $\mathcal{C}_+$，$\mathcal{C}_{\sin}$，和 $\mathcal{C}_{\exp}$，已经成为许多工作的主题（参见 Jaulin 等人的文献），它们和原始方程组 $z = x + y$，$y = \sin(x)y = \exp(x)$ 相关。区间分析算法的一个重要部分也可以封装到这些收缩子中，如图 1.8 所示。

1. 示例

考虑约束 $\mathcal{L}_+(a,x,y)$：$a = x + y$。相关的收缩子 $\mathcal{C}_+$ 定义如下：

$$\begin{pmatrix}[a]\\ [x]\\ [y]\end{pmatrix} \xrightarrow{\mathcal{C}_+} \begin{pmatrix}[a]\cap([x]+[y])\\ [x]\cap([a]-[y])\\ [y]\cap([a]-[x])\end{pmatrix} \tag{1.31}$$

因此，$[a]$，$[x]$ 或 $[y]$ 中的信息可以传播到其他区间上。如，$\mathcal{C}_+([4,5],[0,3],[-2,2])$ 将会产生 $([4,5],[2,3],[1,2])$。来看另一个示例，写出非线性约束 $\mathcal{L}_{\exp}(a,b)$：$a = \exp(b)$ 的收缩子 $\mathcal{C}_{\exp}$：

$$\begin{pmatrix}[a]\\ [b]\end{pmatrix} \xrightarrow{\mathcal{C}_{\exp}} \begin{pmatrix}[a]\cap\exp([b])\\ [b]\cap\log([a])\end{pmatrix} \tag{1.32}$$

2. 本章涉及的特性

当盒子 $[\boldsymbol{x}]$ 收缩至包含解集的最小盒子时，就可以得到最小的收缩子。

如果满足下式，那么收缩子可以称作是单调的：

$$[\boldsymbol{x}] \subseteq [\boldsymbol{y}] \Rightarrow \mathcal{C}([\boldsymbol{x}]) \subseteq \mathcal{C}([\boldsymbol{y}]) \tag{1.33}$$

3. 收缩子设计

尽管实现一个像 $\mathcal{L}_+$ 这样的基本约束可能很简单，但当面对复杂的约束时，情况也会变得十分复杂。通过为复杂的约束构造专用的收缩子,传播是可以完成的。但是这个方法没有很好的通用性,因为这一解决方案对于不熟悉的用户来说并不可行:研究人员将会致力于研究这种复杂约束,而要想将其扩展到其他应用之中,就必须精通它的操作。

Chabert 和 Jaulin 于 2009 年引入了收缩子的概念,提出一个收缩子$\mathbb{IR}^n \to \mathbb{IR}^n$可以被理解为$\mathbb{R}^n$的一个子集,这样的形式使得人们可以考虑在收缩子的集合上进行一系列标准的操作,例如:

$$
\begin{aligned}
&(\mathcal{C}_1 \cap \mathcal{C}_2)([\boldsymbol{x}]) := \mathcal{C}_1([\boldsymbol{x}]) \cap \mathcal{C}_2([\boldsymbol{x}]) && (\text{交集}) \\
&(\mathcal{C}_1 \cup \mathcal{C}_2)([\boldsymbol{x}]) := \mathcal{C}_1([\boldsymbol{x}]) \cup \mathcal{C}_2([\boldsymbol{x}]) && (\text{并集}) \\
&(\mathcal{C}_1 \circ \mathcal{C}_2)([x]) := \mathcal{C}_1(\mathcal{C}_2([\boldsymbol{x}])) && (\text{合成}) \\
&\mathcal{C}_1^{\infty} := \mathcal{C}_1 \circ \mathcal{C}_1 \circ \mathcal{C}_1 \circ \cdots && (\text{迭代合成})
\end{aligned}
\tag{1.34}
$$

这一形式允许对原始的收缩子进行简单的结合。把这些运算符组合起来可能会使它们变复杂,但仍然可以提供可靠的结果,从而允许人们处理各种各样的问题。

这种框架既通用又简单:用户现在需要关注的是解算器是什么,而并非如何建立一个解算器,这才是声明式编程的精髓。本书的主旨是通过结合收缩子,以数学约束为基础设计一个解算器,而不是配置一个专用的算法。

收缩子的概念有效促进了应用程序的发展(Gning et al,2006;Alexandre dit Sandretto et al, 2014;Jaulin,2011),并证明了它的有效性。近期的工作提出把这一概念延伸到动态系统中,说明其研究前景很好。本书提供了与微分方程相关的新式收缩子,进而打开了动态系统估计的大门(例如那些移动机器人系统)。

1.3.3 在基于测距的静态机器人定位中的应用

本节将使用前面提及的方法进行非线性状态估计。

1. 问题陈述

机器人 R 位于三个信标 $\mathcal{B}_k, k \in \{1,2,3\}$ 之间,同步距离测量是 ρ_k^*。但是无法准确获得这些值,我们假设它们均处在表 1.1 所列有界测量范围内。

表 1.1 信标的位置和各自的测量值

信标	(x_1^k, x_2^k)	ρ_k^*	$[\rho_k]$
$\mathcal{B}_1$	$(-0.5, 4.0)$	4.03	$[3.63, 4.43]$
$\mathcal{B}_2$	$(-2.5, -2.5)$	3.53	$[3.13, 3.93]$
$\mathcal{B}_3$	$(2.5, -0.5)$	2.55	$[2.15, 2.95]$

注意,给出的 ρ_k^* 值是描述性的,并没有在解析过程中使用。

回想一下,将一个测量值 ρ_k 和 R 的位置 $\boldsymbol{x}$ 连接到一起的观测约束为

$$\mathcal{L}_{gk}(\boldsymbol{x},\rho_k):\rho_k=\sqrt{(x_1-x_1^k)^2+(x_2-x_2^k)^2} \tag{1.35}$$

可由下面的公式 CN 来描述这一问题:

$$\text{CN}:\begin{cases}\text{变量}:\boldsymbol{x},\rho_1,\rho_2,\rho_3\\ \text{约束}:\\ \quad (1)\ \mathcal{L}_{g1}(\boldsymbol{x},\rho_1)\\ \quad (2)\ \mathcal{L}_{g2}(\boldsymbol{x},\rho_2)\\ \quad (3)\ \mathcal{L}_{g3}(\boldsymbol{x},\rho_3)\\ \text{域}:[\boldsymbol{x}],[\rho_1],[\rho_2],[\rho_3]\end{cases} \tag{1.36}$$

这些域是经过表 1.1 中的有界值初始化后的区间。机器人的位置是未知的:$[\boldsymbol{x}]=[-\infty,+\infty]^2$。

2. 状态估计

每个约束 $\mathcal{L}_{gk}$ 都是通过原始收缩子的组合实现的,以式(1.30)中的详细分解为基础。三个收缩子 $\mathcal{C}_{gk}$ 就是这样建立的,并应用于以下领域:

(1) $\mathcal{C}_{g1}([\boldsymbol{x}],[\rho_1])$:$\mathcal{B}_1$ 的测量的收缩(图 1.9(a)、(d));

(2) $\mathcal{C}_{g2}([\boldsymbol{x}],[\rho_2])$:$\mathcal{B}_2$ 的测量的收缩(图 1.9(b)、(e));

(3) $\mathcal{C}_{g3}([\boldsymbol{x}],[\rho_3])$:$\mathcal{B}_3$ 的测量的收缩(图 1.9(c))。

每个收缩子都会使域$[\boldsymbol{x}]$减少,这可能会为其他约束带来新的收缩可能性。为了从每次的收缩中获益,而再次调用其他收缩子就变得很有趣。然后使用一个再次调用收缩子的迭代解析过程,直到达到一个定点。至于定点,指的是在一

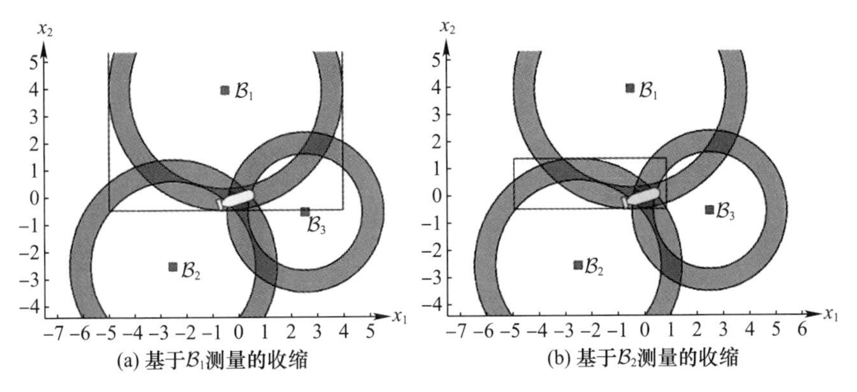

(a) 基于$\mathcal{B}_1$测量的收缩　　(b) 基于$\mathcal{B}_2$测量的收缩

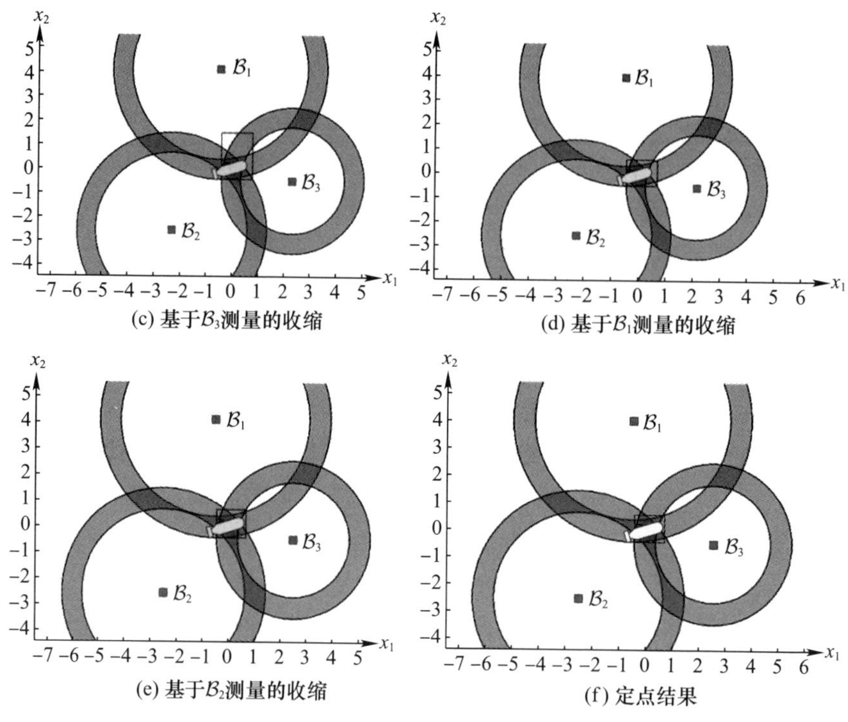

图 1.9　基于相对距离测量的集员位置估计。红色盒子表示信标发射信号，由黄色的机器人 R 接收。这些图说明了环形表示的每个相对测距有界测量中 R 的位置盒子的连续收缩情况

个完整的迭代之中，任何域$[\boldsymbol{x}]$和$[\boldsymbol{\rho}_k]$都未被收缩。图 1.9 给出了这种状态估计的过程。在这个示例中，在不到 0.01s 的时间内，约束求解已经迭代了 7 次以上。

1.4　基于区间分析的集逆算法

当解集由空集和几个非连通子集构成时，可能会对它的范围产生非常大的负面效应，即 1.2.4 节中提到的所谓包围效应。可以通过划分解空间并针对每部分测试是否包含解集的一部分来进行细化，使结果构成一种新式包围器，称为子空间。它特别适用于集逆算法问题，本节会对其进行介绍。

1.4.1　子空间

通过对$[\boldsymbol{x}]$中含有的许多非重叠盒子$[\boldsymbol{x}]^{(i)}$取并集，可以得到一个由盒子

$[\boldsymbol{x}] \in \mathbb{IR}^n$封装成的一个集合 $\mathbb{X} \subset \mathbb{R}^n$的更为精确的估计。这组盒子被称为子空间。

$[\boldsymbol{x}]$的一个子空间 $\mathbb{K}$ 完全地覆盖了$[\boldsymbol{x}]$,如下所示:

$$[\boldsymbol{x}] = \bigcup_{[b] \in \mathbb{K}} [b] \tag{1.37}$$

称为$[\boldsymbol{x}]$的空间,并且它可以由几个子空间的集合构成。

如果用子空间可以获得 $\mathbb{X}$ 的更精确的近似值,那么我们也需要得到这种近似的限定条件。这也可以通过如下形式的 $\mathbb{X}^-$ 和 $\mathbb{X}^+$ 得到:

$$\mathbb{X}^- \subset \mathbb{X} \subset \mathbb{X}^+ \tag{1.38}$$

图 1.10 中 $\mathbb{X}^-$ 和 $\mathbb{X}^+$ 分别表示子空间集合 $\mathbb{X}$ 内部和外部的近似值。内部近似把只包含解的盒子汇聚到一起,而外部近似则由可能含有一个解的许多盒子构成。计算的精度由集合$[\mathbb{X}^-, \mathbb{X}^+]$宽度决定,它包括解集的边界$\partial\mathbb{X}$。对盒子进行更精细的拆分会提高精度,也需要更长的计算时间,并且需要增加内存空间。

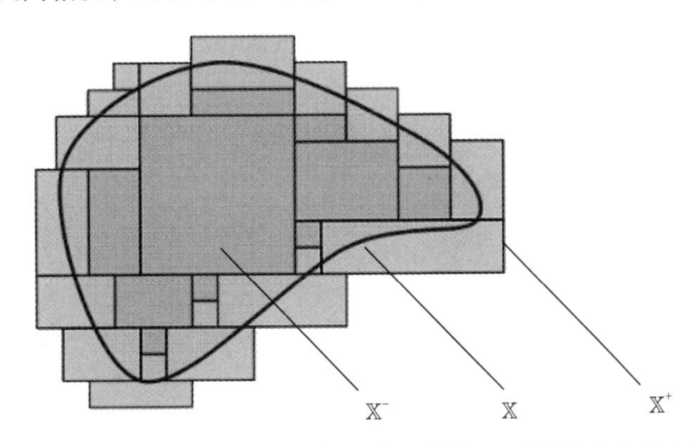

图 1.10　集合 $\mathbb{X}$(阴影线部分)的内部近似界限 $\mathbb{X}^-$(绿色)和外部近似界限 X^+(黄色)。必须保证边界$\partial\mathbb{X}$在可见的黄色盒子内保持闭合

1.4.2　基于 SIVIA 的集逆算法

考虑对互逆映射 $\mathbb{X} \subset \mathbb{R}^n$的类似 $\mathbb{X} = f^{-1}(\mathbb{Y})$的计算,其中 $\mathbb{Y} \subset \mathbb{R}^m$是通过一个可以形式化的非线性函数$f: \mathbb{R}^n \to \mathbb{R}^m$实现的 $\mathbb{X}$ 的映射集合。这种运算被称为集逆运算,它的描述如下:

$$\mathbb{X} = \{x \in \mathbb{R}^n \mid f(x) \in \mathbb{Y}\} = f^{-1}(\mathbb{Y}) \tag{1.39}$$

一个 SIVIA① 算法(Jaulin et al,1993)可用于从任何 $\mathbb{Y} \subset \mathbb{R}^m$中近似 $\mathbb{X}$,并且

① 利用区间分析(SIVIA)的集逆运算。

任何函数都可以包含函数$[f]:\mathbb{IR}^n \to \mathbb{IR}^m$。这一近似是由 $\mathbb{X}^-$ 和 $\mathbb{X}^+$ 之间所包含的范围完成的。从一个初始的盒子$[\boldsymbol{x}]^{(0)} \in \mathbb{IR}^n$开始,SIVIA 将会使用区间扩展测试来确定它是否只属于 $\mathbb{X}^+$,或者同时属于 $\mathbb{X}^-$ 和 $\mathbb{X}^+$,亦或均不属于。

在无法判定的情况下,采用等分盒子的策略,并且在子盒子上再次进行测试。

算法 1 给出了 SIVIA 的一个迭代过程,其中讨论了三种情况:

(1) $[f]([\boldsymbol{x}]) \cap \mathbb{Y} = \varnothing$:$[\boldsymbol{x}]$不属于 $\mathbb{X}$;

(2) $[f]([\boldsymbol{x}]) \subset \mathbb{Y}$:$[\boldsymbol{x}]$中的任何向量都是解,因此$[\boldsymbol{x}]$属于 $\mathbb{X}$,并且被存储在 $\mathbb{X}^-$ 和 $\mathbb{X}^+$ 中;

(3) $[f]([\boldsymbol{x}])$与 $\mathbb{Y}$ 有一个非空交集,但并不是 $\mathbb{Y}$ 的一个子集。这是一个待定的情况,其中$[\boldsymbol{x}]$可能包含一个解。因此:

① 如果宽度$([\boldsymbol{x}]) < \varepsilon$,那么对于此算法的预期精度,这个盒子已足够小。通过把$[\boldsymbol{x}]$存到 $\mathbb{X}^+$ 中,该过程就停止了。

② 否则,将执行$[\boldsymbol{x}]$的对分。例如,沿着它最大的维度,并在每个生成的盒子上进行新的测试。

这些情况如图 1.11 所示。这种集逆算法很容易实现,因为它只基于f的区间扩展,并不需要求解它的逆。

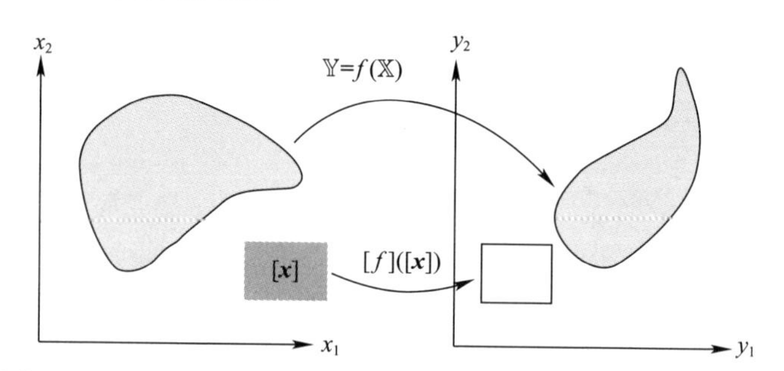

(a) $[f]([\boldsymbol{x}]) \cap \mathbb{Y} = \varnothing \Rightarrow f([\boldsymbol{x}]) \cap \mathbb{Y} = \varnothing$,盒子$[\boldsymbol{x}]$既不属于外部集合$\mathbb{X}^+$,也不属于内部集合$\mathbb{X}^-$

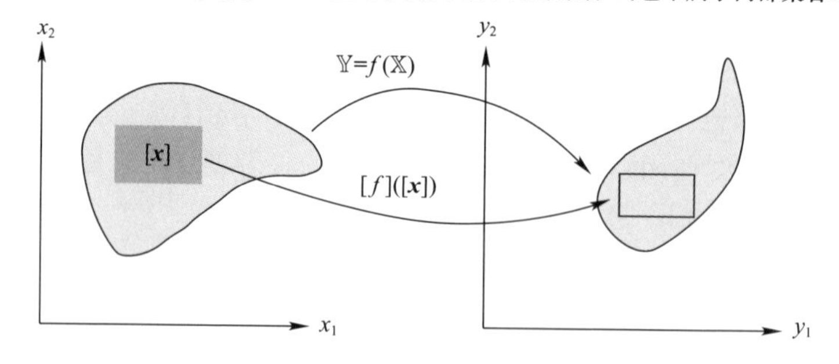

(b) $[f]([\boldsymbol{x}]) \subset \mathbb{Y} \Rightarrow f([\boldsymbol{x}]) \subset \mathbb{Y}$,盒子$[\boldsymbol{x}]$属于内部和外部集合,分别表示为$\mathbb{X}^-$和$\mathbb{X}^+$

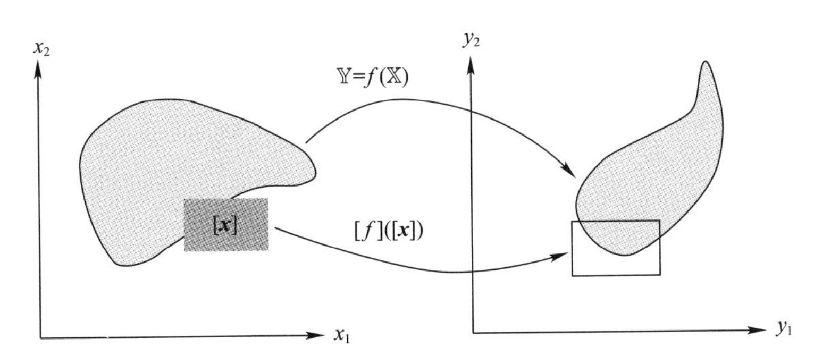

(c) 不确定的情况,[x]可能被细分,也可能被置于外部集合$\mathbb{X}^+$中

图 1.11　集逆算法的区间测试((b)代表内部解集,(c)代表仅属于外部集合的盒子,(a)代表无解集)

算法 1　SIVIA(输入:$[f],[\boldsymbol{x}],\mathbb{Y},\varepsilon$;输出:$\mathbb{X}^-,\mathbb{X}^+$)

```
1:if[f]([x]) ∩ 𝕐 = ∅,then
2:   if[f]([x]) ⊂ 𝕐,then
3:        𝕏⁺ ←𝕏⁺ ∪[x]                                    ▷外部集合
4:        𝕏⁻ ←𝕏⁻ ∪[x]                                    ▷内部集合
5:     else if width([x]) < ε,then
6:        𝕏⁺ ←𝕏⁺ ∪[x]                                    ▷仅外部集合
7:   else
8:        bisect([x]) into [x]⁽¹⁾ and [x]⁽²⁾
9:        SIVIA([f],[x]⁽¹⁾,𝕐,ε,𝕏⁻,𝕏⁺)
10:       SIVIA([f],[x]⁽²⁾,𝕐,ε,𝕏⁻,𝕏⁺)
11:  end if
12:end if
```

近似精度 ε 是算法中唯一需要设置的参数,可以由区间$[\mathbb{X}^-,\mathbb{X}^+]$的宽度来表征。区间$[\mathbb{X}^-,\mathbb{X}^+]$越精细,集逆算法的近似性越好。在任何情况下,真正的解集$\mathbb{X}$都在这些界限之内。

图 1.12 提供了由 SIVIA 计算的子空间的一个图例,展示了不同的精确度。

当然也可以进行一些优化。例如,当对$[f]([\boldsymbol{x}])$同时进行多个评估时,SIVIA 算法可以很容易地并行使用。此外,解空间可以被建造成一个二元树,其中每个节点对应着盒子$[\boldsymbol{x}]$的二等分。这种常规表示加快了对解决盒子的访问速度。

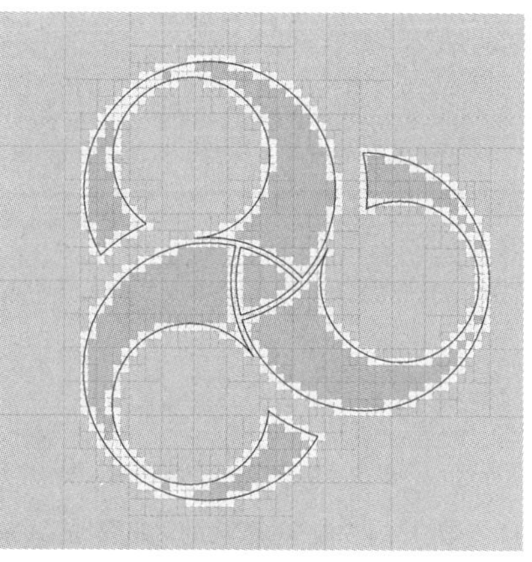

图 1.12　由 SIVIA 算法得到的不同精度的子空间。真正解集的边界∂𝕏由黑线标出。内部和外部的集合分别由绿色、黄色和绿色的盒子来表示。蓝色表示没有包含解的部分。这种方法可以对任意形状的集合进行估计，比如三曲枝图（Le Gallo，2016）

1.4.3　收缩子的原理框图

回到相对测距问题，现在考虑两个信标而并非三个，来处理一个模糊解集。机器人保持在(0,0)位置处。SIVIA 会给出解集的更精确的近似值，而唯一使用到的收缩子会把它封装成一个单一的盒子。尽管如此，该算法也可以与收缩子结合，通过减少在子空间中评估的盒子来减少时间复杂性或空间复杂性。图 1.13给出了在这一相对测距问题中（表 1.2）使用的经典 SIVIA 算法和 1.3.3 节中提到的它与收缩子结合后的结果对比。这种耦合可以通过$[\boldsymbol{x}]$在不确定的区间测试（参见算法 1 的第 8 行）中进行二等分之前收缩$[\boldsymbol{x}]$来实现。同时，这种方法将导致空间不再有规律性。

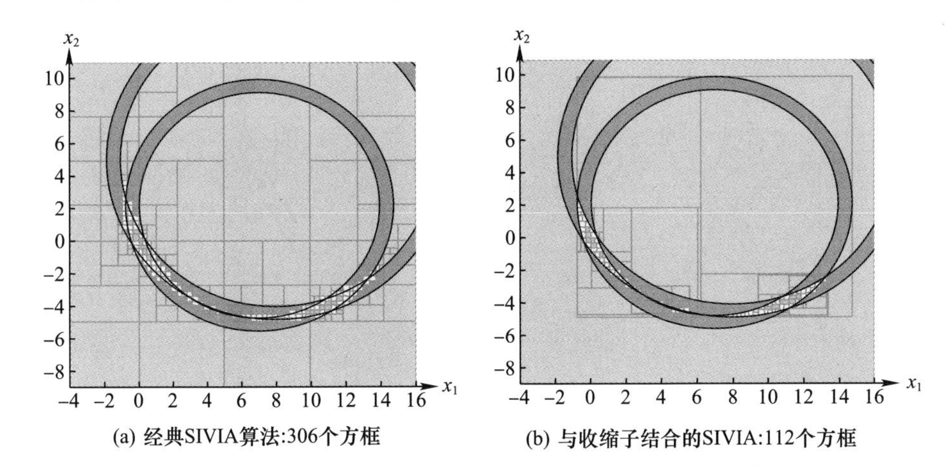

图 1.13 基于双信标的相对测距定位问题。解集较复杂,并且它封装成的盒子会呈现出非常大的负面效果。而这一问题与 SIVIA 的使用有关,这两幅图给出了经典算法和一个包含收缩过程的自适应情况之间的比对

表 1.2 信标的位置及各自的测量值

信标	(x_1^k, x_2^k)	ρ_k^*	$[\rho_k]$
$\mathcal{B}_1$	(8.0,5.0)	9.43	[9.03,9.83]
$\mathcal{B}_2$	(7.0,2.2)	7.34	[6.94,7.74]

1.4.4 区间函数的核心特征

一个函数的核心特征较简单,并且可以在很多问题中以 $f(\boldsymbol{x}) = \boldsymbol{0}, \boldsymbol{x} \in [\boldsymbol{x}]$ 的形式出现。一个函数 f 的核 $\ker f: \mathbb{R}^n \to \mathbb{R}^n$ 是 f 域的一个子集,定义如下:

$$\ker f = \{\boldsymbol{x} \in \mathbb{R}^n \mid f(\boldsymbol{x}) = \boldsymbol{0}\} = f^{-1}(\boldsymbol{0}) \tag{1.40}$$

当已知 f 以区间函数 $[f]$ 为边界时,可以用 SIVIA 算法表征 $\ker f$。这就是 Aubry 等人 2014 年的工作目标,并给出了定义和示例。本节将简要地回顾这些概念,以便后续章节使用。

区间函数 $[f]$ 的核心定义如下:

$$\ker[f] = \bigcup_{f \in [f]} \ker f = \{\boldsymbol{x} \in [\boldsymbol{x}] \mid \boldsymbol{0} \in [f](\boldsymbol{x})\} \tag{1.41}$$

其核心如图 1.14 所示。

$\ker[f]$ 是一个集合 $\mathbb{X}$,可以由两个子空间 $\mathbb{X}^-$ 和 $\mathbb{X}^+$ 来近似。因此,未知的函数 f^* 可以通过 $\ker f^* \subset \mathbb{X}^+$ 评估得到。

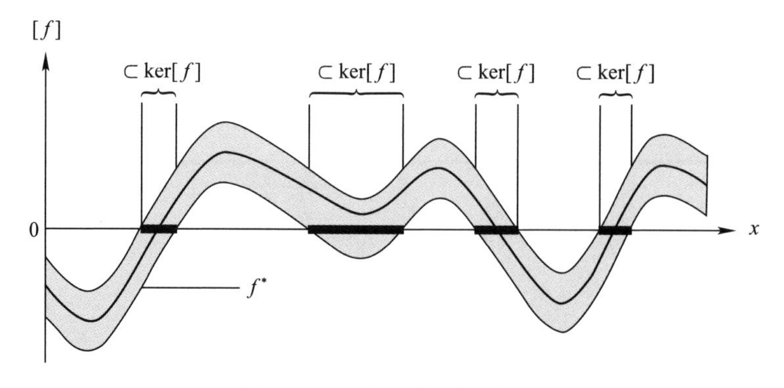

图 1.14　区间函数[f]的核心

下文将会把$f^{+}(\boldsymbol{x})$和$f^{-}(\boldsymbol{x})$表示为$[f](\boldsymbol{x})$的上下界,如图 1.15 所示。有

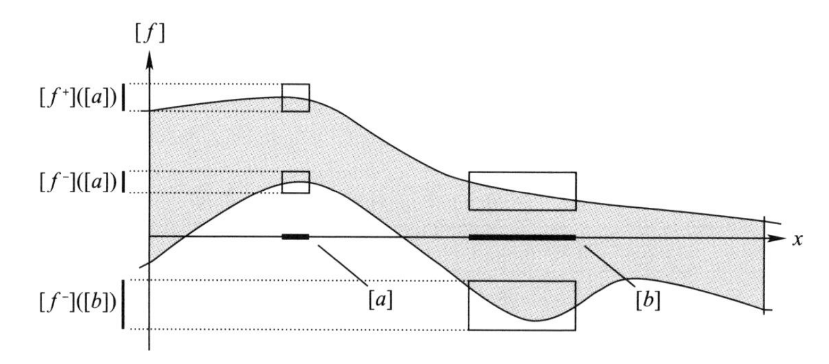

图 1.15　区间函数[f]的界限

$$\forall \boldsymbol{x}, [f](\boldsymbol{x}) = [f^{-}(\boldsymbol{x}), f^{+}(\boldsymbol{x})] \tag{1.42}$$

本章将进一步对下面两个收敛的区间函数$[f^{\subset}]$和$[f^{\supset}]$进行相关假设(图 1.16),并且定义如下:

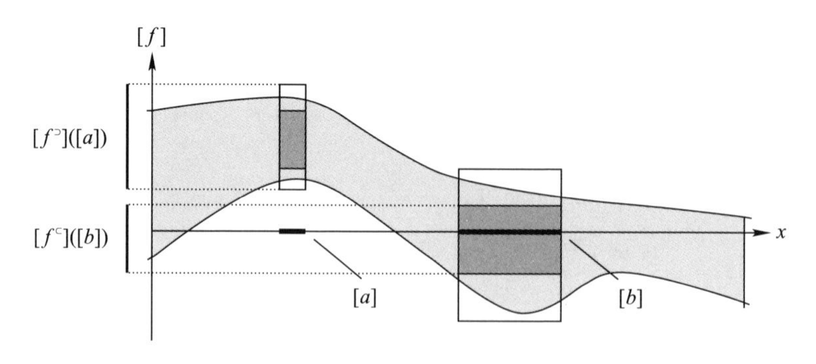

图 1.16　区间扩展函数$[f^{\subset}]$和$[f^{\supset}]$

$$[f^{\subset}]([\boldsymbol{x}])=[\mathrm{ub}(f^{-}([\boldsymbol{x}])),\mathrm{lb}(f^{+}([\boldsymbol{x}]))] \tag{1.43}$$

$$[f^{\supset}]([\boldsymbol{x}])=[\mathrm{lb}(f^{-}([\boldsymbol{x}])),\mathrm{ub}(f^{+}([\boldsymbol{x}]))] \tag{1.44}$$

基于此定义进行以下的区间扩展测试：

$$\mathbf{0}\in[f^{\subset}]([\boldsymbol{x}])\Rightarrow[\boldsymbol{x}]\subset\mathbb{X} \tag{1.45}$$

$$\mathbf{0}\notin[f^{\supset}]([\boldsymbol{x}])\Rightarrow[\boldsymbol{x}]\cap\mathbb{X}=\varnothing \tag{1.46}$$

基于这些测试，就可以得到 $\ker[f]=\mathbb{X}$ 的近似值，如算法 2 所示。

算法 2　核心 SIVIA（输入：$[f]$，$[\boldsymbol{x}]$，$\mathbb{Y}$，ε，输出：$\mathbb{X}^{-}$，$\mathbb{X}^{+}$）

1：if $\mathbf{0}\in[f^{\supset}]([\boldsymbol{x}])$，then
2：　if $\mathbf{0}\in[f^{\subset}]([\boldsymbol{x}])$，then
3：　　$\mathbb{X}^{+}\leftarrow\mathbb{X}^{+}\cup[\boldsymbol{x}]$　　▷外部集合
4：　　$\mathbb{X}^{-}\leftarrow\mathbb{X}^{-}\cup[\boldsymbol{x}]$　　▷内部集合
5：　else if wdith$([\boldsymbol{x}])<\varepsilon$，then
6：　　$\mathbb{X}^{+}\leftarrow\mathbb{X}^{+}\cup[\boldsymbol{x}]$
7：　else
8：　　bisect$([\boldsymbol{x}])$ into $[\boldsymbol{x}]^{(1)}$ and $[\boldsymbol{x}]^{(2)}$
9：　　kernelSIVIA$([f],[\boldsymbol{x}]^{(1)},\varepsilon,\mathbb{X}^{-},\mathbb{X}^{+})$
10：　　kernelSIVIA$([f],[\boldsymbol{x}]^{(2)},\varepsilon,\mathbb{X}^{-},\mathbb{X}^{+})$
11：　end if
12：end if

1.5　讨论

时至今日，在移动机器人学和自动控制领域中，人们对于区间方法的使用和了解还很少，对贝叶斯定理在这些领域的应用更常见。究其原因，主要是对区间这一主题的研究虽然有前景，但终究是一个全新的领域。此外，集员方法适用于集合，而大多数应用程序期望通过一些几乎无法证实的概率来完成评估。这主要是如何根据情况恰当地选择方法的问题。进一步讲，这些方法可以结合起来，以保证充分发挥每种方法的优势，而目前对这一主题的研究还处于初始阶段（Abdallah et al，2008；Neuland et al，2014；De Freitas et al，2016）。

本节旨在为这一方法中反复出现的问题提供一些参考。

1.5.1　传感器测量误差分布

当处理实际问题时，所提到的有保证的方法都要基于系统输入，即数据集。

从理论计算到实际值的转换是一个重要过程,需要严格执行,以确保得到准确的结果。

在实际中,经常会使用考虑无限区域的高斯分布对测量误差进行建模。因此,将测量值的邻近值设定为界限可能会错过实际值。考虑到这种风险,本书必须在这一步上做出合理选择。而在这之后的基于区间分析的所有算法都将保证不再增加这种风险。

图 1.17 给出了一个假设遵循高斯分布的测量值 μ 的区间估计,以便可以把实际值假设在以 μ 为中心、置信率为 95% 的区间 $[x]$ 内,数据表通常会给出传感器的参数,如标准偏差 σ。然后根据这一离散值,有界变量 $[x]$ 会变大。

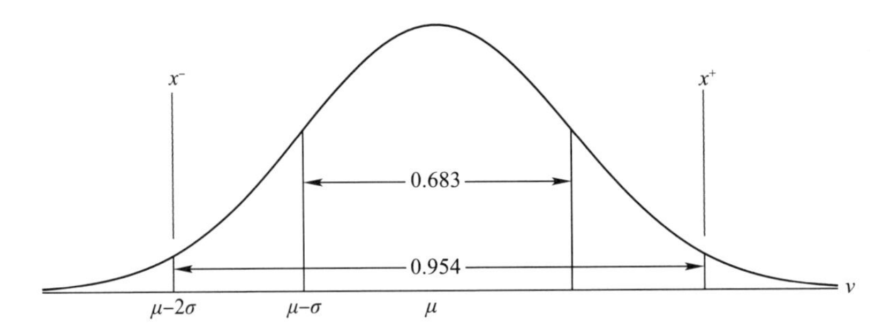

图 1.17　由高斯分布计算区间 $[x]=[x^-,x^+]$,以保证在一个测量值 μ: $[x]=[\mu-2\sigma,\mu+2\sigma]$ 上具有 95% 的置信率

注意,在许多应用程序中,测量界限是已知的,并且可以在没有任何分布信息的情况下得到保证。离群值是另一问题,需要单独处理,因为这些误差会严重破坏边界方法,同时也会破坏常用的统计方法。

1.5.2　数值精确程度

如 1.2.1 节所述,实数的计算机表示(或由实数边界定义的区间)也会引起误差。实际上,机器通常使用最近的浮点数来表示实数 $x\in\mathbb{R}$ 。但如果 x 不存在于计算机编号中,那么它的准确值就会丢失。正如本书在介绍区间分析时所提到的,x 的严格包含将通过定义区间的界限来评估。在整个计算过程中,必须准确表示这些界限,从而防止数值的损失。这个过程称为外部舍入(图 1.18),区间上的任何算术运算都需要执行该过程。

为此,本书创建了几个数据库。例如,本章给出的计算过程依赖于 GAOL①

① http://frederic.goualard.net/#research-software.

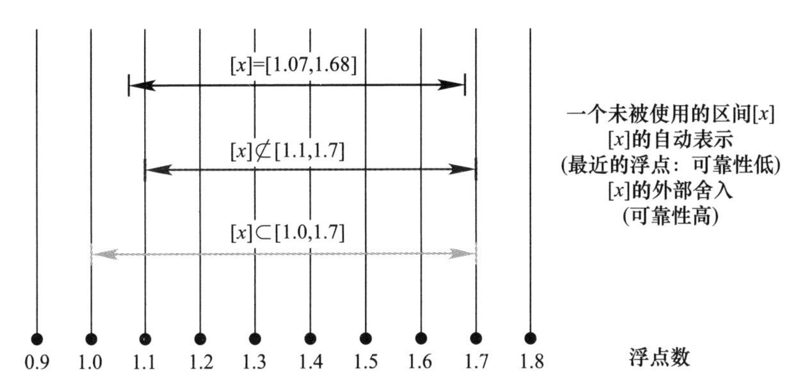

图 1.18　由不可表示的界限定义的一个区间的外部舍入。黑色的圆点表示根据计算机精度设定的浮点数。它的可靠近似值(用蓝色部分表示)包含初始值的范围

和*filib* ++①(Nehmeier et al,2011)函数库,这些库确保了诸如外部舍入等数值计算的进行。

在更高的抽象层次上,使用 IBEX②(Chabert,2017),一个用于对实数进行约束处理的 C ++ 库。它为本章中提到的收缩子设计范例提供了一套工具。

最后,本章也提供了名为 Tubex③ 的专用开放资源库,其目的是实现对状态轨线集的约束,这将在第 2 章中讨论。

1.5.3　用于理论证明的工具

一旦可以有把握地处理任何来源的误差,那么在计算上和数学上都能够保证问题可解。因此,这些算法的结果可以用于计算的验证和理论的证明(Tucker,1999;Goldsztejn et al,2011)。

第 5 章将提供一种原始的方法来验证机器人沿着不确定轨线的环路运动,以此来进一步验证集员方法的优势。

1.6　小结

区间分析为处理数值中的不确定性提供了一种可靠的方法。本章内容表明该方法可以很容易地处理非线性问题,而不需要像卡尔曼滤波那样进行线性化

① http://www2. math. uni - wuppertal. de/xsc/software/filib. html.

② http://www. ibex - lib. org.

③ http://www. simon - rohou. fr/research/tubex - lib.

或近似处理。此外,在处理含有大量数据的数据集时,区间分析是一种可靠的解决方案。第6章将针对恶劣环境下现有定位方法性能下降的问题,提出一种新的定位方法。最后,实验结果表明新定位方法适用于实际工程领域。

此外,区间分析与约束传播方法相结合,处理问题的方式十分简单。该方法与约束编程、集员方法密切相关。收缩子在区间和盒子上的应用已经证明了它们的价值。然而,该领域仍有许多问题有待探索,例如,为了克服包围效应提出新的初等收缩子,来可靠地解决测量离群值等问题(Norton et al,1993;Pronzato et al,1996;Carbonnel et al,2014)。

下一章将沿用本章的收缩子并将其扩展到连续时间动态系统中,从而处理更多的问题(如微分方程和跨区间测量等)。

第 2 章　状态轨线集的约束

2.1　动态状态估计概述

2.1.1　研究动机

第 1 章给出的机器人相对测距定位的示例只是一个静态的状态估计问题。然而,在实际中状态观测是异步的,系统也在不断演化。考虑到随着时间的推移,尤其在处理非线性和强不确定性问题的时候,状态估计将面临严峻挑战。图 2.1所示为机器人相对测距问题的扩展。

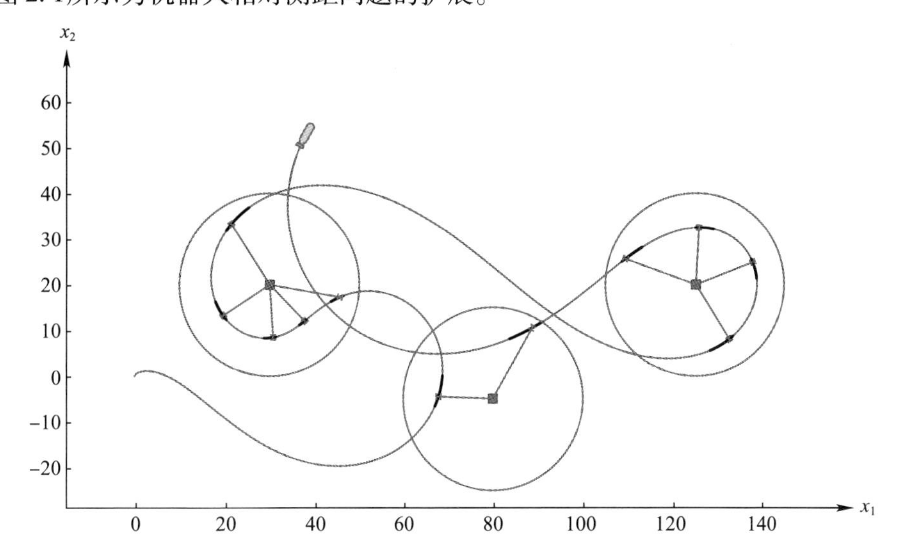

图 2.1　用一些异步量测来激励测距定位的示例。由红色方块代表的信标,发送的一些范围信号由灰色线条表示,机器人在不确定的时间沿其轨迹接收到的信号由蓝色线绘制。这一应用具有挑战性,因为在时间和空间上,涉及微分方程、非线性和不确定性

因此,需要同时考虑演化状态方程和观测状态方程来进行状态估计:

$$\begin{cases} \dot{\boldsymbol{x}}(t) = f(\boldsymbol{x}(t), \boldsymbol{u}(t)) & (2.1\text{a}) \\ z_i = g(\boldsymbol{x}(t_i)) & (2.1\text{b}) \end{cases}$$

上述公式考虑到所有不确定性。例如,初始状态$\boldsymbol{x}_0$、函数f表示的演化模型,甚至测量时间 t_i。

1. 关于状态的演变

第一个方程(2.1a)是常微分方程(ODE),它不易求解,因为除了一些特殊情况之外(如在线性系统中),无法得到解析解。当然,有几种数值方法可以得到近似解(Hsirerr et al,1993)。尤其是,已经做了大量的工作来解决初值问题(IVP),包括根据给定初始条件来估计系统的时间演化。如果已知机器人的初始状态 $\boldsymbol{x}_0$,那么在 t 时刻,它将会处于哪个状态呢?

目前已有一些经典方法,例如卡尔曼滤波(Kalman,1960)、粒子滤波(PF)(Montemerlo et al,2003),还包括一些新方法,如盒粒子滤波(BPF)(Abdallah et al,2008;Gning et al,2013;De Freitas et al,2016)。然而,这些方法在针对非线性和不确定性问题时具有局限性。

基于 PF 的方法可以在非线性情况下提供更好的估计,但是计算量相当大,因为它们会因初始条件的不同具有随机性。因此,PF 方法提供的结果是不可靠的,这将在很大程度上影响系统的安全性。

2. 受到任何不确定观测的限制

当初始条件未知时,情况将会变得更复杂。这种情况通常会在机器人绑架问题中遇到,即机器人被带到一个未知位置,然后它需要进行与 IVP 问题无关的定位。

当观测在时间和空间上都不确定时,问题变得更加复杂:机器人可能要处理在输出值 z_i 和采集时间 t_i 均无法准确得知情况下的测量值。

2.1.2 解决思路

本书提出的方法是将约束规划方法扩展到差分约束网络。根据代数或微分的约束条件,本章把轨线视为变量,并且使用收缩子来收缩域。这种扩展性方法已成为最近一些研究工作的主题(Le Bars et al,2012;Bethencourt et al,2014)。本章旨在介绍这些新方法,并讨论代数约束如何被应用在轨线集上。这可以充分解决航位推算问题。

第 3 章的重点是采用微分收缩子来解决异步观测的状态估计问题。第 4 章的重点是针对带有时间不确定性的状态观测,提供另一个收缩子在给定时间来约束轨迹。

2.2 包络边界函数

轨线集将用包络边界函数来近似。

2.2.1 定义

1. 轨线和点表示法

本章将对表示轨线的单变量函数应用约束,而不考虑多变量情况。时间 t 是自变量,图像向量是表示状态、观测等的轨线值。

在本章中,使用符号(·)把整个轨线 $\boldsymbol{x}(\cdot):\mathbb{R}\to\mathbb{R}^n$ 和局部评价 $\boldsymbol{x}(t)\in\mathbb{R}^n$ 清晰地区分开。事实上,在第4章和第6章中,时间不仅是一个自变量,而且还是一个有待估计的典型变量。

2. 轨迹的包络

包络边界函数在定义域 $[t_0,t_f]$ 范围内作为轨迹的包络 $\boldsymbol{x}(\cdot):\mathbb{R}\to\mathbb{R}^n$。这一概念出现在椭球估计的背景下(Kurzhanski et al, 1993;Filippova et al,1996)。本章探讨的是包络,因为可能在包络边界函数中的轨迹并非问题的解。包络边界函数也可以用来处理其他信号,如非连续函数。本章把包络边界函数称作一个函数图像的有限扩展集。

在本章中将使用相关学者给出的定义(Le Bars et al, 2012;Bethencourt et al,2014),在满足 $\forall t\in[t_0,t_f]$,$\boldsymbol{x}^-(t)\leqslant\boldsymbol{x}^+(t)$ 的条件下,其中一个包络边界函数 $[\boldsymbol{x}](\cdot):\mathbb{R}\to\mathbb{IR}^n$ 是两个轨线的区间 $[\boldsymbol{x}^-(\cdot),\boldsymbol{x}^+(\cdot)]$。本章还考虑了无解的空包络边界函数,用 $\varnothing(\cdot)$ 表示。

如果 $\forall t\in[t_0,t_f]$,$\boldsymbol{x}(t)\in[\boldsymbol{x}](t)$,则轨线 $\boldsymbol{x}(\cdot)$ 属于包络边界函数 $[\boldsymbol{x}](\cdot)$。图2.2显示了一维包络边界函数的包围轨迹 $x^*(\cdot)$。注意,为了简化符号,本章提到的包络边界函数是一维的,但不失通用性,因为这些方法很容易扩展到多维中。此外,本章假设给定的求解过程中所涉及的包络边界函数具有相同的域 $[t_0,t_f]$。

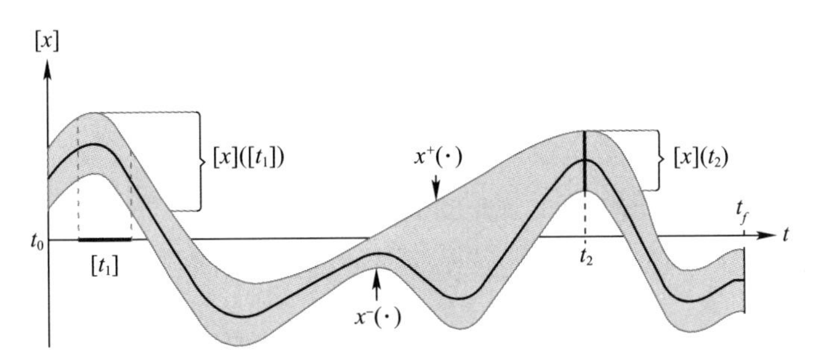

图2.2 一维包络边界函数 $[\boldsymbol{x}](\cdot)$,两个函数的区间 $[\boldsymbol{x}^-(\cdot),\boldsymbol{x}^+(\cdot)]$,包含一个包围轨迹 $x^*(\cdot)$

2.2.2 包络边界函数分析

1. 评估

定义 2.1 包络边界函数$[x](\cdot)$在有界区域$[t]$上的区间评估由(Bethencourt et al,2014)给出:

$$[x]([t]) = [\{x(t) \mid x(\cdot) \in [x](\cdot), t \in [t]\}] \tag{2.2}$$

$$= \coprod_{t \in [t]} [x](t) \tag{2.3}$$

式中:$[x]([t])$为包围$\boldsymbol{x}(t)$所有解的最小盒子,使得$x(\cdot) \in [x](\cdot), t \in [t]$(参见图 2.2 中的$[x]([t_1])$)。

定义 2.2 包络边界函数的反演函数,用$[x]^{-1}([y])$表示,定义为

$$[x]^{-1}([y]) = \coprod_{y \in [y]} \{t \mid y \in [x](t)\} \tag{2.4}$$

如图 2.3 所示。结果是区间包围了$[y]$在$[x](\cdot)$下包围的所有原象。子集的解可通过二进制搜索算法来获得,这里不做详细介绍。

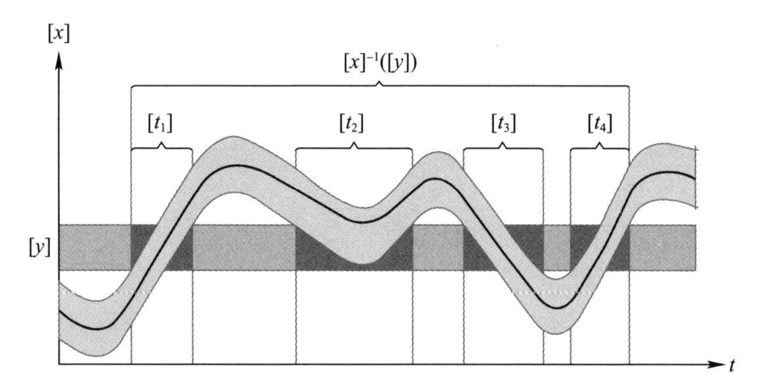

图 2.3 式(2.4)中定义的包络边界函数的反演函数,$[t_1]$、$[t_2]$、$[t_3]$、$[t_4]$是包含在反演函数$[x]^{-1}([y])$中的原像的子集

2. 运算

考虑两个包络边界函数$[x](\cdot)$和$[y](\cdot)$以及一个算子$\diamond \in \{+, -, \cdot, /\}$。本章将$[x](\cdot) \diamond [y](\cdot)$定义为包含$x(\cdot) \diamond y(\cdot)$的所有可行值的最小包络边界函数,假设$x(\cdot) \in [x](\cdot)$和$y(\cdot) \in [y](\cdot)$,则有

$$[x](\cdot) \diamond [y](\cdot) = [\{x(\cdot) \diamond y(\cdot) \in \mathbb{R} \mid x(\cdot) \in [x](\cdot), y(\cdot) \in [y](\cdot)\}] \tag{2.5}$$

该定义是对 1.2.2 节中提出的区间算法轨迹的扩展。如果f是一个初等函

数,如 sin、cos 等,本章将$f([x](\cdot))$定义为包含所有可行值的最小包络边界函数:

$$f([x](\cdot)) = [\{f(x(\cdot)) \mid [x](\cdot)\}] \tag{2.6}$$

3. 积分

包络边界函数的积分定义从 t_1 到 t_2 为包含所有可行积分的最小区间:

$$\int_{t_1}^{t_2}[x](\tau)\mathrm{d}\tau = \left\{\int_{t_1}^{t_2}x(\tau)\mathrm{d}\tau \mid x(\cdot) \in [x](\cdot)\right\} \tag{2.7}$$

由积分算子的单调性可以推导出:

$$\int_{t_1}^{t_2}[x](\tau)\mathrm{d}\tau = \left\{\int_{t_1}^{t_2}x^-(\tau)\mathrm{d}\tau, \int_{t_1}^{t_2}x^+(\tau)\mathrm{d}\tau\right\} \tag{2.8}$$

式中:$x^-(\cdot)$和$x^+(\cdot)$分别为包络边界函数$[x](\cdot) = [x^-(\cdot), x^+(\cdot)]$的下界和上界。计算的积分是一个区间,其上界、下界如图 2.4 所示。为了提高效率,定义为$\int_0^{\cdot}[x](\tau)\mathrm{d}\tau$ 的包络边界函数的原始区间可以从原始包络边界函数中计算。

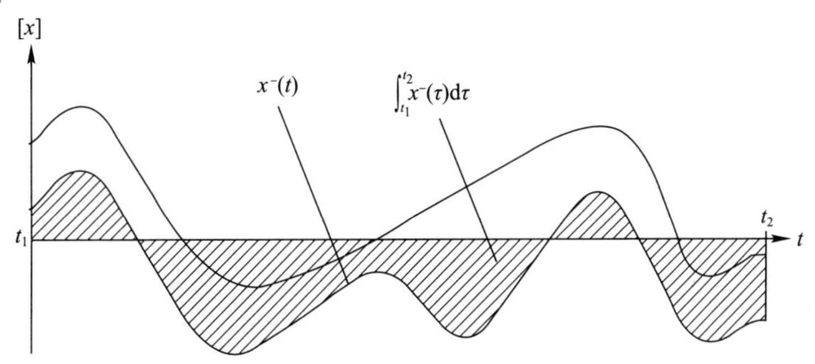

(a) 阴影部分描述了$\int_{t_1}^{t_2}[x](\tau)\mathrm{d}\tau$的下界

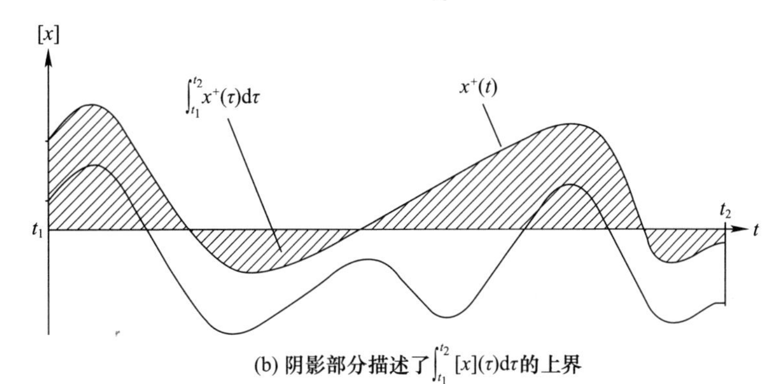

(b) 阴影部分描述了$\int_{t_1}^{t_2}[x](\tau)\mathrm{d}\tau$的上界

图 2.4　包络边界函数的下界和上界

可以在区间$[t_1]$,$[t_2]$之间进行积分运算:

$$\int_{[t_1]}^{[t_2]} [x](\tau)\mathrm{d}\tau = [\inf(y^-([t_2]) - y^-([t_1])), \sup(y^+([t_2]) - y^+([t_1]))] \tag{2.9}$$

式中:$[y](\cdot) = \int_{t_0}^{\cdot} [x](\tau)\mathrm{d}\tau$ 是$[x](\cdot)$的原始区间;$y^-(\cdot)$和$y^+(\cdot)$为相应的界。相关证明见参见文献(Aubry et al,2013)的第3.3节。

4. 示例

图2.5(a)和(b)显示了两个标量包络边界函数$[x](\cdot)$和$[y](\cdot)$。包络边界函数公式可以完成任何代数运算,如图2.5(c)~(f)所示。

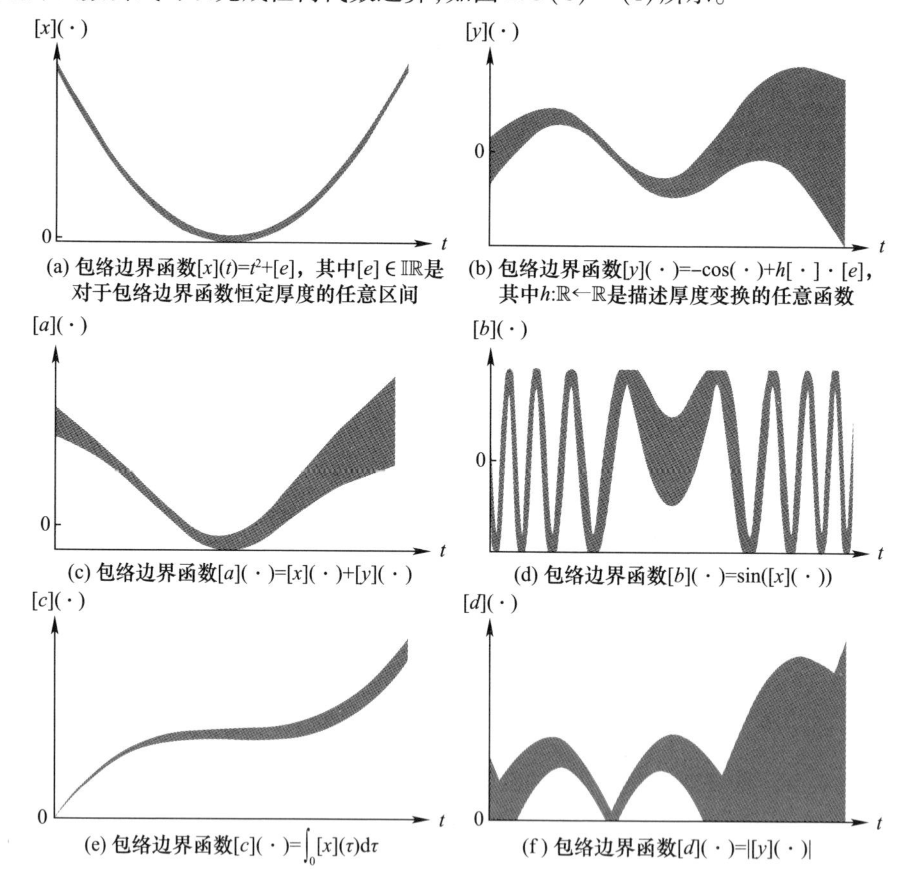

(a) 包络边界函数$[x](t)=t^2+[e]$,其中$[e]\in\mathbb{IR}$是对于包络边界函数恒定厚度的任意区间

(b) 包络边界函数$[y](\cdot)=-\cos(\cdot)+h[\cdot]\cdot[e]$,其中$h:\mathbb{R}\leftarrow\mathbb{R}$是描述厚度变换的任意函数

(c) 包络边界函数$[a](\cdot)=[x](\cdot)+[y](\cdot)$

(d) 包络边界函数$[b](\cdot)=\sin([x](\cdot))$

(e) 包络边界函数$[c](\cdot)=\int_0^{\cdot}[x](\tau)\mathrm{d}\tau$

(f) 包络边界函数$[d](\cdot)=|[y](\cdot)|$

图2.5 包络边界函数算法。包络边界函数$[a](\cdot)$、$[b](\cdot)$、$[c](\cdot)$或者$[d](\cdot)$是从$[x](\cdot)$和$[y](\cdot)$上的代数运算得到的结果(注意:这些图形的垂直比例会因完整的维度展示而变化)

2.2.3 收缩子

1. 定义

1.3.2 节中提出的收缩子也可以扩展到轨线集,从而允许随着时间的推移产生约束,如 $a(\cdot)=x(\cdot)+y(\cdot)$ 或 $b(\cdot)=\sin(x(\cdot))$。Bethencourt 和 Jaulin 在 2014 年定义了包络边界函数收缩子这一概念,本章也使用这一名称。

定义 2.3 收缩子 $\mathcal{C}_{\mathcal{L}}$ 应用于包络边界函数$[x](\cdot)$旨在根据给定的约束 $\mathcal{L}$ 去除不可行的轨迹,故有

(1) 收缩:$\forall t\in[t_0,t_f]$,$\mathcal{C}_{\mathcal{L}}([x](t))\subseteq[x](t)$。

(2) 一致性:$\begin{pmatrix}\mathcal{L}(x(\cdot))\\ x(\cdot)\in[x](\cdot)\end{pmatrix}\Rightarrow x(\cdot)\in\mathcal{C}_{\mathcal{L}}([x](\cdot))$。

例如,与约束方程 $a(\cdot)=x(\cdot)+y(\cdot)$ 相关联的最小收缩子 $\mathcal{C}_+$ 是

$$\begin{pmatrix}[a](\cdot)\\ [x](\cdot)\\ [y](\cdot)\end{pmatrix}\mapsto\begin{pmatrix}[a](\cdot)\cap([x](\cdot)+[y](\cdot))\\ [x](\cdot)\cap([a](\cdot)-[y](\cdot))\\ [y](\cdot)\cap([a](\cdot)-[x](\cdot))\end{pmatrix}\tag{2.10}$$

因此,$[a](\cdot)$、$[x](\cdot)$或$[y](\cdot)$的信息可以传播到其他包络边界函数。注意,对于代数收缩子,约束的真实对应关系被应用于每个 t 域的轨线上。

2. 示例

为了说明约束在包络边界函数上的传播,本章考虑以下 CN:

$$\text{CN}\begin{cases}\text{变量}:x(\cdot),y(\cdot),w(\cdot),a(\cdot),p(\cdot),q(\cdot)\\ \text{约束条件}:\\ (1)\ a(\cdot)=x(\cdot)+y(\cdot)\\ (2)\ p(\cdot)=\arctan(y(\cdot))\\ (3)\ q(\cdot)=2\sin\left(\dfrac{a(\cdot)}{2}\right)+\sqrt{2p(\cdot)}\\ (4)\ y(t_1)\in[i]\\ (5)\ \dot{y}\in[w](\cdot)\\ \text{域}:[x](\cdot),[y](\cdot),[w](\cdot),[a](\cdot),[p](\cdot),[q](\cdot)\end{cases}\tag{2.11}$$

约束条件(1)~(3)是对任何 t 有效的代数关系式;而约束条件(4)是对轨迹 $y(\cdot)$的局部约束,局部被理解为与时间 t_1 有关。约束条件(4)在域上

的传播与约束条件(5)相关的微分收缩子是相关的,包含包络边界函数$[y](\cdot)$和可行导数的集$[w](\cdot)$。这是第3章和文献(Rohou et al,2017)中的主要内容。

图2.6所示为在以上这些约束条件下,$[y](\cdot)$在$(t_1,[i])$上的观测。为了使所有的轨线在t_1时通过$[i]$,收缩将会减小包络线$[y](\cdot)$。相关变量是根

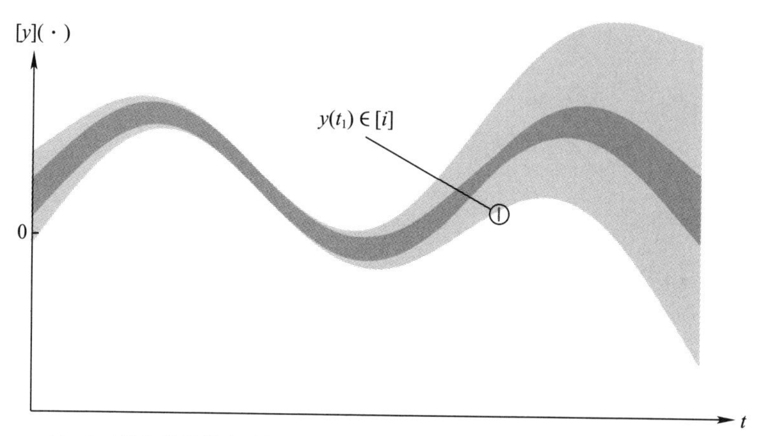

(a) $y(\cdot)$的包络线是在时间t_1时通过局部测量收缩$[i]\in\mathbb{IR}$获得的,然后通过使用第3章中出现的微分收缩子来传递观测结果

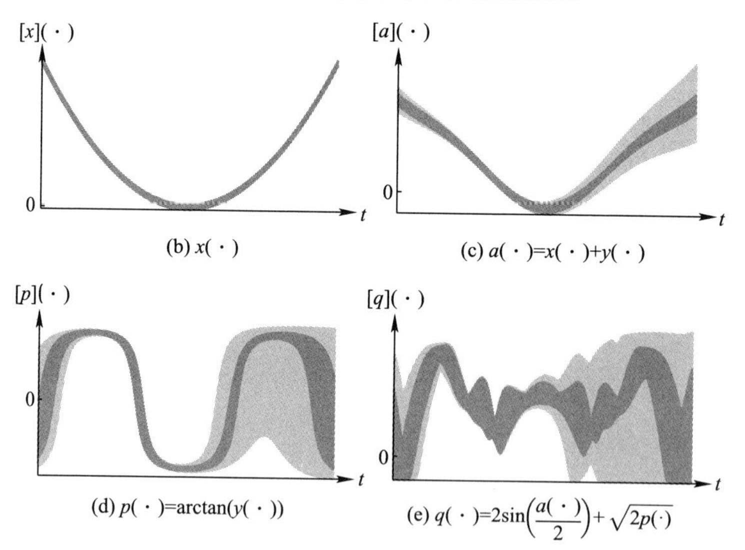

(b) $x(\cdot)$　(c) $a(\cdot)=x(\cdot)+y(\cdot)$

(d) $p(\cdot)=\arctan(y(\cdot))$　(e) $q(\cdot)=2\sin\left(\frac{a(\cdot)}{2}\right)+\sqrt{2p(\cdot)}$

图2.6　有关包络边界函数收缩的说明。浅灰色区域表示收缩前轨迹的包络线。考虑到对$[y](\cdot)$近似的改进,可以收缩与代数约束$[y](\cdot)$相关的包络边界函数$[a](\cdot)$、$[p](\cdot)$、$[q](\cdot)$。使用收缩子后获得的最后一组解决方案用深灰色来表示

据上述 CN[①] 收缩的。

2.3 算法实现

本节详细介绍了在开发用于包络边界函数编程的开源库时所做的工作。

2.3.1 数据结构

1. 切片表示

有几种方法可以实现包络边界函数。在前人所做的几项工作中(LeBars et al,2012;Bethencourt et al,2014;Rohou et al,2017)提到了基于盒子的计算机表示方法,这些盒子随着时间的推移对包络边界函数进行采样。本章选择用一组具有相同宽度的切片来构建包络边界函数,如图 2.7 所示。

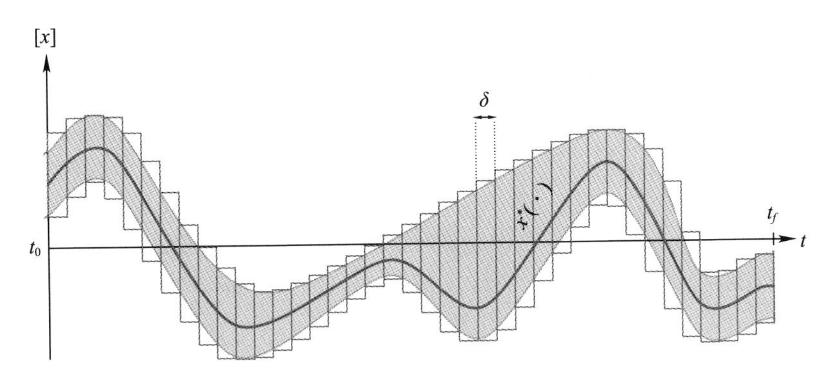

图 2.7 包络边界函数$[x](\cdot)$由一组宽为 δ 的切片表示。该方法可以用来构建包络边界函数,如 $x*(\cdot)$

更准确地说,具有 $\delta>0$ 的 n 维包络边界函数$[\boldsymbol{x}](\cdot)$被描述为一个盒子函数,这对区间$[k\delta,k\delta+\delta]$,$k\in N$ 内的所有 t 都是成立的。$t_k\in[k\delta,k\delta+\delta]$之下的$[k\delta,k\delta+\delta]\times[\boldsymbol{x}](t_k)$称为包络边界函数$[\boldsymbol{x}](\cdot)$的 k^{th} 切片,用$[\boldsymbol{x}](k)$[②]表示。由此产生的近似包络边界函数将$[\boldsymbol{x}^-(\cdot),\boldsymbol{x}^+(\cdot)]$包围在阶跃函数的区间$[\underline{\boldsymbol{x}^-}(\cdot),\overline{\boldsymbol{x}^+}(\cdot)]$内,因此有

$$\forall t\in[t_0,t_f],\quad \underline{\boldsymbol{x}^-}(\cdot)\leqslant\boldsymbol{x}^-(t)\leqslant\boldsymbol{x}^+(t)\leqslant\overline{\boldsymbol{x}^+}(t) \tag{2.12}$$

---

① 注意,在本示例中,t_1 和 i 可以是 CN 的变量。本章并不会尝试估计它们,但是第 4 章中提到的工具将会进行该项工作。

② 当 t_k 属于$[\boldsymbol{x}](k-1)$和$[\boldsymbol{x}](k)$的共同边界时,$[\boldsymbol{x}](t_k)$的值为$[\boldsymbol{x}](k-1)\cap[\boldsymbol{x}](k)$。

然后，基于可靠的数据库（如 1.5.2 节提出的数据库），这种实现方法会在构建包络边界函数时严格考虑浮点精度。涉及$[\boldsymbol{x}](\cdot)$的进一步计算将基于它的切片，从而给出解集的外部近似。例如，在式(2.8)中定义的包络边界函数的积分的下界被简单地计算为平面区域 t_x 的有符号区域，该区域以图中的$\underline{\boldsymbol{x}^-}(t)$和 t 轴为界，如图 2.8 所示。切片宽度 δ 越小，近似精度越高。

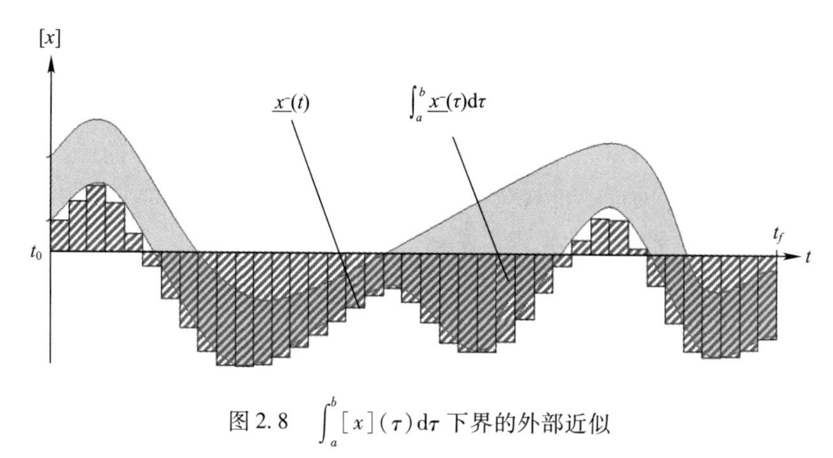

图 2.8 $\int_a^b [x](\tau)\mathrm{d}\tau$ 下界的外部近似

应该注意，也可以考虑其他类型的实现方法，例如一阶保持而不是零阶保持，且允许在必要时进行更精确的计算，并在固定轨迹条件下进行优化表示。然而，为了进一步简化，本书决定使用固定的切片宽度来实现。更重要的是，许多具体应用（如机器人技术）都是以传感器的定时采样输出值作为基础。对时间离散化的研究将是今后工作的重点。例如，为了更好地满足对轨迹的包围，也可以使用多项式函数代替切片，这项技术仍有待研究。

2. 二叉树

需要特别注意表示此切片列表的数据结构。目前，本章选择使用高度为 h 的二叉树，其中每个节点是其子节点的合成，即子切片的联合盒子。因此，根节点概述了整个包络边界函数：$[t_0,t_f]\times[x]([t_0,t_f])$。这种结构允许递归函数、快速访问切片和快速评估。例如，对 $\forall t\in[t_0,t_f],[x](t)\subset\mathbb{R}^+$，可以在不访问子节点的情况下来实现，因为信息已汇总在根节点中（图 2.9）。

需注意，在这种结构中可以合成更多的信息（例如子域上的导数），这将加快对 $\int_{[t_1]}^{[t_2]}[x](\tau)\mathrm{d}\tau$ 的评估。

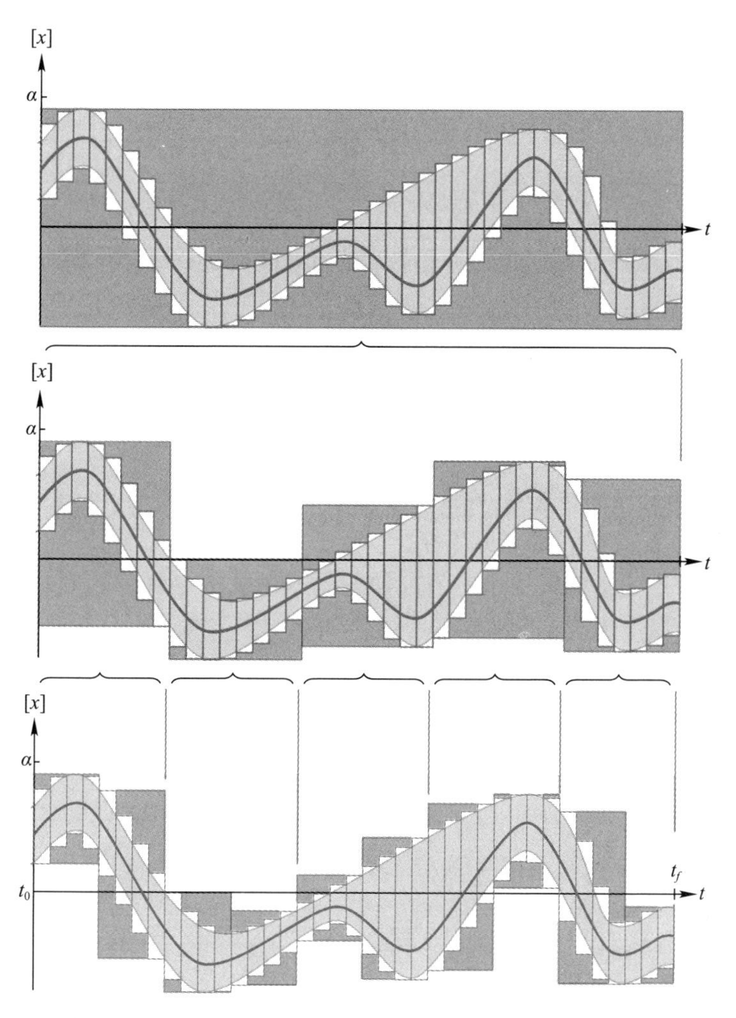

图 2.9　由二叉树实现的包络边界函数。蓝色框是来自三个非连续数据抽象级别的节点。根节点(顶部图)本身涵盖了轨迹覆盖的整个可行值范围,这对于快速评估,如$\forall t \in [t_0, t_f]$, $\forall x(\cdot) \in [x](\cdot)$, $x(t) < \alpha$,是很有意义的

2.3.2　基于实际数据集的包络边界函数构建

本章提出的切片表示法是一个较为直观的解决方案,既考虑解析表达式,也考虑数据集,即通过考虑足够精确的切片 δ 来表示任何轨迹的包络线。因此,可以构建一个包络线边界函数来描述传感器的输出,如从声呐中获得高度测量数据。

在实际操作中，现成的传感器会周期性地提供测量数据。然而，两个脉冲之间的损失值是未知的，这会影响数据的可靠性。例如，对于高度测量，我们不能确保感知到地面上的所有不均匀度：由于传感器频率 f_e 过低，可能存在不可评估的孔或峰值。

由于包络边界函数是时间连续轨迹，人们自然会提出一个问题：如何保证切片的完整表示呢？如果 $\delta \gg \frac{1}{f_e}$，可以得到轨迹的精细近似，但评估不一定是可靠的。

有两种解决方案可以实现可靠的包围：

(1) 通过信号的连续导数（如果有的话），它可以是包络边界函数本身，如 $[\dot{x}](\cdot)$，这意味着也存在不确定性。在这种情况下，可以实现一个可靠的表示，因为两个测量值之间的轨迹演化是有界的。

(2) 使用可靠的传感器，在完整切片域对应的时间域 $[t]$ 内，来输出可靠值 $[x]$。遗憾的是，这种传感器并不存在。

1.5.1 节论述了如何构建一个包含 95% 置信度的测量值区间。然而，根据由这些有界测量值构成的包络边界函数来评估这一置信度是很困难的。

目前，本节提出方法是通过在测量值之间计算分段线性插值 $\boldsymbol{x}^{\mathrm{PL}}(\cdot)$，进而建立一个基于数据集的包络边界函数。随后将 $\mathbb{R} \to \mathbb{IR}^n$ 的第 k 个切片定义为一个盒子：

$$[x](k) \mapsto [t_k, t_{k+1}] \times \left([-2\delta, 2\delta] + \bigcup_{t=t_k}^{t_{k+1}} \boldsymbol{x}^{\mathrm{PL}}(t) \right) \tag{2.13}$$

设定包络边界函数采样时间 δ 的取值，以便每个切片可以聚集大量的数据。图 2.10 为式(2.13)的图解。

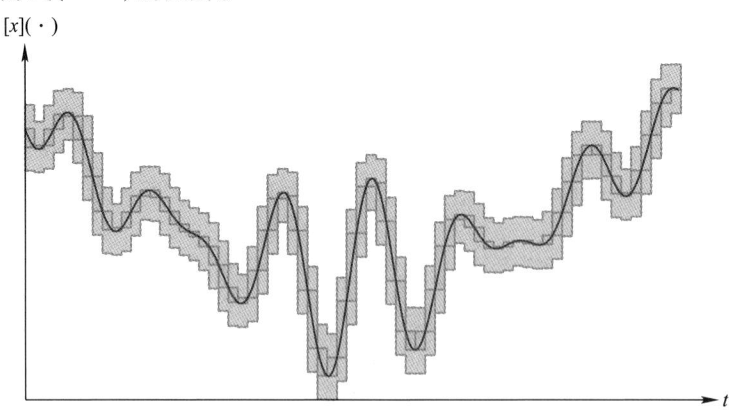

图 2.10　式(2.13)的图解。灰色部分是由线性插值（红色）建立的最终包络边界函数。黄色框表示 $\boldsymbol{x}^{\mathrm{PL}}(\cdot)$ 的最小包络线，其中 $\sigma=0$

2.3.3 Tubex 专用包络边界函数库

Tubex 专用包络边界函数库实现了包络边界函数的优化，可以参见 http://simon-rohou.fr/research/tubex-lib。本章仿真示例中大多数的源代码可以在这个库中获得，提到的框架与收缩子编程库 IBEX① 相兼容，致力于对实数进行约束（Chabert,2017）。Tubex 采用 VIBes②（Drevelle et al,2014）进行可视化。

2.4 应用：移动机器人的航位推算

通过本章知识及如下演化方程，足以解决航位推算问题③：

$$\dot{\boldsymbol{x}}(\cdot)=f(\boldsymbol{x}(\cdot),\boldsymbol{u}(\cdot)) \tag{2.14}$$

如何求解微分方程是下一章的主要内容。目前的解决方案是对从 t_0 时刻开始随时间变化的导数进行一个简单的积分。

2.4.1 测试示例

本节提出以下可复用的示例，便于后续与所述方法的对比。在接下来的几章中，这个示例将逐渐变得复杂，这也意味着需要引入新的解决方法。

机器人 $\mathcal{R}$ 用状态方程 $\boldsymbol{x}=(x_1,x_2,\psi,v)^{\mathrm{T}}$ 来描述，式中 (x_1,x_2) 表示其位置，ψ 表示航向，v 表示速度。状态演化模型为

$$\begin{pmatrix}\dot{x}_1\\ \dot{x}_2\\ \dot{\psi}\\ \dot{v}\end{pmatrix}\xrightarrow{f}\begin{pmatrix}v\cos(\psi)\\ v\sin(\psi)\\ u_1\\ u_2\end{pmatrix} \tag{2.15}$$

状态 $\boldsymbol{x}(t)$ 会被传输到有界输入 $\boldsymbol{u}(t)$。本章提出的解析表达式便于后续进行比较，并且可以使用任何公式或数据集。

$$\boldsymbol{u}(t)\in\begin{pmatrix}-9/20\cos(t/5)\\ 1/10+\sin(t/4)\end{pmatrix}+\frac{1}{1000}\begin{pmatrix}[-1,1]\\ [-1,1]\end{pmatrix} \tag{2.16}$$

---

① http://www.ibex-lib.org.

② http://enstabretagnerobotics.github.io/VIBES.

③ 在文献中，这个问题也称为仿真。

另外,机器人在 t_0 时刻的初始状态 $\boldsymbol{x}_0$ 是有界的,即

$$\boldsymbol{x}_0 \in \begin{pmatrix} [-1,1] \\ [-1,1] \\ \pi/2+[-0.01,0.01] \\ [-0.01,0.01] \end{pmatrix} \tag{2.17}$$

仿真将从 $t_0=0$ 运行至 $t_f=64$。

2.4.2 约束网络

对于 1.3.3 节给出的示例,本节将通过以下的 CN 来描述问题。

$$\text{CN}:\begin{cases} \text{变量}:\boldsymbol{x}(\cdot),\boldsymbol{v}(\cdot),\boldsymbol{u}(\cdot),\boldsymbol{x}_0 \\ \text{约束条件}: \\ (1)\ v_1(\cdot)=x_4(\cdot)\cdot\cos(x_3(\cdot)) \\ (2)\ v_2(\cdot)=x_4(\cdot)\cdot\sin(x_3(\cdot)) \\ (3)\ v_3(\cdot)=u_1(\cdot) \\ (4)\ v_4(\cdot)=u_2(\cdot) \\ (5)\ \boldsymbol{x}(\cdot)=\int_{t_0}^{\cdot}\boldsymbol{v}(\tau)\mathrm{d}t+\boldsymbol{x}_0 \\ \text{域}:[\boldsymbol{x}](\cdot),[\boldsymbol{v}](\cdot),[\boldsymbol{u}](\cdot),[\boldsymbol{x}_0] \end{cases} \tag{2.18}$$

式中:$\boldsymbol{v}(\cdot)$为中间变量。它们的域是对应的包络边界函数$[v_1](\cdot)$、$[v_2](\cdot)$等。注意,$\boldsymbol{x}_0$ 不能在此过程中被细化。如果想让 $\boldsymbol{x}_0$ 出现在变量中以便理解,需要增加进一步的约束,如 $x_1(t_0)\in\lfloor -1,1 \rfloor$。

2.4.3 解决方案

包络边界函数$[\boldsymbol{x}](\cdot)$和$[\boldsymbol{v}](\cdot)$的初始化为$[-\infty,+\infty]\ \forall t\in[t_0,t_f]$,而$[u](\cdot)$由式(2.16)的包络边界函数表示;$[\boldsymbol{x}_0]$和式(2.17)也相同。

上述的约束并不是原始的,其中一些可以被分解为

$$v_1(\cdot)=x_4(\cdot)\cdot\cos(x_3(\cdot))\Leftrightarrow\begin{cases} a(\cdot)=\cos(x_3(\cdot)) \\ v_1(\cdot)=x_4(\cdot)\cdot a(\cdot) \end{cases} \tag{2.19}$$

把收缩子应用到每个原始约束上来进行估计(如式(2.10)中的 $\mathcal{C}_+$)。通过将原始包络边界函数$[\boldsymbol{v}](\cdot)$(式(2.8))与$[\boldsymbol{x}](\cdot)$相交来进行积分约束。同样,需要强调的是约束的顺序不影响近似结果。

图 2.11 所示为决策后包络边界函数$[x_1](\cdot)\times[x_2](\cdot)$的投影。图 2.12

所示为实际状态的包络边界函数所产生的不确定性。正如航位推算方法所预期的，误差是二次的。在传统计算机上运行 1.51s 后即可得到结果，经过 3 个迭代步骤，切片宽度 $\delta=0.005$。最终位置向量 $\boldsymbol{p}(t_f)=(x_1(t_f),x_2(t_f))^{\mathrm{T}}$ 近似为

$$\boldsymbol{p}(t_f)\in[26.63,50.06]\times[38.58,67.37] \tag{2.20}$$

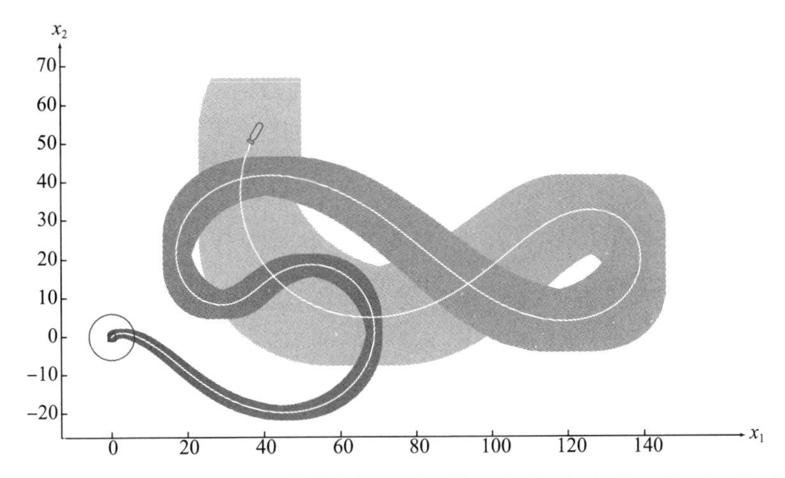

图 2.11　基于状态输入和有界初始条件的移动机器人仿真。初始位置(0,0)用红色方块表示。用蓝色投影表示估计的包络边界函数 $[x_1](\cdot)\times[x_2](\cdot)$，在此基础上白色曲线表示机器人的真实姿态

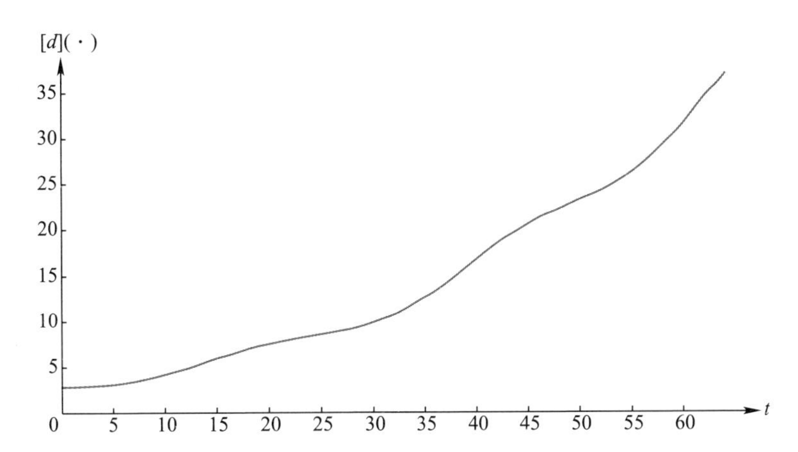

图 2.12　$[x_1](\cdot)\times[x_2](\cdot)$ 位置估计的不确定性。我们定义 $d:\mathbb{IR}^2\rightarrow\mathbb{R}$ 为 $[x_1]\times[x_2]$ 的对角线：$d([\boldsymbol{x}])=\sqrt{(x_1^+-x_1^-)^2+(x_2^+-x_2^-)^2}$。图中显示了在最坏情况下，未知的真实解与位置包络边界函数的任何轨线之间的误差。初始的不确定非零值 $\sqrt{8}$ 是由有界的初始状态造成的(图 2.11 中的红色方块)

2.5 讨论

本节给出了包络边界函数的一些局限性和相关讨论。

2.5.1 方法的局限性

包络边界函数不是处理混合约束的直接方法,例如:若 $x<1$,则 $\dot{x}=1$,否则 $x^{+}=0$。这些约束条件意味着会出现不连续情况,采用包络边界函数可能很难正确处理。其他方法(可参见 Acumen① 文库(Taha et al,2015;Duracz et al,2016))提供了适当的方法来解决这类条件约束。然而它们往往无法以反向的方式在轨迹域上传播信息。包络边界函数法和 Acumen 文库的方法可以结合起来使用,以发挥每种方法的优势。

2.5.2 从包络边界函数中提出最有可能的轨迹

在第 1 章中提到,当使用集员方法时,很难利用集合描述概率分布。这也是包络边界函数的主要缺点之一,尤其是与本领域中处理退化解的通常方法相比。因此,考虑包络边界函数中给定的轨迹(如包络边界函数的中心)与真实值进行比较通常并不相关。任何轨迹都可以进行这种比较。

一个可靠的示例如下。一个移动机器人需要从 A 点移动到 B 点,同时避开障碍物。有两个优化的解决方案来到达目的地:向左运动或向右运动以绕过障碍物(图 2.13)。在这个例子中,包络边界函数的中心肯定不是一个可行的解决方案,但它仍然包含在由最优轨迹定义的包络中。

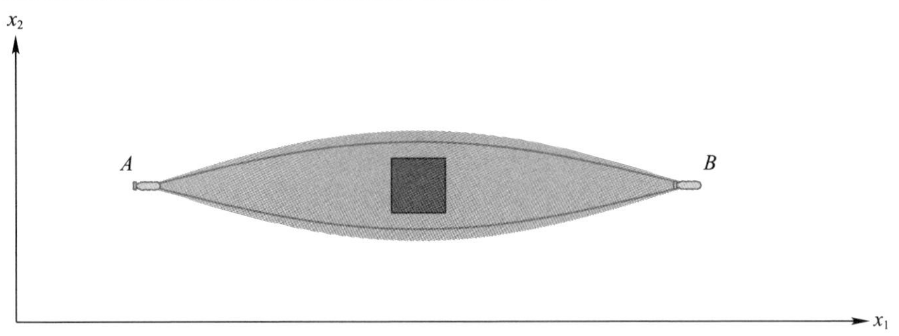

图 2.13 移动机器人避障的俯视图。蓝线是允许物体向左或向右的可行轨迹。相应的包络边界函数用灰色表示

① http://www.acumen-language.org.

切记,中心轨迹(如包络边界函数的中心)可能并不符合定义的这个包络边界函数的约束。本节的方法只能保证实际解决方案中不能存在的空间。这一点与包络边界函数用于路径规划算法密切相关。

2.5.3 在路径规划中的应用

一个包络边界函数必定包含可行轨迹,且包络边界函数外的轨迹一定不符合给出的约束条件。因此,包络边界函数可以用来排除路径。

特别是在强不确定性或非线性的情况下(Pruski et al,1997),本章的方法可以减轻路径规划算法的计算负担,防止出现错误的路径。但是,它必须与其他方法相结合,最终从包络边界函数中提取可行的轨迹。

此外,包络边界函数非常适用于避障算法。通过包络边界函数可以处理许多应用问题,如小行星和移动卫星之间的碰撞估计(Serra et al,2015)。

2.6 小结

在处理动力系统问题时,往往会面临微分方程求解和非线性问题,这使得计算变得困难。现有的大多数方法在强非线性或不确定性情况下运行结果不理想。本章提出了一个框架,其变量服从代数和微分方程的轨迹。其原理与第1章相同:通过定义约束网络完成对问题的数学建模,然后将这些约束条件应用于轨线集。

然而,本章只能通过微分方程(所谓的IVP)的初值求解该方程,同时考虑到对轨迹的观测并在整个领域传播信息,因此需要进一步的研究来完全处理微分系统。相关文献(LeBars et al,2012;Bethencourt et al,2014)已开展了这一研究工作,但提出的收缩子没有经过严谨的设计,因此降低了结果的可靠性。第3章旨在提出可靠的收缩子来处理微分方程。

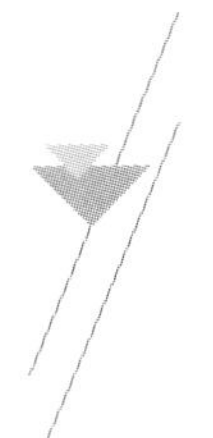

第二部分 与约束相关的贡献

简　介

为了将收缩子编程方法扩展到动态系统，需要引入新的约束条件。本部分聚焦于微分方程的两个基本约束，所提出的收缩子方法将会在第3部分中应用到具有时间不确定性的实际机器人问题中。

本部分的创新点有两个，第3章提出的新包络边界函数收缩子能够在时间上实现向前和向后传播信息，因此需要考虑微分约束 $\dot{x}(\cdot)=v(\cdot)$。另一种收缩子 $\mathcal{C}_{\text{eval}}$ 在第4章中被提出，用于评价基于约束 $z=y(t)$ 的包络边界函数，而这时必须考虑时间的不确定性。

第3章 微分约束下的轨迹

3.1 概述

如第1章所述，基于时间区间的方法可以很容易地处理非线性情况，得到的结果也会有保证。也可以通过第2章介绍的包络边界函数来处理轨迹。但是，微分问题仍有待解决。

3.1.1 微分问题描述

2.4节中提出的示例并不能完全涵盖所有状态估计问题，尤其是涉及机器人执行动态任务的时候。具有鲁棒性的方法必须能够经得起时间的考验，同时还能适用于状态的变化。对于机器人绑架（“绑架劫持”是机器人在已知自身位姿的情况下，得到了一个错误的位姿信息或者外界将其放到另外一个位姿，而里程计信息给出了错误的信息甚至没有给出控制信息）问题，初始条件未知会导致情况变得更加复杂。因此，有必要使用最通用的方式来表示常微分方程（ODE）。

本章考虑动力学系统的保证积分问题（参见（Koněcý et al，2016））。

$$\dot{\boldsymbol{x}}(\cdot)=f(\boldsymbol{x}(\cdot),\boldsymbol{u}(\cdot)) \tag{3.1}$$

保证积分方法的主要目的之一是开发可靠的网络物理系统，例如，Acumen[①]（Taha et al，2015）用于动态系统仿真和验证。

3.1.2 集员方法的引入

本章的问题对应于区间积分领域（Moore，1979；Berz，1996）。根据模型f或它的包含、初始条件$\boldsymbol{x}_0$或不确定参数，集员方法允许计算包含微分方程解集合的可靠上下界（Raïssi et al，2004）。此外，该方法还提供了一种方式去证明解不存在（计算的集合为空时）。这种方法不同于一般的解法，如欧拉法，泰勒法或龙格－库塔法，仅使用解的近似值计算。

① http://www.acumen-language.org.

现在已经有了一部分围绕初值问题(IVP)来进行数值分解的方法来保证ODE的解析解。

1. 初值问题

这一问题假设随着时间的推移初始条件不变,在此基础上计算ODE的解。通过所有不确定性(包括由于时间离散化引起的不确定性)的边界,可以得到一个可靠的封闭性解。因此,算法只会影响封闭性的精度,而不会影响其可靠性。更确切地说,代表有界初始状态的$[\boldsymbol{x}](t_0)$在时间$t=t_0$时,保证积分方法提供了相关技巧来计算包含所有可行值的区间向量函数$[\boldsymbol{x}](\cdot)$(或包络边界函数)的ODE解决方案。有几种基于时间区间的常规分解方法,如欧拉法(Moore,1979)。

通过不断努力,一些团队研发了有效的区间积分数据库,如Vnode①(Nedialkov et al,2000)、Cosy(Revo et al,2005)、DynIBEX②(Alexandre dit Sandretto et al,2016)以及CAPD③(Wilczak et al,2017年)。这些库用于机器人和自动控制,以验证非线性系统的动力学特性(Ramdani et al,2011)或计算可达集(Collins et al,2008;Goubault et al,2014)。数学家还使用它们来证明猜想(Tucker,1999;Goldsztejn et al,2011)。

这些方法可能存在计算时间长或封闭性差的缺点,这会限制它们在验证和系统安全性方面的特殊用途。相关学者现在正不断努力去突破这些局限性,提供广泛ODE解决方案的严格封闭解(Nedialkov等,1999年)。但是,这些技术可能难以配置,并且不能提供我们所寻找的通用方法:IVP本身并不代表状态估计问题的多样性。这种限制促使研究人员研发新的基于约束的方法。

2. 基于约束的方法

在这种情况下,人们自然希望通过扩展约束编程范式来完全处理ODE,以便充分利用这种方法的简单性和通用性。

该概念出现在以前的研究中(Deville et al,1998;Janssen et al,2001,2002),IVP的研究结果鼓舞人心。所提出的方法基于连续的积分环节,该过程分为两个阶段来运行:一个是预测阶段(用于在给定时间计算解的取值范围),另一个是校正阶段(用于简化解决方案)。此方法基于约束来执行,但不允许时间约束。因此,这种方法无法达到我们需要的通用性。

还应该提到一项工作(Hickey,2000),其研究了一种新的编程语言来处理变

---

① http://www.cas.mcmaster.ca/nedialk/Software/VNODE/doc/webpage/main.htm.

② http://perso.ensta-paristech.fr/chapoutot/dynibex/.

③ http://capd.ii.uj.edu.pl.

量$\mathbb{R}$和函数的约束。所谓的分析约束逻辑程序设计(ACLP)作为一种解决ODE的新方法,突破了IVP的限制,从而解决了更多的通用问题。相关语言简洁明了,可以通过简单的句法解决复杂的问题。但是,相关的求解器旨在封装实函数求值$\boldsymbol{x}(t)$,并且仅限于分析函数。我们仍然需要近似完整的轨迹来处理实际的数据集,并通过各种时间关系(例如,不确定的时间评估)来约束我们的问题。

Cruz和Barahona(2003)进一步改进了该方法,通过表示与其他相关信息链接的ODE,引入了约束满足微分问题(CSDP)这一概念。与Hickey(2000)的方法相反,这个新的框架计算可行轨迹解决方案的集合。同时,ODE受到实际变量的约束,例如书中提出的“最大约束”。尽管如此,该方法似乎不太通用或使用起来更复杂:代表ODE的变量(我们称为轨迹)与问题中涉及的其他向量或轨迹变量不在同一层次上。此外,考虑到时间的限制,如时间不确定性、延迟和时间跨度,所提供的方法似乎仍然无法承受。

本章将继续关注约束范式,并提出一种处理ODE收缩子的编程方法。

3.1.3 解决思路

1. 基于收缩子的方法

本章将会扩展1.3.2节提到的收缩子编程方式。任何ODE的分解都将涉及表示为$\mathcal{L}_{\frac{d}{dt}}$的基本微分约束。本章提供了相关收缩子$\mathcal{C}_{\frac{d}{dt}}$,将约束应用于包络边界函数。这种收缩子的方法可以通过将这种微分算子和任何代数算子相结合,来处理各种各样的ODE。

此外,与其他大多数方法不同,该方法并不基于Picard - Lindelöf定理:在本书的框架中,所评估的轨迹不一定是Lipschitz连续的。

2. 如何满足原先未能达成的需求

Le Bars等(2012),Bethencourt和Jaulin(2014)在这个研究方向中迈出了第一步。引入的收缩子具有通用性,但是定义和算法仅基于切片包络边界函数,因此无法保证时间离散。

更确切地说,它隐含地假定浮点数足够密集来表示所有实数,并且采样时间无限短。如本章所述,如果不考虑时间不确定性,就无法保证获得跨区间特性。

以采样时间为δ的包络边界函数$[x](\cdot)$为例。

$$[x](k_0)=[1,5],\ [x](k_1)=[-1,1],\ [x](k_2)=[1,2] \tag{3.2}$$

从Le Bars等(2012,第2部分)定义的积分中可以得出:如果$t_1\in[0,\delta]$,$t_2\in[2\delta,3\delta]$,那么有$\int_{t_1}^{t_2}[x](\tau)\mathrm{d}\tau=\delta\cdot[1,5]+\delta\cdot[-1,1]+\delta\cdot[1,2]=$

$\delta \cdot [1,8]$。这是不正确的，因为可能会存在 $t_1 = \delta$ 和 $t_2 = 2\delta$ 的情况，因此 $\int_{t_1}^{t_2} x(\tau)\mathrm{d}\tau$ 可以等于 $-\delta$。从 Aubry 等（2013）的研究可知，正确结果应是 $\int_{t_1}^{t_2} x(\tau)\mathrm{d}\tau \in \int_{[0,\delta]}^{[2\delta,3\delta]} [x](\tau)\mathrm{d}\tau = [-\delta, 8\delta]$。实际如果 δ 足够小，离散误差将不会对最终结果产生过多影响，但是这种误差很难量化。

本章中，我们为微分约束提供了无需离散化且有保证的新收缩子，这项工作是 Rohou 等（2017）的研究主题。

3.2 $\mathcal{L}_{\frac{\mathrm{d}}{\mathrm{d}t}}$ 的微分收缩子函数：$\dot{x}(\cdot) = v(\cdot)$

本节提供了一种新的收缩子来处理微分约束，其规范表达式由 $\mathcal{L}_{\frac{\mathrm{d}}{\mathrm{d}t}}$ 表示。

3.2.1 定义和证明

考虑以下基本关系：

$$\mathcal{L}_{\frac{\mathrm{d}}{\mathrm{d}t}} \begin{cases} \text{变量：} x(\cdot), v(\cdot) \\ \text{约束：} \\ \quad (1)\ \dot{x}(\cdot) = v(\cdot) \\ \text{域：} [x](\cdot), [v](\cdot) \end{cases} \tag{3.3}$$

相关的轨迹是一维函数，但很容易扩展到多维情况。变量 $v(\cdot)$ 表示 $x(\cdot)$ 的导数[①]。包络边界函数 $[x](\cdot)$，$[v](\cdot)$ 给出了 $x(\cdot)$ 和 $v(\cdot)$ 的相关信息。一个新的收缩子记为 $\mathcal{C}_{\frac{\mathrm{d}}{\mathrm{d}t}}$ 旨在根据微分约束减少这些包络边界函数，而不会丢失任何解。这意味着收缩子可以沿着整个包络边界函数的作用域传播，既可以向前也可以向后[②]。

示例 3.1 算子 $\mathcal{C}_{\frac{\mathrm{d}}{\mathrm{d}t}}$ 为约束 $\mathcal{L}_{\frac{\mathrm{d}}{\mathrm{d}t}}$ 的一个收缩子并且其定义为

$$\begin{pmatrix} [x](t) \\ [v](t) \end{pmatrix} \xrightarrow{\mathcal{C}_{\frac{\mathrm{d}}{\mathrm{d}t}}} \begin{pmatrix} \bigcap_{t_1 = t_0}^{t_f} \left([x](t_1) + \int_{t_1}^{t} [v](\tau)\mathrm{d}\tau \right) \\ [v](t) \end{pmatrix} \tag{3.4}$$

---

① 符号 $v(\cdot)$ 可以回忆起机器人的速度：其位置 $x(\cdot)$ 的导数。

② 熟悉约束传播技术的读者会注意到，这些前向/后向术语与本书无关。书中我们只谈论时间传播。

式中：$[t_0,t_f]$为$[x](\cdot)$和$[v](\cdot)$的定义域。

示例 3.1 的证明：要成为收缩子，$\mathcal{C}_{\frac{d}{dt}}$必须同时满足在定义 2.3 中给出的收缩和一致性属性。

1. 收缩属性

关于$[x](\cdot)$的证明：在收缩之后，$[x](t)$可以计算为

$$[x](t)=\bigcap_{t_1=t_0}^{t_f}\left([x_1](t_1)+\int_{t_1}^{t}[v](\tau)\mathrm{d}\tau\right)$$

如果只关注 $t_1=t$，那么$[x](t)$便是 $[x](t)+\int_{t}^{t}[v](\tau)\mathrm{d}\tau=([x](t)+0)$ 的子集。因此，$\forall t\in[t_0,t_f]$，$[x](t)$至少能被它自己收缩，从而证明收缩特性。

对于$[v](\cdot)$来说，显然包络边界函数只会对自己收缩。

2. 一致性属性

目的是证明不会丢失解。

关于$[x](\cdot)$的证明：需要证明对于两个轨迹 $x(\cdot)\in[x](\cdot)$和 $v(\cdot)\in[v](\cdot)$，使得 $\dot{x}(\cdot)=v(\cdot)$，则有

$$\forall t\in[t_0,t_f],\quad x(t)\in\bigcap_{t_1=t_0}^{t_f}\left([x](t_1)+\int_{t_1}^{t}[v](\tau)\mathrm{d}\tau\right)\tag{3.5}$$

考虑到一般约束 $\mathcal{L}_f$:$\boldsymbol{a}=f(\boldsymbol{a},\boldsymbol{b})$，$\boldsymbol{a}\in[\boldsymbol{a}]$，$\boldsymbol{b}\in[\boldsymbol{b}]$，因此 $\boldsymbol{a}\in[\boldsymbol{a}]\cap f([\boldsymbol{a}],[\boldsymbol{b}])$。结合多个约束 $\mathcal{L}_{f_i}$时，$\boldsymbol{a}\in[\boldsymbol{a}]\cap(\bigcap_i f_i([\boldsymbol{a}],[\boldsymbol{b}]))$。

由 $\dot{x}(\cdot)=v(\cdot)$有

$$f_{t_1}(x(\cdot),v(\cdot))=x(t)=x(t_1)+\int_{t_1}^{t}v(\tau)\mathrm{d}\tau\tag{3.6}$$

然后

$$\begin{aligned}x(t)&\in[x](t)\cap\left(\bigcap_{t_1=t_0}^{t_f}f_{t_1}([x](\cdot),[v](\cdot))\right)\\&=[x](t)\cap\left(\bigcap_{t_1=t_0}^{t_f}([x_1](t_1)+\int_{t_1}^{t}[v](\tau)\mathrm{d}\tau)\right)\\&=\bigcap_{t_1=t_0}^{t_f}\left([x_1](t_1)+\int_{t_1}^{t}[v](\tau)\mathrm{d}\tau\right)\end{aligned}\tag{3.7}$$

关于$[v](\cdot)$的证明：不太重要。

该收缩子可用于在其包络边界函数轨迹及其导数包络之间达到一致状态。图 3.1 和图 3.2 提供了两个示例。更实际地讲，当一个观测约束在 t 时刻对集合$[x](\cdot)$施加约束时，$\mathcal{C}_{\frac{d}{dt}}$可用于平滑包络边界函数$[x](\cdot)$，预计在两个方向

上都将传播微分约束，向前（从 t 开始到 t_f）和向后（从 t 到 t_0）。这将在3.3节中讨论。

注意，单次使用 $\mathcal{C}_{\frac{\mathrm{d}}{\mathrm{d}t}}$ 足以在域上达到一致性状态；迭代方法不会提供精确的结果。有人会认为 $\mathcal{C}_{\frac{\mathrm{d}}{\mathrm{d}t}}$ 是最小的，但是这个假设还有待研究。3.2.3节将提供 $\mathcal{C}_{\frac{\mathrm{d}}{\mathrm{d}t}}$ 的算法。

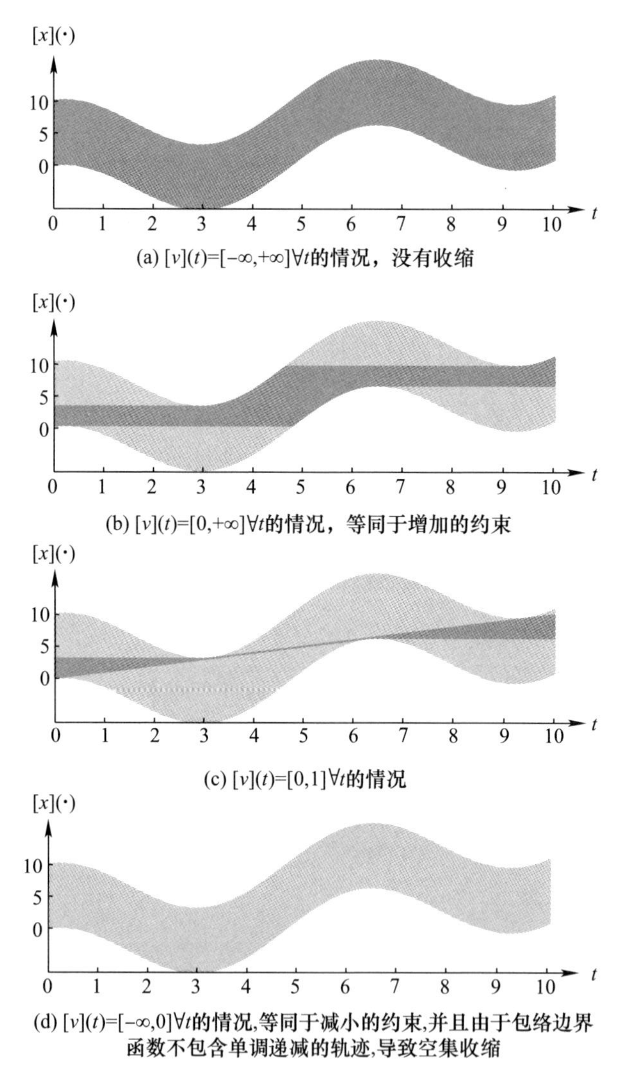

(a) $[v](t)=[-\infty,+\infty]\ \forall t$ 的情况，没有收缩

(b) $[v](t)=[0,+\infty]\ \forall t$ 的情况，等同于增加的约束

(c) $[v](t)=[0,1]\ \forall t$ 的情况

(d) $[v](t)=[-\infty,0]\ \forall t$ 的情况，等同于减小的约束，并且由于包络边界函数不包含单调递减的轨迹，导致空集收缩

图3.1 $\mathcal{C}_{\frac{\mathrm{d}}{\mathrm{d}t}}$ 将任意包络边界函数收缩到满足约束 $\dot{x}(\cdot)=v(\cdot)$ 轨迹 $x(\cdot)$ 的包络。灰色部分是收缩后的包络边界函数。用不同的包络边界函数的导数说明了几种情况。为了便于理解，将其定义为常数，但是任何一组导数都可以被考虑

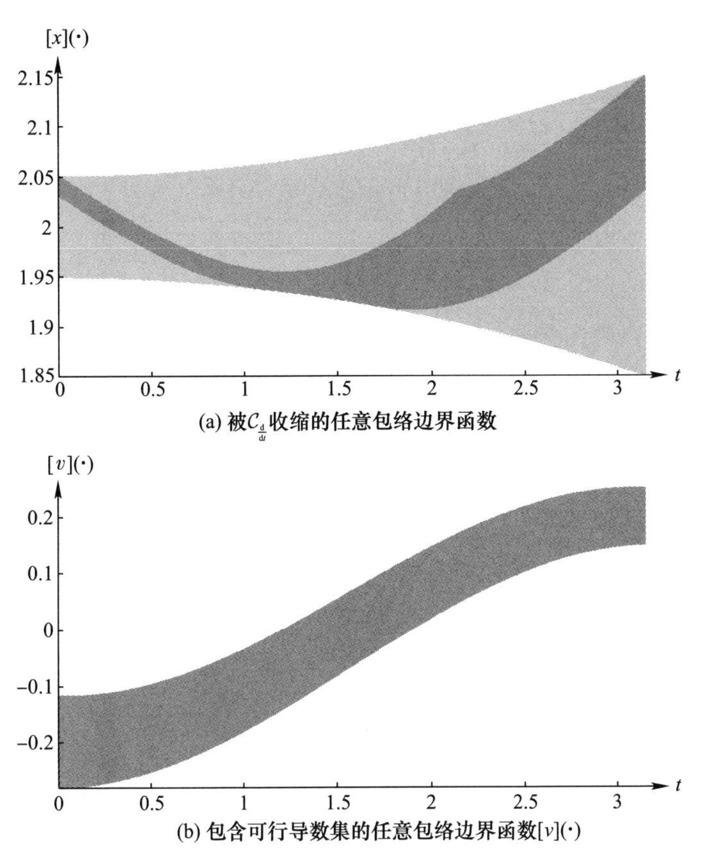

(a) 被$\mathcal{C}_{\frac{d}{dt}}$收缩的任意包络边界函数

(b) 包含可行导数集的任意包络边界函数[v](·)

图 3.2　$\mathcal{C}_{\frac{d}{dt}}$在一组轨迹及其可行导数上达成的一致性状态的另一个示例:仅收缩[x](・)。后续将在 3.2.2 节中证明,当[x](・)不是退化包络边界函数时,[v](・)不能收缩。注意,[v](・)中所有可行的导数在[0,1]上均为负,因此[x](・)的收缩保留了在这一部分的递减轨迹。同样,[v](・)中所有可行导数在[2,3]上均为正,这对应于收缩后[x](・)中保持的递增轨迹

3. 变量 x(・),v(・)的条件

与其他解决 IVP 的常规区间方法不同,本章不需要 Picard – Lindelöf 定理[1]利用其导数来求得 x(・)的近似。实际上,对于收缩子而言,并不一定存在解决方案,因为收缩子只会从域中消除不可行的轨迹,收缩过程甚至可能导致不适定问题的[x](・)空集。

因此,需要强调的是,与基于 Picard – Lindelöf 定理其他方法的不同之处在

① 也称 Picard 存在定理或 Cauchy – Lipschitz 定理。

于,变量在此框架中不一定是 Lipschitz 连续的。

3.2.2 微分和收缩子

应该注意的是,包络边界函数$[x](\cdot)$可能会收缩,而以$[v](\cdot)$表示的导数估计将保持不变。除了没有厚度退化的包络边界函数外,无法知道$[x](\cdot)$中任何轨迹的演变。导数$\dot{x}(\cdot)\in[v](\cdot)$可以具有任意值。因此,不能将来自$[x](\cdot)$的信息传回$[v](\cdot)$。下文对此进行了建模和证明。

引理 3.1 考虑约束$\dot{x}(\cdot)=v(\cdot)$和两个包络边界函数$[x](\cdot)$、$[v](\cdot)$,使得存在$c(\cdot)$可微且$\varepsilon>0$,$c(\cdot)+[-\varepsilon,\varepsilon]\subset[x](\cdot)$。对于所有$(v_1,t_1)$,存在一条轨迹$x(\cdot)\in[x](\cdot)$,使得$\dot{x}(t_1)=v_1$。结果,$[v](\cdot)$不会出现收缩,除非是空集或退化包络边界函数,$[x](\cdot)$连续几次都没有不确定性。

引理 3.1 的证明:

$$a(t)=\frac{t}{1+t^2} \tag{3.8}$$

在区间$[-1,1]$和$\dot{a}(0)=1$时,函数

$$b(t)=\varepsilon a\left[\frac{\beta}{\varepsilon}(t-t_1)\right] \tag{3.9}$$

由$[-\varepsilon,\varepsilon]$界定,并且

$$\dot{b}(t_1)=\varepsilon\frac{\beta}{\varepsilon}\dot{a}(0)=\beta \tag{3.10}$$

有

$$x(\cdot)=c(\cdot)+b(\cdot)\in[x](\cdot) \tag{3.11}$$

因此

$$\dot{x}(t_1)=\dot{c}(t_1)+\dot{b}(t_1)=\dot{c}(t_1)+\beta \tag{3.12}$$

如果$\beta=v_1-\dot{c}(t_1)$,则$\dot{x}(t_1)=v_1$。对于所有(v_1,t_1),存在一个属于$[x](\cdot)$的一致轨迹。

3.2.3 算法实现

式(3.4)中给出了$\mathcal{C}_{\frac{d}{dt}}$的定义与包络边界函数$[x](\cdot)$,$[v](\cdot)$的计算表示。本节提供了一种将该收缩子应用到已实施的包络边界函数上的方法,如2.3.1节所述。

我们将执行步骤分为两个收缩子$\mathcal{C}_{\frac{\vec{d}}{dt}}$和$\mathcal{C}_{\frac{\overleftarrow{d}}{dt}}$,即$\mathcal{C}_{\frac{d}{dt}}=\mathcal{C}_{\frac{\vec{d}}{dt}}\circ\mathcal{C}_{\frac{\overleftarrow{d}}{dt}}$

1. 前向收缩子 $\mathcal{C}_{\frac{\vec{d}}{dt}}$

在数值上求解诸如 $\dot{x}(\cdot)=v(\cdot)$ 的微分方程时,通常会进行以下近似:

$$x(t+\mathrm{d}t)\approx x(t)+\mathrm{d}t\cdot v(t) \tag{3.13}$$

式中:$\mathrm{d}t\in\mathbb{R}$ 为离散采样时间步长。

通过有界值和交集得到相应的收缩子:

$$[x](t+\mathrm{d}t):=[x](t+\mathrm{d}t)\cap([x](t)+\mathrm{d}t\cdot[v](t)) \tag{3.14}$$

此定义未考虑 $v(\cdot)$ 在时间步长上的变化。使用一组由宽度为 δ 切片构建的包络边界函数,时间步长 $\mathrm{d}t$ 对应于 δ。时间间隔为 $[k\delta,k\delta+\delta]$,$k\in\mathbb{N}$ 的 $v(\cdot)$ 的可行解由 $[v]([k\delta,k\delta+\delta])$ 给出。

仍需在相同间隔 $[k\delta,k\delta+\delta]$ 包围 $x(\cdot)$ 的任何值:

$$\begin{aligned}
[x]([k\delta,k\delta+\delta]) &:= [x]([k\delta,k\delta+\delta])\cap\bigcup_{t=k\delta}^{k\delta+\delta}([x](k\delta)+(t-k\delta)\cdot[v]([k\delta,k\delta+\delta]))\\
&:= [x]([k\delta,k\delta+\delta])\cap\left([x](k\delta)+[v]([k\delta,k\delta+\delta])\cdot\bigcup_{t=k\delta}^{k\delta+\delta}(t-k\delta)\right)\\
&:= [x]([k\delta,k\delta+\delta])\cap([x](k\delta)+[0,\delta]\cdot[v]([k\delta,k\delta+\delta]))
\end{aligned} \tag{3.15}$$

等同于:

$$[x](k+1):=[x](k+1)\cap([x](k)\cap[x](k+1)+[0,\delta]\cdot[v](k+1)) \tag{3.16}$$

其中,$[x](k)$ 为包络边界函数的第 k 个切片。

算法 3 执行此前向传播。

算法 3 $\mathcal{C}_{\frac{\vec{d}}{dt}}(\text{in}:[x_0],[v](\cdot),\text{inout}:[x](\cdot))$

1: **var** $[x_{\text{front}}]\leftarrow[x_0]$
2: **var** $[x_{\text{old}}]$
3: **for** $k=0$ to $\bar{k}$ **do**
4: $\quad[x_{\text{old}}]\leftarrow[x](k)$
5: $\quad[x](k)\leftarrow[x_{\text{old}}]\cap([x_{\text{front}}]+[0,\delta]\cdot[v](k))$
6: $\quad$**if** $k\neq\bar{k}$ **then**
7: $\quad\quad[x_{\text{front}}]\leftarrow[x_{\text{old}}]\cap([x_{\text{front}}]+\delta\cdot[v](k))\cap[x](k+1)$
8: $\quad$**end if**
9: **end for**

---

2. 后向收缩子 $\mathcal{C}_{\overleftarrow{\frac{d}{dt}}}$

对第 $k-1$ 个切片反向应用相同的方法：

$$[x](k-1):=[x](k-1)\cap([x](k)\cap[x](k-1)-[0,\delta]\cdot[v](k-1))\tag{3.17}$$

这可以由算法 4 推出。

算法 4　$\mathcal{C}_{\overleftarrow{\frac{d}{dt}}}$(in:$[x_f]$,$[v](\cdot)$,inout:$[x](\cdot)$)

1: **var**$[x_{\text{front}}]\leftarrow[x_f]$

2: **var**$[x_{\text{old}}]$

3: **for** $k=\bar{k}$ to 0 **do**

4: 　$[x_{\text{old}}]\leftarrow[x](k)$

5: 　$[x](k)\leftarrow[x_{\text{old}}]\cap([x_{\text{front}}]-[0,\delta]\cdot[v](k))$

6: 　**if** $k\neq 1$ **then**

7: 　　$[x_{\text{front}}]\leftarrow[x_{\text{old}}]\cap([x_{\text{front}}]-\delta\cdot[v](k))\cap[x](k-1)$

8: 　**end if**

9: **end for**

---

3. 前向/后向收缩子 $\mathcal{C}_{\frac{d}{dt}}$

算法 5 给出了上述算法的简单组合。

算法 5　$\mathcal{C}_{\frac{d}{dt}}$(in:$[x_0]$,$[x_f]$,$[v](\cdot)$,inout:$[x](\cdot)$)

1: $\mathcal{C}_{\overrightarrow{\frac{d}{dt}}}([x_0],[v](\cdot),[x](\cdot))$

2: $\mathcal{C}_{\overleftarrow{\frac{d}{dt}}}([x_f],[v](\cdot),[x](\cdot))$

图 3.3 给出了向前/向后传播的步骤，包括包络边界函数$[v](\cdot)$，未初始化的包络边界函数$[x](\cdot)$，$x(0)=0$，$x(5)=4$。算法中使用的变量$[x_{\text{front}}]$由图中的蓝色粗线表示。

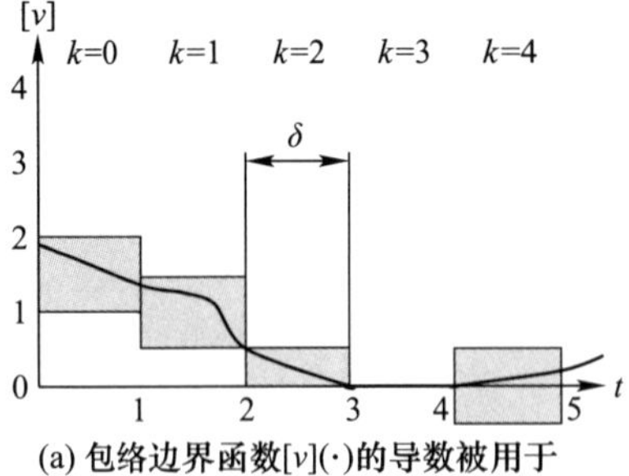

(a) 包络边界函数$[v](\cdot)$的导数被用于收缩$[x](\cdot)$，$x^*(\cdot)$的实际轨迹由橙色表示

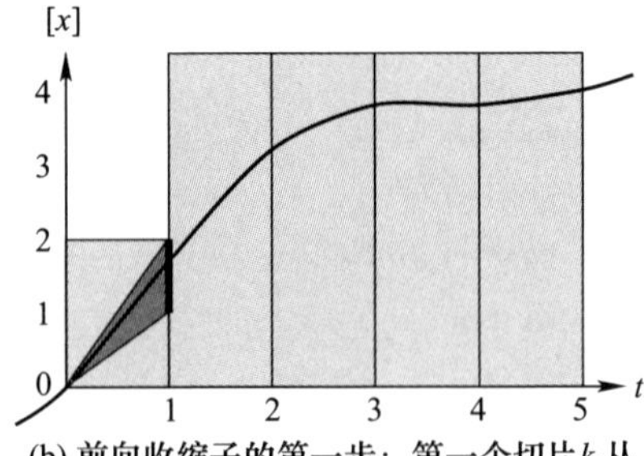

(b) 前向收缩子的第一步：第一个切片k_1从$[-\infty,+\infty]$向$[0,2]$之间收缩，同时$x(0)=0$

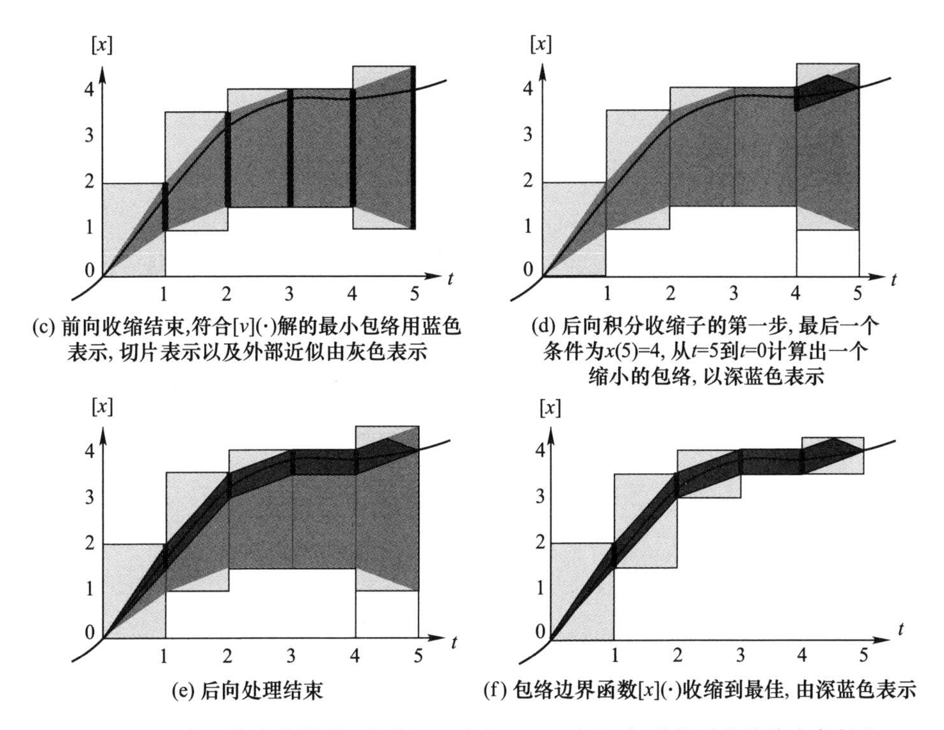

(c) 前向收缩结束,符合[v](·)解的最小包络用蓝色表示,切片表示以及外部近似由灰色表示

(d) 后向积分收缩子的第一步,最后一个条件为$x(5)=4$,从$t=5$到$t=0$计算出一个缩小的包络,以深蓝色表示

(e) 后向处理结束

(f) 包络边界函数[x](·)收缩到最佳,由深蓝色表示

图3.3 $\mathcal{C}_{\frac{d}{dt}}$实现的步骤说明。$[x](\cdot)$在$(-\infty,\infty)\ \forall t$初始化后收缩将在条件为$x(0)=0, x(5)=4$之间传播。曲线代表可行的$x(\cdot)$和$\dot{x}(\cdot)$,收缩后分别保留在$[x](\cdot)$、$[v](\cdot)$内

3.3 基于收缩子的状态估计方法

一个涉及约束的状态估计问题可以转换为有四种不确定性传播的约束网络:

(1) 前向传播;

(2) 后向传播;

(3) 修正;

(4) 收缩子状态。

在本书中,(1)称为预测,(1)+(2)称为融合,(3)称为校正,(1)+(3)称为滤波器以及(1)+(2)+(3)称为平滑器。3.2节为(1)+(2)提供了一个方法,即向前/向后的融合。本节中,我们将证明该方法也可以扩展到所有类型的约束,即(1)+(2)+(3)+(4),这在机器人应用领域有很高的热度,该方法的限制将在阐述方法细节之后讨论。

3.3.1 状态方程的约束网络

我们所关注的是由方程(2.1)所构建模型的求解问题,回顾如下:

$$\begin{cases}\dot{\boldsymbol{x}}(\cdot)=f(\boldsymbol{x}(\cdot),\boldsymbol{u}(\cdot))\\ z_i=g(\boldsymbol{x}(t_i))\end{cases}\tag{3.18}$$

本章的重点是变量$\boldsymbol{x}(\cdot)$、$\boldsymbol{u}(\cdot)$、z_i以及函数f和g的不确定性,时间t_i必须完全已知。时间t的不确定性将在第4章讨论。

所有的求解过程将由收缩子编程方法实现,利用新的算子$\mathcal{C}_{\frac{d}{dt}}$,得到上述状态方程分解为一组原始约束,引入变量$\boldsymbol{v}(\cdot)$、易于分解的$y(\cdot)$有

$$\mathrm{CN}\begin{cases}\text{变量}:\boldsymbol{x}(\cdot),\boldsymbol{v}(\cdot),\boldsymbol{u}(\cdot),y(\cdot),z_i\\ \text{约束}:\\ (1)\ v_j(\cdot)=f_j(\boldsymbol{x}(\cdot),\boldsymbol{u}(\cdot)),j\in\{1,2,\cdots,n\}\\ (2)\ \dot{x}_j(\cdot)=v_j(\cdot)\Leftrightarrow\mathcal{L}_{\frac{d}{dt}}(x_j(\cdot),v_j(\cdot))\\ (3)\ y(\cdot)=g(\boldsymbol{x}(\cdot))\\ (4)\ z_i=y(t_i)\\ \text{域}:[\boldsymbol{x}](\cdot),[\boldsymbol{v}](\cdot),[\boldsymbol{u}](\cdot),[y](\cdot),[z_i]\end{cases}\tag{3.19}$$

在式(3.19)中(4)为轨迹$y(\cdot)$上的评价约束。本章将考虑使用收缩子$\mathcal{C}_{\mathrm{eval}}$来实现它。为了简化,将使用以下定义(但不是通用形式),因为没有t_i作为一个变量估计。

$$\begin{pmatrix}[z_i]\\ [y](t_i)\end{pmatrix}\overset{\mathcal{C}_{\mathrm{eval}}}{\longmapsto}\begin{pmatrix}[z_i]\cap[y](t_i)\\ [z_i]\cap[y](t_i)\end{pmatrix}\tag{3.20}$$

图3.4给出了$\mathcal{C}_{\mathrm{eval}}$与$\mathcal{C}_{\frac{d}{dt}}$耦合的图示,以便根据给定的观察平滑包络边界函数。式(3.19)中的(1)和(3)由相关的原始收缩子在包络边界函数上实现,如在2.2.3节定义的$\mathcal{C}_+$。因此,建议使用包络边界函数收缩子组合,即用$\mathcal{C}_f$、$\mathcal{C}_g$表示,用于处理复杂函数f和g。最后,微分收缩子$\mathcal{C}_{\frac{d}{dt}}$将处理约束(2)。综上所述,CN(3.19)涉及如下收缩子①:

(1) $\mathcal{C}_{f_j}([v_j](\cdot),[\boldsymbol{x}](\cdot),[\boldsymbol{u}](\cdot)),j\in\{1,2,\cdots,n\}$;

(2) $\mathcal{C}_{\frac{d}{dt}}([x_j](\cdot),[v_j](\cdot))$;

---

① 使用$\mathcal{C}_{\frac{d}{dt}}$和$\mathcal{C}_{\frac{d}{dt}}^{\leftarrow}$分别获得过滤器或更平滑的过程。

(3) $\mathcal{C}_g([y](\cdot),[\boldsymbol{x}](\cdot))$;

(4) $\mathcal{C}_{\text{eval}}([z_i],[y](t_i))$。

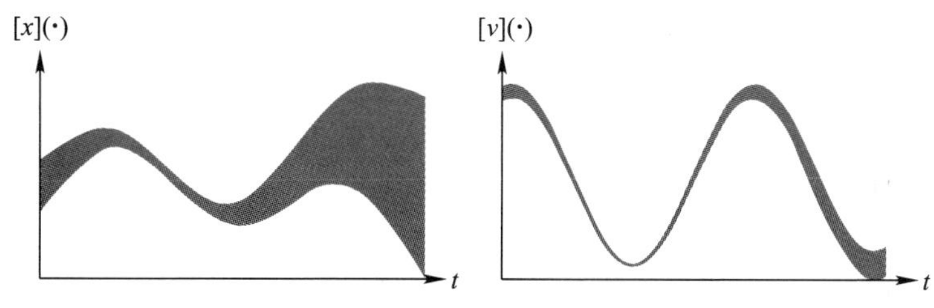

(a) 初始包络边界函数$[x](\cdot)$(状态一致)

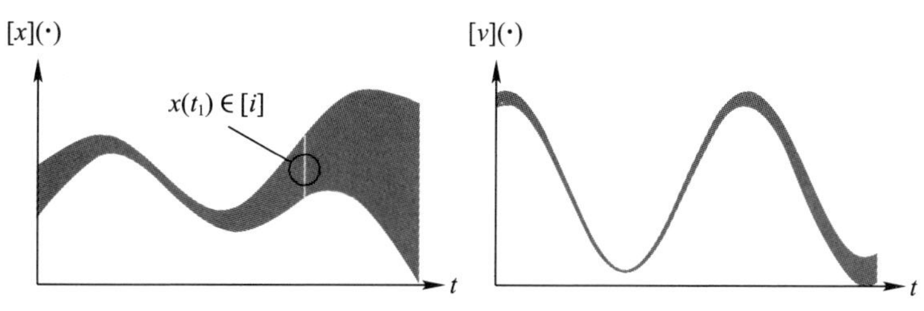

(b) 从t_1时$x(\cdot)$的有界观测值得出$\mathcal{C}_{\text{eval}}$的收缩(非一致状态)

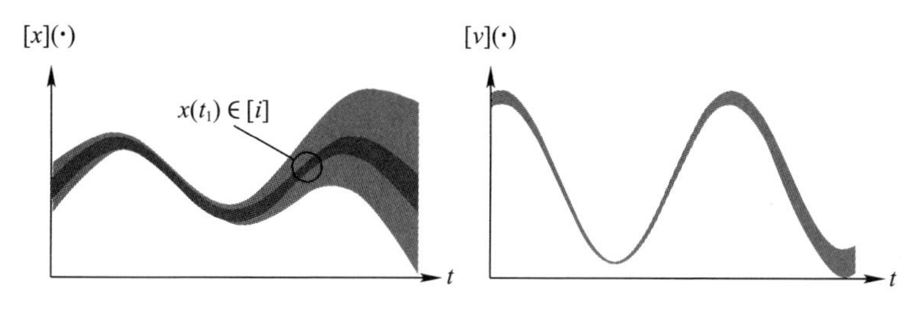

(c) $\mathcal{C}_{\frac{d}{dt}}$的应用导致观测值的向前/向后传播(状态一致)

图 3.4　任意包络边界函数$[x](\cdot)$及其导数$[v](\cdot)$。$\mathcal{C}_{\frac{d}{dt}}$的使用分为 3 个步骤:
(a)初始包络边界函数;(b)由于 $\mathcal{C}_{\text{eval}}$,提出并应用了给定的约束 $x(t_1)\in[i]$;
(c)微分约束传播的结果。收缩的包络边界函数用深灰色表示,而以前的包络
(收缩前)用浅灰色表示。值得注意的是,$\mathcal{C}_{\frac{d}{dt}}$仅收缩了$[x](\cdot)$
(如 3.2.2 节所述)

3.3.2　定点传播

集员状态估计是一个迭代过程,每个阶段都在调用这些收缩子。当包络边界函数不再收缩时,可以停止该过程。由于其单调性,可以按任何顺序调用上述收缩子(Apt,1999)。在这种基于约束传播的方法中,顺序仅会影响计算时间,

在计算一个收缩子之前应当及时应用另一个收缩子,以便尽快执行最强的收缩。但是,这一方法与所考虑的实际问题相关。

在一些机器人应用中,例如 $\dot{\boldsymbol{x}}(\cdot)=f(\boldsymbol{x}(\cdot),\boldsymbol{u}(\cdot))$,约束网络形成因果运动链。例如,电动机产生使车轮旋转的加速度驱动车辆向前,从而产生位移。考虑如下简单的移动机器人系统:

$$\begin{cases}\dot{x}_1(\cdot)=\cos(x_3(\cdot))\\ \dot{x}_2(\cdot)=\sin(x_3(\cdot))\\ \dot{x}_3(\cdot)=u(\cdot)\end{cases}\tag{3.21}$$

信息从输入 $u(\cdot)$ 向状态 $\boldsymbol{x}(\cdot)$ 的传播如图 3.5 所示,其中两条链路清晰可见。在这种情况下,解决方案可以通过收缩子的智能指令一次迭代实现。此外,将在 3.4 节中证明,与其他方法相比,这种方法是高效的。

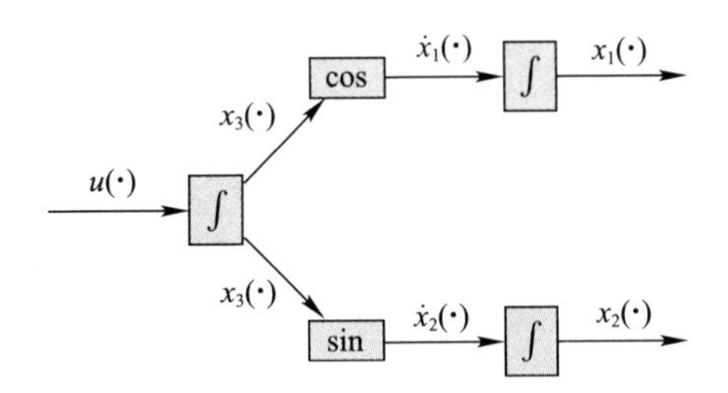

图 3.5　与式(3.21)相关的因果运动链

其他情况可能涉及带有约束的循环网络。形如 $\dot{\boldsymbol{x}}(\cdot)=f(\boldsymbol{x}(\cdot))$ 的系统就属于这种情况。$\dot{x}=-\sin(x)$ 就是一个很好的例子。在这种配置下,需要处理迭代直至达到固定点为止,如图 3.6 所示。

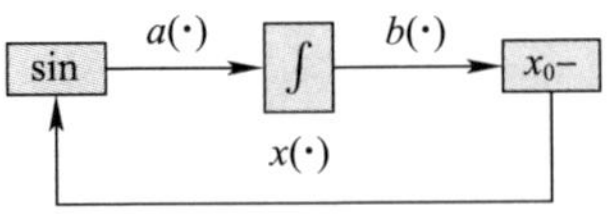

sin　$a(\cdot)$　∫　$b(\cdot)$　x_0-

$x(\cdot)$

图 3.6　与 IVP 关联的电路由(x_0, $\dot{x}=-\sin(x)$)定义。该式可以分解为约束

$$a(\cdot)=\sin(x(\cdot)),\ \dot{b}(\cdot)=a(\cdot),x(\cdot)=x_0-b(\cdot)$$

我们的方法具有可伸缩性,能够处理 $\dot{\boldsymbol{x}}(\cdot)=f(\boldsymbol{x}(\cdot),\boldsymbol{u}(\cdot))$ 或 $\dot{\boldsymbol{x}}(\cdot)=f(\boldsymbol{x}(\cdot))$ 等问题,但在某些情况下可能会带来不理想的结果。下节将以 $\dot{x}=$

$-\sin(x)$为例进行讨论。

3.3.3 理论算例 $\dot{x} = -\sin(x)$

为了解方法的局限性，我们考虑一些不利条件。只对状态估计感兴趣的读者可以跳过本部分，直接进入应用部分。

1. IVP

首先提出 IVP：

$$\begin{cases} \dot{x} = -\sin(x) \\ x_0 = 1 \end{cases} \tag{3.22}$$

应用约束编程方法进行分解：

$$\begin{cases} a(\cdot) = \sin(x) \\ b(\cdot) = \int_0 a(\tau)\,\mathrm{d}\tau \\ x(\cdot) = x_0 - b(\cdot) \end{cases} \tag{3.23}$$

建立 3 个关联的收缩子，并将它们称为固定点，如图 3.7 中的域[0,10]所示。初始包络边界函数设置为$[-\infty,\infty]\ \forall t$。

2. 差异

即使发生传播，所获得的包络也很差，甚至包络边界函数在其整个区域上收缩之前就达到了固定点。CAPD 库（Wilczak et al,2017）解决了相同的问题，该方法可以被认为是该领域最高效的库之一，在不到 1s 的时间内获得了下面的封闭区间，其结果明显更好：

$$x(10) \in [4.96041893247 \times 10^{-5}, 4.96041893264 \times 10^{-5}] \tag{3.24}$$

这并不奇怪，因为 CAPD 通常专门用于解决这类问题，在初始状态下给出的信息需要及时传播，并用解析表达式完整地评判问题。

通过该方法获得这种边界差异的主要原因是包围效应。实际上，我们首先将 IVP 分解为包含 3 个轨迹 $x(\cdot)$、$a(\cdot)$ 和 $b(\cdot)$ 的一些约束。这些变量的所有信息都存储在包络边界函数中，包络边界函数由于采用切片方式而成为不牢固的外壳。收缩子保证了从一个切片到另一个切片的可靠传播，因此收缩子还及时传播了包围效果，从而在某个时刻导致了巨大的负面效应，如图 3.7 的最后一次迭代所示。

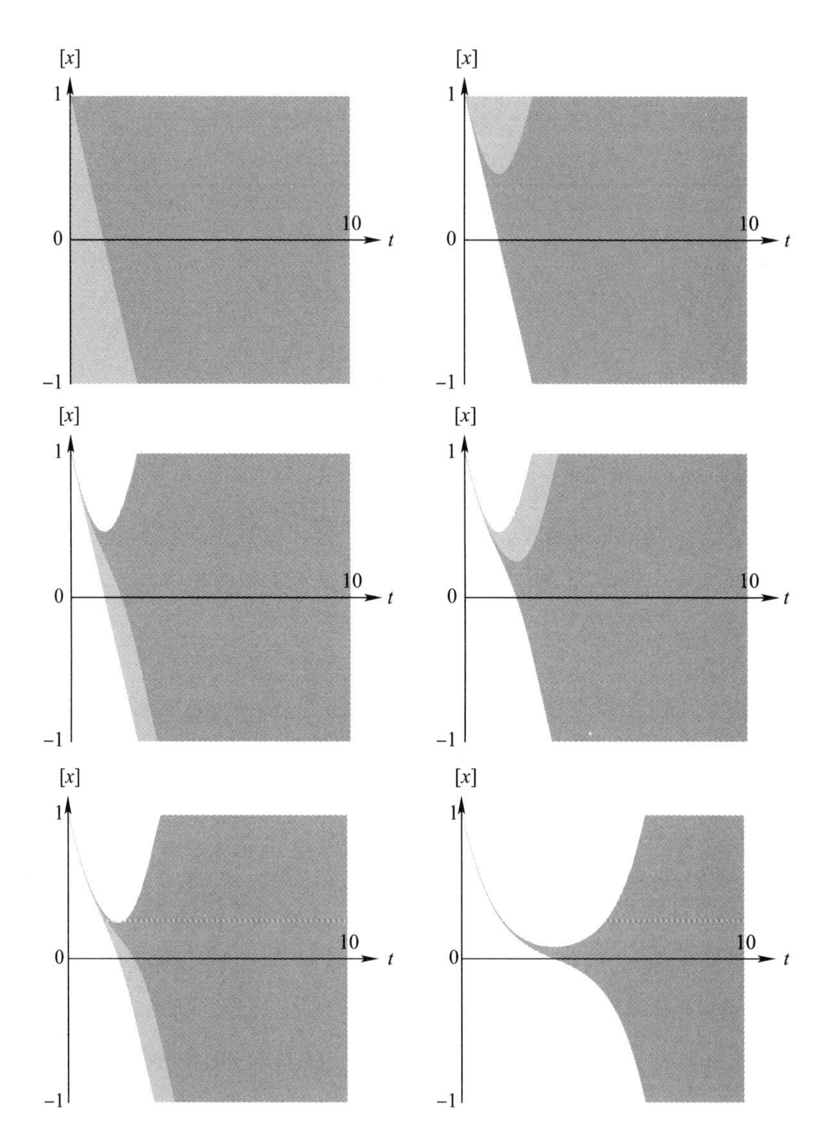

图 3.7 $\dot{x}=-\sin(x)$问题的低效解决方案。显示了包络边界函数$[x](\cdot)$的连续收缩:到达固定点时的前 5 次计算和最终结果。浅灰色区域表示在收缩步骤中已收缩的包络边界函数部分

3. 克服不必要的负面效应

未来的工作可能会考虑将 CAPD 或 DynIBEX(Alexandre dit Sandretto et al, 2016)等几种方法合并到框架中来限制这种差异。因此,IVP 可以在利用基于收缩子策略处理的同时利用专用库的效率。

另一个解决途径是包络边界函数的更智能离散化：根据沿着切片的轨迹演变来设置切片宽度，从而局部优化包裹。

最后，一种补充策略是扼杀法（Jaulin,2002）。在提出的 IVP 中，该方法包括假设 $x(10) \in [a,b]$，根据此假设将 $[x](\cdot)$ 收缩为 10，然后向 0 传播。收缩可能会导致一个空集，这将证明实际的 $x(\cdot)$ 在 10 时未达到 $[a,b]$。因此，通过从包络中移除经过 $10 \times [a,b]$ 的轨迹，可以确定地收缩包络边界函数。该过程可以自动在给定的时间执行几个假设。最后，将在第 10 个时间点执行扼杀而不会为该问题提供外部约束。

该方法可以使结果细化，相当于 CAPD，但要花费大量计算时间，并且无法保证成功。实际上，向后传播也可能不理想，因此将每个假设的初始值都包含在内。同样，可以尝试在域上进行随机扼杀。该方法值得进一步研究。

3.4 机器人应用

本节将提供有关移动机器人的可重现示例，然后针对 Daurade AUV 实验中获得的实际数据集进行状态估计。

3.4.1 因果运动链

本节将回到 3.3.2 节提到的因果情况，并将这种方法应用于一个简单的示例。与 CAPD 库的比较表明，至少对于机器人应用程序，这种方法具有竞争力。

让我们考虑一个具有恒定速度 ϑ 的轮式机器人 R（Dubins,1957），并通过式（3.21）进行描述：

$$\begin{cases} \dot{x}_1(t) = \vartheta\cos(x_3(t)) \\ \dot{x}_2(t) = \vartheta\sin(x_3(t)) \\ \dot{x}_3(t) = u(t) \end{cases} \tag{3.25}$$

假定 $\vartheta = 10$，并且初始状态 $\boldsymbol{x}_0$ 属于该方框：

$$\boldsymbol{x}_0 \in [\boldsymbol{x}_0] = [-1,1] \times [-1,1] \times \left[-\frac{6}{5}\pi - 0.02, -\frac{6}{5}\pi + 0.02\right] \tag{3.26}$$

为了与 CAPD 库进行比较，$u(\cdot)$ 由式（3.27）界定。注意，实验时这些分析表达式并不总是可用的，这是经典方法的一个巨大局限。但对于包络边界函数来说，适用于任何数据集。

$$u(t) \in [u](t) = \underbrace{-\cos\left(\frac{t+33}{5}\right)}_{u^*(t)} + [-0.02, 0.02] \tag{3.27}$$

通过状态估计方法得出的包络边界函数如图 3.8 所示。随着时间的流逝，这种推倒重来的估计会变得更加不理想:如果没有外部测量,机器人就会逐渐迷路。该图显示,在此示例中该方法比 CAPD 更准确。

为了说明此方法比现有的保证积分方法更具普适性和灵活性,现在考虑一种情况,已知最终状态 $\boldsymbol{x}(14)$ 属于 $[\boldsymbol{x}_f] = [53.9, 55.9] \times [6.9 \times 8.9] \times [-2.36, -2.32]$,将此信息添加到约束网络,收缩子 $\mathcal{C}_{\frac{d}{dt}}$ 也将向后传播。结果如图 3.9 所示。

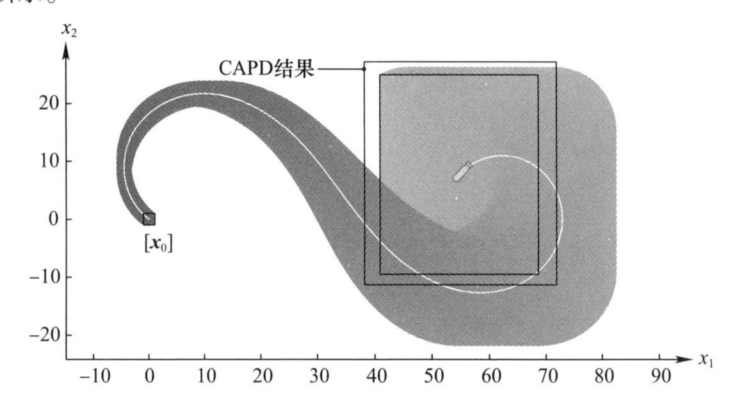

图 3.8　机器人 R 的区间仿真。考虑到实际和未知输入 $u^*(\cdot)$,白线表示机器人的真实轨迹,而包络边界函数 $[x_1](\cdot) \times [x_2](\cdot)$ 投影为蓝色。绿色方块是在 $t_f = 14$ 时获得的最后一个切片 $[\boldsymbol{x}](t_f)$ 的投影。通过比较,用 CAPD 计算得到的最后一个方块用红色表示。传统计算机上的计算时间小于 0.1s

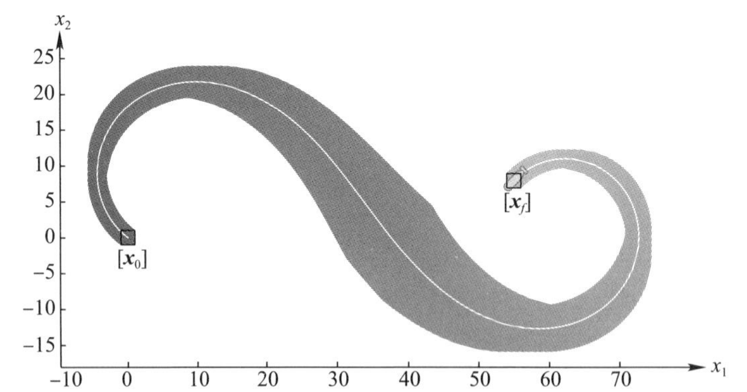

图 3.9　仿真条件同图 3.8。不过,这次最初状态和最终状态几乎是已知的,而不确定性在任务的中间位置达到最大值

3.4.2 高阶微分约束

另一个简单的例子如下。

以 Lissajous 曲线表示的二维机器人轨迹用下式表示：

$$\boldsymbol{x}(t)=5\times\begin{pmatrix}2\cos(t)\\ \sin(2t)\end{pmatrix} \tag{3.28}$$

式(3.28)描述了真实但未知的轨迹。为验证本章所提方法的有效性，生成 $\boldsymbol{x}(t)$ 满足的微分方程。已知初始条件属于一个盒子 $[\boldsymbol{x}_0]$，相关的约束网络如下：

$$\text{CN}\begin{cases}\text{变量}:\boldsymbol{x}(\cdot),\dot{\boldsymbol{x}}(\cdot),\ddot{\boldsymbol{x}}(\cdot)\\ \text{约束}:\\ (1)\ \ddot{x}_1(\cdot)\in-10\cos(t)+[-0.001,0.001]\\ (2)\ \ddot{x}_2(\cdot)=-0.4\dot{x}_1\ddot{x}_1\\ (3)\ \dot{x}(0)=\begin{pmatrix}0\\ 10\end{pmatrix},x(0)\in\begin{pmatrix}[9.8,10.2]\\ [-0.2,0.2]\end{pmatrix}\\ \text{域}[\boldsymbol{x}](\cdot),[\dot{\boldsymbol{x}}](\cdot),[\ddot{\boldsymbol{x}}](\cdot)\end{cases} \tag{3.29}$$

图 3.10 给出了基于收缩子的方法所提供的包络轨迹，它表明微分方程可以很容易地描述移动机器人问题（$\boldsymbol{x}$ 表示机器人的位置，$\dot{\boldsymbol{x}}$ 表示机器人的速度，$\ddot{\boldsymbol{x}}$ 表示加速度）。

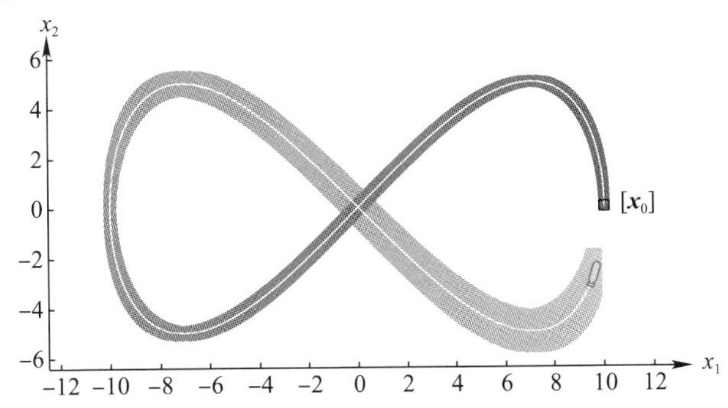

图 3.10 遵循 Lissajous 曲线的机器人。白线是式(3.28)给出的未知情况。蓝色是从式(3.29)计算出的轨迹包络线。需要强调的是，其他约束如 $x_2(t)=x_2(t+\pi)$ 或 $\boldsymbol{x}(\pi/2)=\boldsymbol{x}(3\pi/2)$ 可以轻松添加到 CN

3.4.3 机器人绑架问题

2.4 节中所提方法可以根据系统的输入 $u(\cdot)$ 和已知的初始条件 $\boldsymbol{x}_0$ 来考虑对移动机器人进行仿真。本节将对 2.4 节中所提方法进行扩展,假设机器人被绑架并放置在初始状态未知的其他地方。现在,将考虑唯一的测量:

$$x_1(37) \in [59.25, 61.25], \quad x_2(37) \in [36.16, 38.16] \tag{3.30}$$

图 3.11 给出了 $t = 37$ 时的测量值。图 3.12 给出了估计的准确性,强调状态观测值可随时使用,而在已知的初始条件下无须进行任何积分。

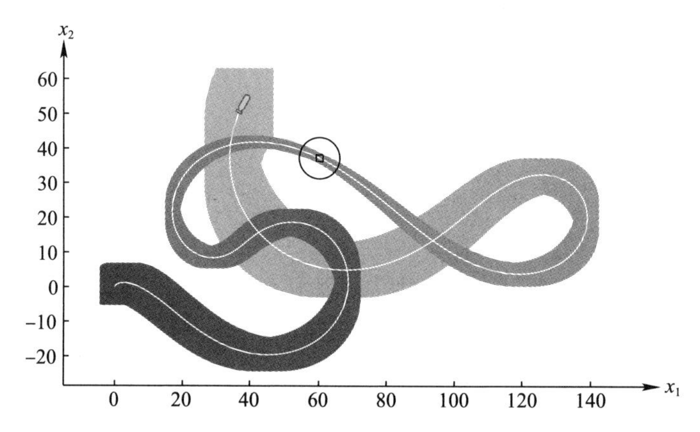

图 3.11 移动机器人在初始位置未知情况下的状态估计。单个测量以红色方块表示,以白色表示的实际轨迹仍然包含在蓝色的估计轨迹包络范围内

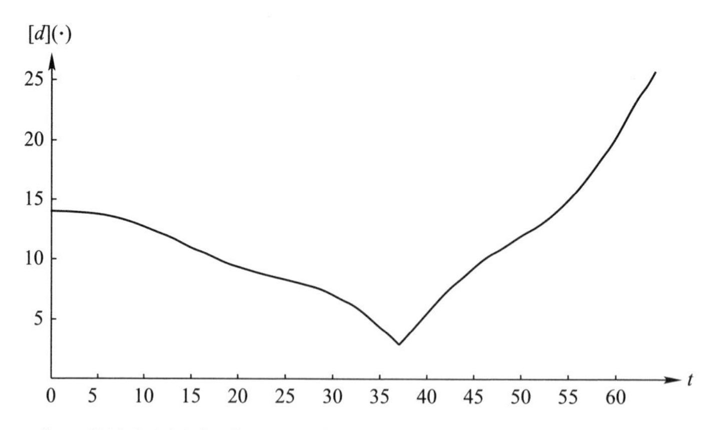

图 3.12 位置估计的厚度 $[x_1](\cdot) \times [x_2](\cdot)$ 在图中定义。显示了在 $t = 37$ 处的观测分别向后和向前传播的方式

3.4.4 Daurade AUV 实验

使用包络边界函数时,轨迹都被描述为可表示的集合,因此从仿真分析到实际数据集的转换非常简单。

下面介绍 Daurade AUV 实验,基于水下机器人的经典运动学模型(Fossen,1994;Jaulin,2015):

$$\begin{cases} \dot{\boldsymbol{p}} = \boldsymbol{R}(\psi,\theta,\varphi) \cdot \boldsymbol{v}_{\mathrm{r}} \\ \dot{\boldsymbol{v}}_{\mathrm{r}} = \boldsymbol{a}_{\mathrm{r}} - \boldsymbol{\omega}_{\mathrm{r}} \wedge \boldsymbol{v}_{\mathrm{r}} \end{cases} \tag{3.31}$$

其中 $\boldsymbol{R}(\psi,\theta,\varphi)$ 是由以下公式给出的欧拉矩阵:

$$\begin{pmatrix} \cos\theta\cos\psi & -\cos\varphi\sin\psi + \sin\theta\cos\psi\sin\varphi & \sin\psi\sin\varphi + \sin\theta\cos\psi\cos\varphi \\ \cos\theta\sin\psi & \cos\psi\cos\varphi + \sin\theta\sin\psi\sin\varphi & -\cos\psi\sin\varphi + \sin\theta\cos\varphi\sin\psi \\ -\sin\theta & \cos\theta\sin\varphi & \cos\theta\cos\varphi \end{pmatrix} \tag{3.32}$$

在这些方程式中,向量 $\boldsymbol{p} = (p_x, p_y, p_z)^{\mathrm{T}}$ 表示机器人质心在绝对惯性坐标系 R_0 中的坐标,3 个欧拉角为(ψ,θ,φ)。机器人的速度矢量 v_{r} 和加速度矢量 $\boldsymbol{a}$ 在其自己的坐标系中表示。矢量 $\boldsymbol{\omega}_{\mathrm{r}} = (\omega_x, \omega_y, \omega_z)^{\mathrm{T}}$ 对应于机器人相对于 R_1 的旋转矢量。实际上,采用 $\boldsymbol{a}_{\mathrm{r}}, \boldsymbol{\omega}_{\mathrm{r}}$ 描述机器人的坐标是常规的,因为这些通常是由机器人本身通过 IMU 测量获得的。

从惯性测量单元(IMU)中采集相关信息用以计算测量值 $\boldsymbol{a}_{\mathrm{r}}, \boldsymbol{\omega}_{\mathrm{r}}, \psi, \theta, \varphi$。此外,Daurade 配备了 DVL,可提供关于速度矢量 $\boldsymbol{V}_{\mathrm{r}}$ 的测量值。如 1.5.1 节所述,从这些传感器的数据表中可以确定一些有界误差,然后根据这些数据创建初始包络边界函数(参见 2.3.2 节)。利用包络边界函数算术运算和积分运算,最终计算出机器人的速度$[\dot{\boldsymbol{p}}](\cdot)$和位置$[\boldsymbol{p}](\cdot)$,如式(3.31)所示。它们的其中一个组成部分如图 3.13 和图 3.14 所示。

任务概述如图 3.15 所示,其中第一个是航位推算(用浅灰色表示)。然后,借助于来自 USBL 定位系统的两个轨迹测量结果执行状态估计。这导致使用收缩子 $\mathcal{C}_{\frac{\mathrm{d}}{\mathrm{d}t}}$ 在整个任务期间收缩$[\boldsymbol{p}](\cdot)$。

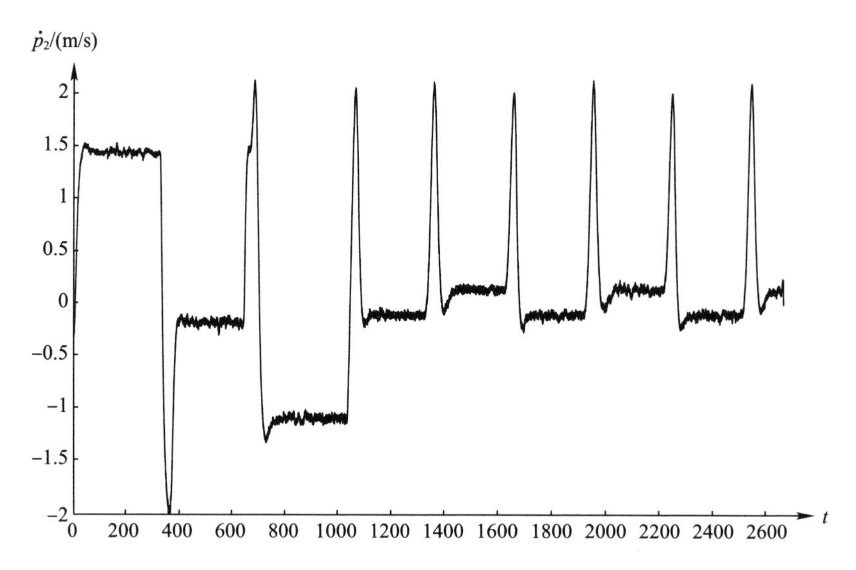

图 3.13 Daurade 的包络边界函数[$\dot{p}_2$](・)经计算可表示 R_0 中沿 y 的速度。由于该包络边界函数的测量无需任何积分过程,因此其厚度几乎保持不变

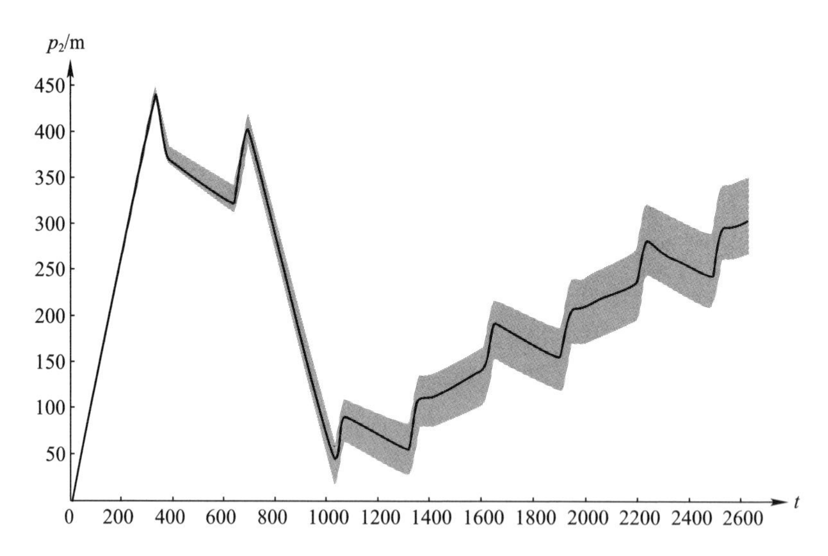

图 3.14 Daurade 的包络边界函数[p_2](・)(基于[$\dot{p}_2$](・))。由于航位推算导致不确定性误差的累积,因此该包络边界函数变得更粗。图 3.15 中显示的 USBL 观测结果未在图中表示

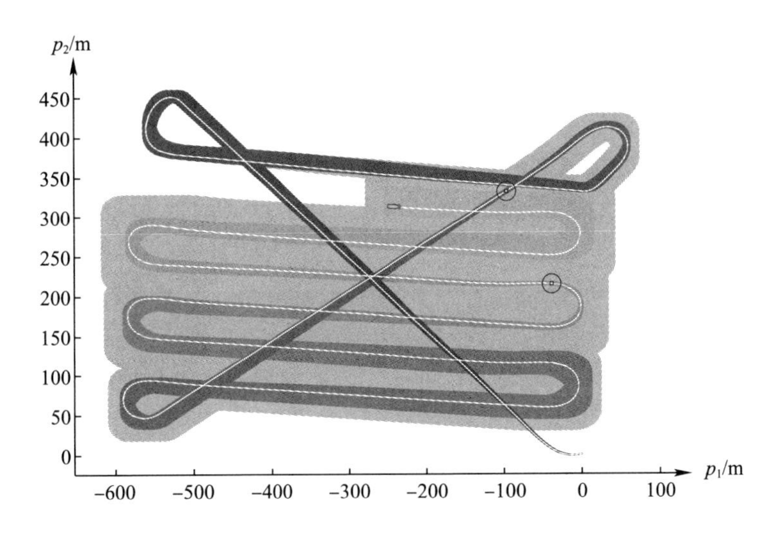

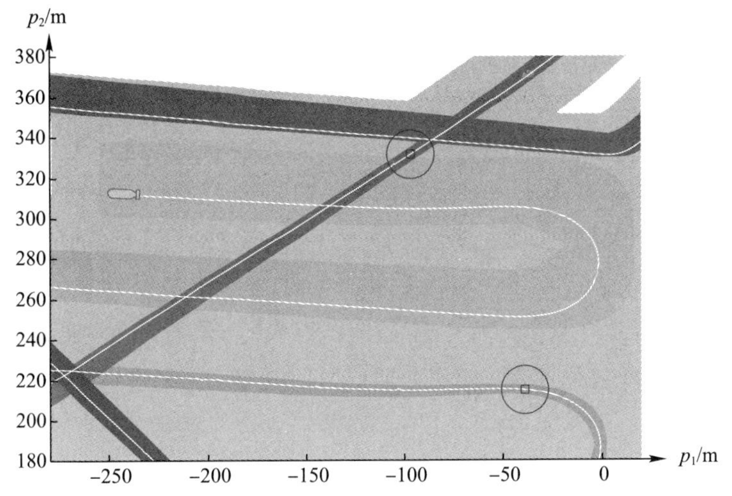

图 3.15　45min 后的轨迹图上，Daurade 探索了 25 公顷[①]的区域。白线是由 USBL 和 INS 组合滤波的 Daurade 轨迹（请参阅第 0.2.3 节）。灰色背景对应包络边界函数 $[p_1](\cdot)\times[p_2](\cdot)$ 在考虑定位测量矫正之前投影在世界系的情况，蓝色轨迹表示考虑定位测量矫正之后的情况，量测点由红色框表示。仅使用惯性数据和 DVL 提供的速度测量会在任务结束时导致较大的漂移。在 $t_1=13\text{min}$ 和 $t_2=33\text{min}$ 时从 USBL 获得两个观测结果，使整条轨迹的漂移减小了

① 1 公顷 $=10000\text{m}^2$

3.5 小结

正如 Rohou 等(2017)所描述的那样,本章提出了一种保证状态方程积分的新方法。所做的贡献是提供一个可靠的框架,将微分方程的解包含在包络边界函数内。然后,应用约束编程方法来减少轨迹集。这是通过引入新收缩子 $\mathcal{C}_{\frac{\mathrm{d}}{\mathrm{d}t}}$来实现的。

对于处理保证积分问题来说,本章提出的方法简单并更具有普适性。所开发的框架可以处理从数据集构建的非线性方程或微分问题,同时考虑对所关注状态的观测。此外,变量也不需要满足 Lipschitz 连续条件,这不同于其他变量方法。此外,该方法在模型为 $\dot{\boldsymbol{x}}(\cdot)=f(\boldsymbol{x}(\cdot),\boldsymbol{u}(\cdot))$的机器人应用中似乎更具竞争力。

要将所提出方法与现有方法进行对比,有必要在每种情况下建立精度、通用性、计算时间等评价标准。因此,我们将所提出的基于收缩子的方法应用于 IVP 的基准。可以在机器人技术领域提出更多建议,从而将 IVP 扩展到更广泛的应用领域和挑战中。

此外,本书的框架可以为解决 ODE 问题提供友好的人机界面。在这种情况下,可以选择应用 $\mathcal{C}_{\frac{\mathrm{d}}{\mathrm{d}t}}$或任何其他依赖标准 IVP 库的收缩子,以保持各自优势。

最后,需要强调的是,当处理诸如 $\ddot{x}(\cdot)=v(\cdot)$的高阶微分方程时可以获得优化的结果。要解决此问题,将其分解为原始约束是必须要做的工作,即 $\dot{x}(\cdot)=a(\cdot)$和 $\dot{a}(\cdot)=v(\cdot)$。因此,收缩子 $\mathcal{C}_{\frac{\mathrm{d}}{\mathrm{d}t}}$会被应用两次。缺点是不同调用之间会出现包围效应。考虑 n 阶导数的收缩子需要进一步深入研究。

第4章　受评估约束的轨迹

4.1　概述

4.1.1　研究背景

本书第二部分的主要内容是通过研究新方法来处理如下形式的状态方程：

$$\begin{cases} \dot{\boldsymbol{x}}(t)=f(\boldsymbol{x}(t),\boldsymbol{u}(t)) & (4.1\text{a}) \\ z_i=g(\boldsymbol{x}(t_i)) & (4.1\text{b}) \end{cases}$$

以获得解集的可靠边界。

在第3章中，讲述了量测时间（$t_i \in \mathbb{R}$）精确已知条件下的求解方法。通过用包络边界函数作为域和收缩子编程方法扩展到轨迹，并通过$\mathcal{C}_{\frac{\mathrm{d}}{\mathrm{d}t}}$和$\mathcal{C}_{\mathrm{eval}}$就可以计算可行状态轨迹的包络线。

（1）$\mathcal{C}_{\mathrm{eval}}([z_i],[y](t_i))$在时间$t_i$时收缩包络边界函数$[y](\cdot)$，同时保证这组轨迹通过$[z_i]$。

（2）$\mathcal{C}_{\frac{\mathrm{d}}{\mathrm{d}t}}([x](\cdot),[v](\cdot))$可以平滑包络边界函数$[x](\cdot)$，这样可以让$[v](\cdot)$中的导数与轨迹保持一致。

$\mathcal{C}_{\mathrm{eval}}$和$\mathcal{C}_{\frac{\mathrm{d}}{\mathrm{d}t}}$可以一起用于在整个轨迹域上传播测量结果。

本章讨论量测时间不确定的情况：已知t_i属于某一区间$[t_i]$，在这种情况下，输出值z_i和相应时间t_i都不能精确获得。这使得问题变得更加复杂，随着时间t_i的变化，很难通过微分方程来传播。

相关研究人员（Le Bars et al，2012；Bethencourt et al，2013）采用区间分析，然而相应的测量并不是可靠的。有些文章中通常采用无序测量（OOSM）（Choi et al，2009）来解决时滞不确定性的状态问题。然而，所考虑的时间不确定性条件很严格，它需要与计算时间间隔的量级相同，并且通过协方差矩阵进行处理，这些协方差矩阵并不能提供有保证的结果。

因此，本章提出了一种新的可靠方法来处理强时间不确定性。假设轨迹与量测值及其对应时间均存在不确定性，将收缩子$\mathcal{C}_{\mathrm{eval}}$（最初在式（3.20）中定义）扩展到最通用的情况，这项工作一直是Rohou、Jaulin、Mihaylova、Le Bars和Veres

(2018)的研究主题。

4.1.2 处理时间不确定性的解决思路

处理强时间不确定性有时看起来无关紧要,因为在大多数实际应用中可以获得精确的量测时间,并且经典的状态估计方法主要集中在状态和观测空间的求解上,更关注变量的空间不确定性而未考虑时间不确定性。然而,通过处理时间不确定性可以很容易解决一些其他问题。

事实上,一些实际情况可以用不同的方式来表述。例如,考虑一个水下机器人 R 利用侧扫声呐执行探索任务。假设机器人的定位是基于对残骸的感知,其中在$\mathbb{W}$中的最高点 w 是可以精确定位的。如图 4.1 所示,声呐获得的残骸图像$\mathbb{W}(t)$可能会被扭曲、拉伸,并伴随会有很强的噪声,这取决于机器人的导航性能(Le Bars et al,2012)。如何用图像处理算法检测$\mathbb{W}$中的最高点 w 并将其作为定位参考是一个难题。然而,可以根据机器人看到沉船残骸的时间间隔$[t]$,以时间的方式处理问题。这种观测与强烈的时间不确定性有关,最长可能几秒钟或几分钟。然后,状态估计就可以等价为一个相对测距问题:

$$\exists t \in [t],\ \exists \rho \in [\rho] \mid (\rho = g(\boldsymbol{x}(t))) \tag{4.2}$$

其中,$g:\mathbb{R}^n \to \mathbb{R}$ 是机器人 R 与已知点 w 之间的距离函数。

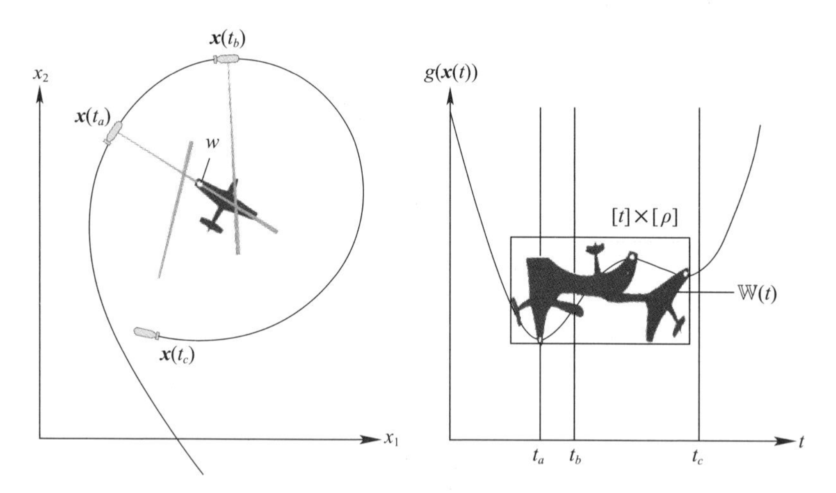

图 4.1 机器人 R 利用侧扫声呐探测飞机残骸。观测函数 $g(\boldsymbol{x})$ 表示 R 与在飞机上的点 w 之间的距离,用一个白点表示,在时间轴 t 上看到 $t=t_a$、t_b、t_c。声呐图像$\mathbb{W}(t)$在图上覆盖。虽然 w 被观测到 3 次,但对应的时刻 t_i 除了已知属于$[t]$,其余的不确定。其他一些机器人状态显示在 t_a、t_b、t_c 时刻

这种情况是 Daurade AUV 在 Rade de Brest(法国)探测期间遇到的。Daurade 从上方越过了 Swansea 船的残骸(图 4.2(a)),其最高点的位置正是由潜水员精确测量得到的。机器人提供的声呐图像被扭曲了而且有强噪声干扰。因此,图像处理将是一项高度复杂的任务(图 4.2(b)),这是检测定位所必需的。从时间的角度考虑这个问题将使解决方案更加简单,结果也有保障。从海底分割沉船图像确实更容易,可获得可靠的沉船包络线。因此,本章确保将特征点包围在测量盒子$[t]\times[\rho]$中,其中$[t]$为机器人观测残骸的时间间隔。

(a) 第一次世界大战期间的Swansea船(不明版权)

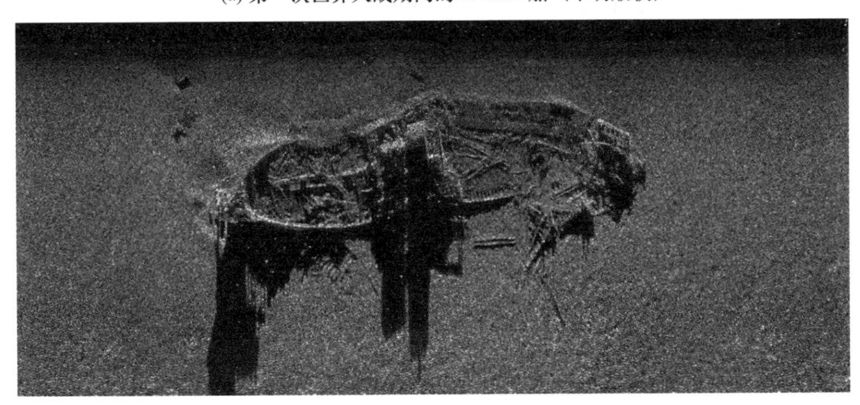

(b) Swansea沉船用侧扫声呐进行探测,该船的漏斗和上层建筑造成大面积的阴影区域,这是声呐图像中最暗的部分(©版权所有:SHOM,DGA-TN Brest,Michel Legris)

图 4.2 实现沉船的定位并非易事

本示例展示了经典机器人应用具有强时间不确定性。本章是新状态估计方法的第一步,该方法将侧重于时间和状态空间。它提供了一种以最通用的方式处理问题的理论基础,并通过可重复的例子加以说明,以突出该方法的趣味性和简单性,并鼓励读者进行深入比较。最后,在第 6 章中采用一种新的可靠的 SLAM 方法。

4.2 轨迹评估的通用收缩子

本节提出一种新的收缩子,以便将评估约束 $\mathcal{L}_{\text{eval}}$ 应用于轨迹。本章中 $y(\cdot)$ 用于表示整个轨迹,而 $y(t)$ 是轨迹 $y(\cdot)$ 在 t 时刻的估计值。

4.2.1 约束 $\mathcal{L}_{\text{eval}}: z = y(t)$ 的包络边界函数收缩子

本章考虑以下基本约束:

$$\mathcal{L}_{\text{eval}}:\begin{cases}\text{变量}:t,z,y(\cdot)\\ \text{约束条件}:\\ z=y(t)\\ \text{域}:[t],[z],[y](\cdot)\end{cases}\tag{4.3}$$

用集合表示,$\mathcal{L}_{\text{eval}}$ 等价于:

$$\mathcal{L}_{\text{eval}}:\{\exists t\in[t],\exists z\in[z],\exists y(\cdot)\in[y](\cdot)\mid z=y(t)\}\tag{4.4}$$

相关收缩子可以使所有符合有界观测的轨迹的包络与包络边界函数相交。换句话说,通过盒子 $[t]\times[z]$,$\dot{y}(\cdot)$ 将被所有 $y(\cdot)\in[y](\cdot)$ 的包络边界函数收缩,如图 4.3 所示。有些轨迹可能在 $[t]$ 上的某个点部分穿过盒子:收缩子必须考虑交叉过程中的可行传播。为此,需要用导数 $\dot{y}(\cdot)$ 来描述 $y(\cdot)$ 在 $[t]$ 上的演化。为了以最通用的方式定义收缩子,导数 $\dot{y}(\cdot)$ 也将在 $[w](\cdot)$ 表示的包络边界函数内有界,即使导数信号是不确定的,也允许 $[y](\cdot)$ 收缩。

约束 $\mathcal{L}_{\text{eval}}$ 相当于以下 CN:

$$\text{CN}:\begin{cases}\text{变量}:t,z,y(\cdot),w(\cdot)\\ \text{约束条件}:\\ (1)\ z=y(t)\\ (2)\ \dot{y}(\cdot)=w(\cdot)\\ \text{域}:[t],[z],[y](\cdot),[w](\cdot)\end{cases}\tag{4.5}$$

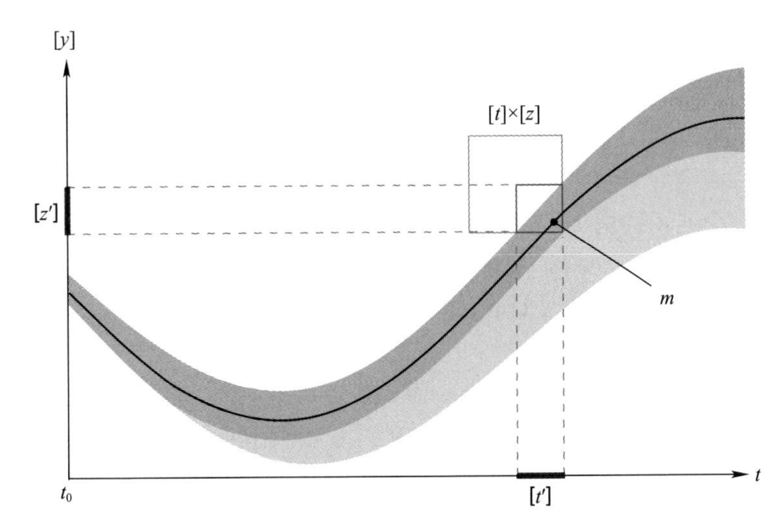

图4.3　在包络边界函数$[y](\cdot)$上的观测。给定的测量$m\in\mathbb{R}^2$,如黑点“·”所示,属于蓝色方块$[t]\times[z]$。包络边界函数采用$\mathcal{C}_{\mathrm{eval}}$收缩方式;收缩部分以浅灰色表示。同时,有界观测本身被收缩到$[t']\times[z']$与$[t']\subseteq[t]$和$[z']\subseteq[z]$。这是由红色方块表示的。黑线是与轨迹一致的示例。导数$\dot{y}(\cdot)$(在此未表示)也被包围在一个包络边界函数中

定义4.1　收缩子$\mathcal{C}_{\mathrm{eval}}([t],[z],[y](\cdot),[w](\cdot))$应用在$\mathcal{L}_{\mathrm{eval}}$上,对其区间和包络边界函数的定义为

$$\begin{pmatrix}[t]\\ [z]\\ [y](\cdot)\\ [w](\cdot)\end{pmatrix}\overset{\mathcal{C}_{\mathrm{eval}}}{\longmapsto}\begin{pmatrix}[t]\cap[y]^{-1}([z])\\ [z]\cap[y]([t])\\ y(\cdot)\cap\coprod\limits_{t_1\in[t]}\left(([y](t_1)\cap[z])+\int_{t_1}^{\cdot}[w](\tau)\mathrm{d}\tau\right)\\ [w](\cdot)\end{pmatrix}\tag{4.6}$$

定义4.1证明:作为收缩子,$\mathcal{C}_{\mathrm{eval}}$需要同时满足定义2.3给出的收缩性和一致性。

(1)收缩性。

收缩性是显然的,因为任何变量至少是可以收缩至自己。

(2)一致性。

有待证明,对于两个实数$t\in[t]$,$z\in[z]$及两个信号$y(\cdot)\in[y](\cdot)$和$w(\cdot)\in[w](\cdot)$,使得$z=y(t)$,$\dot{y}(\cdot)=w(\cdot)$,总有

$$\begin{pmatrix} t \in [y]^{-1}([z]) & \text{(i)} \\ z \in [y]([t]) & \text{(ii)} \\ y(\cdot) \in \coprod_{t_1 \in [t]} (([y](t_1) \cap [z]) + \int_{t_1}^{\cdot} [w](\tau)\mathrm{d}\tau) & \text{(iii)} \end{pmatrix} \quad (4.7)$$

考虑一个通用约束 $\mathcal{L}_f: \boldsymbol{b} = f(\boldsymbol{a})$，$\boldsymbol{a} \in [\boldsymbol{a}]$，$\boldsymbol{b} \in [\boldsymbol{b}]$，所有向量 $\boldsymbol{b}$ 的集合$\mathbb{B}$与 $\mathcal{L}_f$ 一致，为$[\boldsymbol{b}] \cap \cup_{a \in [a]} f(\boldsymbol{a})$。封闭和连接的集合包围$\mathbb{B}$和表示的间隔为$\coprod_{b \in \mathbb{B}} = [\boldsymbol{b}] \cap \coprod_{\boldsymbol{a} \in [a]} f(\boldsymbol{a})$，其中符号$\coprod$表示包含以下术语的最小包络。

式(4.7)的证明：

① 所有 t 的集合 $\mathbb{T} \subset \mathbb{R}$ 与 $\mathcal{L}_{\text{eval}}$一致：

$$\begin{aligned} \mathbb{T} &= [t] \cap (\cup_{y(\cdot) \in [y](\cdot)} \cup_{z \in [z]} y^{-1}(z)) \\ &\subset [t] \cap (\coprod_{y(\cdot) \in [y](\cdot)} \coprod_{z \in [z]} y^{-1}(z)) \\ &\subset [t] \cap [y]^{-1}([z]) \end{aligned} \quad (4.8)$$

图 2.3 给出了对$[y]^{-1}([z])$的评估。

② 所有 z 的集合$\mathbb{Z} \subset \mathbb{R}$ 与 $\mathcal{L}_{\text{eval}}$一致：

\

$$\begin{aligned} \mathbb{Z} &= [z] \cap (\cup_{y(\cdot) \in [y](\cdot)} \cup_{t \in [t]} y(t)) \\ &\subset [z] \cap (\coprod_{y(\cdot) \in [y](\cdot)} \coprod_{t \in [t]} y(t)) \\ &\subset [z] \cap [y]([t]) \end{aligned} \quad (4.9)$$

(3) 从 t_1 开始的 $y(t)$的值为

$$y(t) = y_1 + \int_{t_1}^{t} w(\tau)\mathrm{d}\tau (y_1 = y(t_1)) \quad (4.10)$$

所有 $y(t)$的集合 $\mathbb{Y} \subset \mathbb{R}$ 与 $\mathcal{L}_{\text{eval}}$一致：

$$\begin{aligned} \mathbb{Y} &= \cup_{t_1 \in [t]} \cup_{w(\cdot) \in [w](\cdot)} \cup_{y_1 \in [y](t_1) \cap [z]} \left(y_1 + \int_{t_1}^{t} w(\tau)\mathrm{d}\tau \right) \\ &= \cup_{t_1 \in [t]} \left(\cup_{y_1 \in [y](t_1) \cap [z]} \left(y_1 + \cup_{w(\cdot) \in [w](\cdot)} \int_{t_1}^{t} w(\tau)\mathrm{d}\tau \right) \right) \\ &= \cup_{t_1 \in [t]} \left((\cup_{y_1 \in [y](t_1) \cap [z]} y_1) + \int_{t_1}^{t} w(\tau)\mathrm{d}\tau \right) \\ &= \cup_{t_1 \in [t]} \left(([y](t_1) \cap [z]) + \int_{t_1}^{t} w(\tau)\mathrm{d}\tau \right) \\ &\subset \coprod_{t_1 \in [t]} \left(([y](t_1) \cap [z]) + \int_{t_1}^{t} w(\tau)\mathrm{d}\tau \right) \end{aligned} \quad (4.11)$$

应该注意的是，包络边界函数$[y](\cdot)$、$[t]$和$[z]$都可能收缩，而由$[w](\cdot)$表示的导数的估计将保持不变。这源于定理3.1（在第3章中已被证明）。

1. 收缩的域

$\mathcal{C}_{\text{eval}}$将在时间上以一种向前和向后的方式尽可能多地传播约束。收缩可以覆盖整个包络边界函数域$[t_0,t_f]$或其中的一部分，这取决于传播过程中积累的不确定性量。例如在图4.3中，收缩没有以向后的方式达到t_0。

2. 多维

扩展到多维问题$\boldsymbol{z}=\boldsymbol{y}(t)\,(\boldsymbol{z}\in\mathbb{R}^n)$，$\boldsymbol{y}(\cdot)\in\mathbb{R}\to\mathbb{R}^n$相当于应用$\mathcal{L}_{\text{eval}}$到$z_j=y_j(t)$，$j\in\{1,2,\cdots,n\}$的每个组成部分。

3. 不一致性

当域不满足约束条件时，会观测到一些不一致性。

定理4.1 如果$\mathcal{L}_{\text{eval}}$不能在域$[t]$、$[z]$、$[y](\cdot)$、$[w](\cdot)$上满足约束，则对$[t]$、$[z]$和$[y](\cdot)$来说，$\mathcal{C}_{\text{eval}}$将收缩至空集。

定理4.1的证明：本书从代数区间中调用式（1.14）和式（1.9）：

（1）$[x]+\varnothing=\varnothing$；

（2）$[x]\amalg\varnothing=[x]$。

一个不一致的约束$\mathcal{L}_{\text{eval}}$等价于：

$$\forall t\in[t],\ \forall z\in[z],\ \forall y(\cdot)\in[y](\cdot),\ z\neq y(t) \tag{4.12}$$

可以证明：

（1）$[t]\mapsto[t]\cap[y]^{-1}([z])=\varnothing$

（2）$[z]\mapsto[z]\cap[y]([t])=\varnothing$

（3）$$[y](\cdot)\mapsto[y](\cdot)\cap\coprod_{t_1\in[t]}\Big(\underbrace{([y](t_1)\cap[z])}_{\varnothing}+\int_{t_1}^{\cdot}[w](\tau)\mathrm{d}\tau\Big)=$$
$$[y](\cdot)\cap\coprod_{t_1\in[t]}(\varnothing)=\varnothing$$

$\mathcal{C}_{\text{eval}}$可以用来作最小排除测试，以证明该约束不能应用于不一致的域。如1.4节所述，这对于集合逆运算是有用的。然而，$\mathcal{C}_{\text{eval}}$的最小性尚未被证明。

4. $[t]$上解的连续统一体

当几个评估在同一范围内（$[t]$，$[z]$）时，收缩子也适用，因为通过任意$t\in[t]$的可行轨迹并集在收缩后保持不变。作为一个示例，图4.1给出了三个未知的飞机残骸的评估示例，它们无法进行区分，但包含在一个有界测量范围内（$[t]$，$[\rho]$）。

5. 迭代评估

当处理 $p \in \mathbb{N}$ 评估时,对于每个$([t_i],[z_i])(i \in \{1,2,\cdots,p\})$单独应用 $\mathcal{C}_{\text{eval}}$ 可能无法得到最佳结果。实际上,$\mathcal{C}_{\text{eval}}$沿着$[y](\cdot)$的整个域传播,这可能导致新的收缩。最好采用迭代算法,对收缩子进行多次迭代,直到它们在$[y](\cdot)$和$([t_i],[z_i])$上失效为止:

$$\left(\bigcap_{i=1}^{p}\mathcal{C}_{\text{eval}}([t_i],[z_i],[y](\cdot),[w](\cdot))\right)^{\infty} \tag{4.13}$$

∞符号代表运算符的迭代次数,直至到达不动点。图 4.4 给出了两步迭代过程的示例。

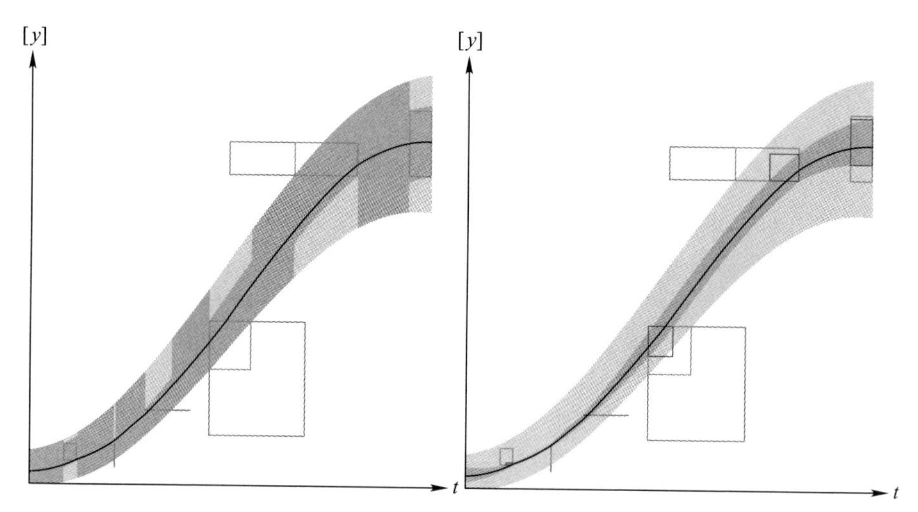

图 4.4　运用 $\mathcal{C}_{\text{eval}}$联合收缩给定包络边界函数$[y](\cdot)$和一些测量值的理论示例。浅灰色部分是收缩后被移除的一组轨迹。蓝色方框表示初始测量值$[t_i]\times[z_i]$。灰色盒子表示这些观测值的中间收缩,从包络边界函数提供的信息中获得。红色框表示到达一个固定点的收缩测量值$[t_i^*]\times[z_i^*]$

4.2.2 算法实现

1. 开源库

$\mathcal{C}_{\text{eval}}$算法会占用太多空间。因此,为了简化内容,本书不会深入探讨相关细节。对细节感兴趣的读者可以参考在这项工作中发展起来的 Tubex 库①,$\mathcal{C}_{\text{eval}}$的

① http://www. simon - rohou. fr/research/tubex - lib.

C ++ 源代码是免费的。

2. 离散化方法和观测结果之间的一致性

从实现的角度来看,当考虑无限多个切片时,即当 $\delta \to 0$ 时,在给定的标量 t 处收缩一个包络边界函数是很容易的。然而,在使用计算机对包络边界函数进行仿真时必须对其进行离散化,这将导致切片变厚:$[t_k] \times [y_k]$ ($k \in \mathbb{N}$),如图 4.5所示。在这种情况下,包络边界函数必须在已知时间 t 下进行收缩,才不会丢失所考虑信号的真实解。

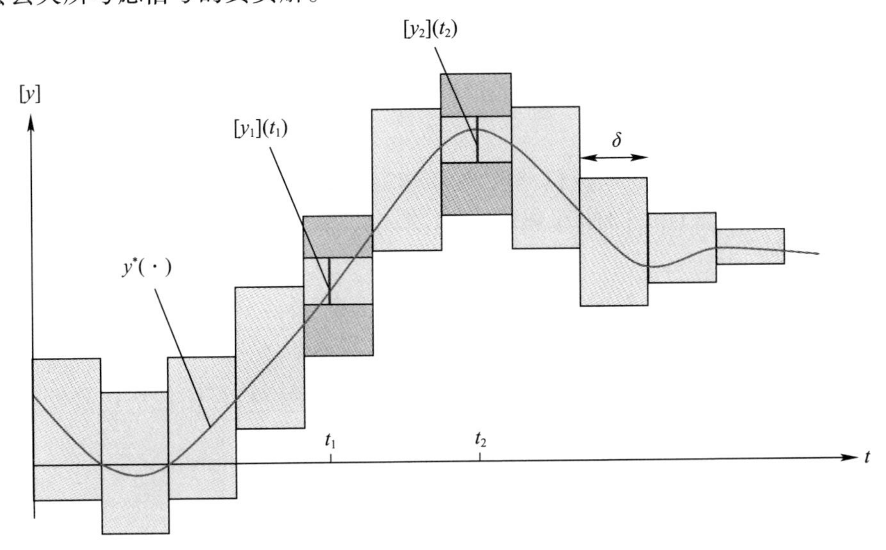

图 4.5　包络边界函数收缩错误。$[y](\cdot)$是由厚切片和包络信号 $y^*(\cdot)$构成的。在已知时间 $t_j \in \mathbb{R}$ 时作一个上下有界的观测量$[y_j] \in \mathbb{R}$ 。包络边界函数在 t_1 和 t_2 时收缩错误。与$[y_1](t_1)$不同的是,信号不会因为$[y_2](t_2)$的收缩而丢失。正确收缩需要运用可行导数的知识来完成,这可以用 $\mathcal{C}_{\text{eval}}$来实现

众所周知,以前没有这种收缩方法。基于观测$[y_j](t_j)$的收缩与已知时间 $t_j \in \mathbb{R}$ 相关联,但是没有以有保障的方式实现,从而破坏了结果的可靠性。因此,即使没有时间不确定性,在对包络边界函数施加评估限制时,使用这种收缩子也至关重要。实际上,考虑已知时间 $t \in [t_k]$,且切片的域包含 t,我们可以使用 $\mathcal{C}_{\text{eval}}$。

4.2.3　在状态估计中的应用

现在有了充分的材料来求解式(4.1),同时考虑包含时间在内的任何变量的不确定性。将式(3.19)重新表述为

$$
\mathrm{CN}:\begin{cases}
\text{变量}: \boldsymbol{x}(\cdot), \boldsymbol{v}(\cdot), \boldsymbol{u}(\cdot), y(\cdot), w(\cdot), z_i, t_i \\
\text{约束条件}: \\
(1)\ v_j(\cdot) = f_j(\boldsymbol{x}(\cdot), \boldsymbol{u}(\cdot)), j \in \{1,2,\cdots,n\} \\
(2)\ \dot{x}_j(\cdot) = v_j(\cdot) \Leftrightarrow \mathcal{L}_{\frac{\mathrm{d}}{\mathrm{d}t}}(x(\cdot), v(\cdot)) \\
(3)\ y(\cdot) = g(\boldsymbol{x}(\cdot)) \\
(4)\ z_i = y(t_i) \Leftrightarrow \begin{cases} z_i = y(t_i) \\ \dot{y}(\cdot) = w(\cdot) \end{cases} \Leftrightarrow \mathcal{L}_{\mathrm{eval}}(t_i, z_i, y(\cdot), w(\cdot)) \\
(5)\ w(\cdot) = \dot{g}(\boldsymbol{x}(\cdot)) \\
\text{域}: [\boldsymbol{x}](\cdot), [\boldsymbol{v}](\cdot), [\boldsymbol{u}](\cdot), [y](\cdot), [w](\cdot), [z_i], [t_i]
\end{cases}
\tag{4.14}
$$

因此,将变量 $w(\cdot)$ 引入网络并将 t_i 作为具有区间域的变量。$w(\cdot)$ 受观测函数 g 导数的约束,即使在模型存在不确定性的情况下,也可以对其进行估计。

同样,每个约束随后由相关的原始收缩子实现,并在保证解决方案符合状态方程的同时缩小域。微分收缩子 $\mathcal{C}_{\frac{\mathrm{d}}{\mathrm{d}t}}$、评估收缩子 $\mathcal{C}_{\mathrm{eval}}$(在第 3 章中介绍)分别用于上述约束条件(2)和(4)。代数约束条件(1)、(3)和(5)是用包络边界函数上代数收缩子来实现的。

状态估计调用以下收缩子来实现:

(1) $\mathcal{C}_{f_j}([v_j](\cdot), [\boldsymbol{x}](\cdot), [\boldsymbol{u}](\cdot))$;

(2) $\mathcal{C}_{\frac{\mathrm{d}}{\mathrm{d}t}}([x_j](\cdot), [v_j](\cdot)), j \in \{1,2,\cdots,n\}$;

(3) $\mathcal{C}_g([y](\cdot), [\boldsymbol{x}](\cdot))$;

(4) $\mathcal{C}_{\mathrm{eval}}([t_i], [z_i], [y](\cdot), [w](\cdot))$;

(5) $\mathcal{C}_{\dot{g}}([w](\cdot), [\boldsymbol{x}](\cdot))$。

4.3 机器人应用

上述方法操作简单,使我们能处理广泛的状态估计问题,包括时间不确定性。本节提出两个可复现的示例来验证该方法。以下内容基于解析表达式和实际数据进行仿真,以鼓励读者将其他方法与本章提供的方法进行比较。

4.3.1 基于低成本信标的机器人相对测距定位

本节将讨论第 2 章中提出的问题(图 4.6)。为方便阅读,首先回顾了 2.4 节中的内容。仿真时间从 $t_0 = 0$ 运行到 $t_f = 64$。

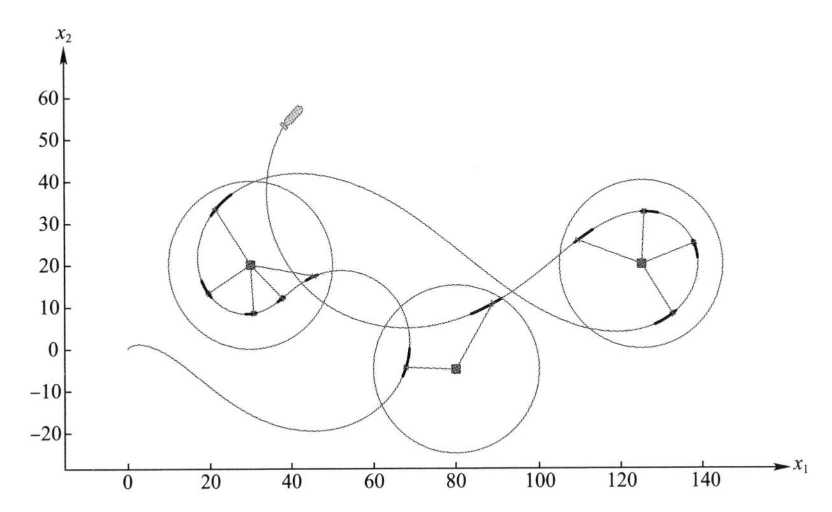

图4.6　基于少数异步测量的相对测距定位问题的映射。发射信标由红色方块表示，发送的信号范围由灰色线表示，其中机器人在不确定时间沿其轨迹接收的信号以蓝色表示。这一应用具有挑战性，因为它涉及微分方程、时空的非线性和不确定性

1. 测试用例

机器人 R 用状态 $\boldsymbol{x}=(x_1,x_2,x_3=\psi,x_4=\vartheta)^{\mathrm{T}}$ 来描述，其中(x_1,x_2)表示它的位置，ψ 表示它的航向，v 表示它的速度。系统由以下演化函数建模：

$$\begin{pmatrix}\dot{x}_1\\ \dot{x}_2\\ \dot{x}_3=\dot{\psi}\\ \dot{x}_4=\dot{\vartheta}\end{pmatrix}\mapsto_f\begin{pmatrix}\vartheta\cos\psi\\ \vartheta\sin\psi\\ u_1\\ u_2\end{pmatrix}\tag{4.15}$$

状态 $\boldsymbol{x}(t)$ 受输入 $\boldsymbol{u}(t)$ 的约束，其范围如下：

$$\boldsymbol{u}(t)\in[\boldsymbol{u}](t)=\begin{pmatrix}\dfrac{-9}{20}\cos\left(\dfrac{t}{5}\right)\\ \dfrac{1}{10}+\sin\left(\dfrac{t}{4}\right)\end{pmatrix}+\frac{1}{1000}\begin{pmatrix}[-1,1]\\ [-1,1]\end{pmatrix}\tag{4.16}$$

最后，通过改变初始条件来去除初始位置信息。$\boldsymbol{x}_0$ 表示机器人在 t_0 时刻的状态，现假设 $\boldsymbol{x}_0$ 是有界的，则有

$$\boldsymbol{x}_0\in\begin{pmatrix}[-\infty,\infty]\\ [-\infty,\infty]\\ \pi/2+[-0.01,0.01]\\ [-0.01,0.01]\end{pmatrix}\tag{4.17}$$

机器人在低成本信标$\boldsymbol{b}_k$($k\in\{\alpha,\beta,\gamma\}$)之间移动,存在漂移时钟(时间不确定性)和测量误差。这些发射器最大信号覆盖范围$\rho_{\max}=20\text{m}$,并定期发送带有测量偏差和时间不确定性($t_i\in[t_i]$)的有界量测信息$z_i\in[z_i]$。观测函数g_k(式(4.1b))与信标$\boldsymbol{b}_k$有关(信标的位置如表4.1所列),是R与信标$\boldsymbol{b}_k$之间的距离函数。该问题将基于一组有界测量,从而凸显$\mathcal{C}_{\text{eval}}$的作用,如表4.2所列。

表4.1 信标的位置

k	$\boldsymbol{b}_k$
α	(30,20)
β	(80,−5)
γ	(125,20)

表4.2 测量值表($[t_i]$,$[z_i]$)

i	k	$[t_i]$	$[z_i]$
1	β	[14.75,15.55]	[11.69,12.69]
2	α	[20.80,21.60]	[15.40,16.40]
3	α	[23.80,24.60]	[10.62,11.62]
4	α	[26.80,27.60]	[11.05,12.05]
5	α	[29.80,30.60]	[11.87,12.87]
6	α	[32.80,33.60]	[15.31,16.31]
7	γ	[44.35,45.15]	[13.65,14.65]
8	γ	[47.35,48.15]	[13.32,14.32]
9	γ	[50.35,51.15]	[12.03,13.03]
10	γ	[53.35,54.15]	[15.98,16.98]
11	β	[56.75,57.55]	[17.45,18.45]

2. 解决方案

如图4.7所示,式(4.18)形成一个约束网络。除了$[\boldsymbol{u}](\cdot)$之外,包络边界函数根据式(4.16)初始化为$[-\infty,+\infty]\ \forall t$。此外,为了应用$\mathcal{C}_{\text{eval}}$,需对$[y_k](\cdot)$

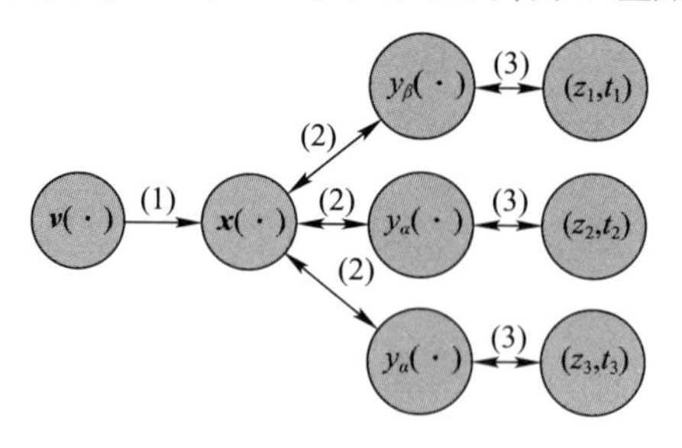

图4.7 约束网络详细说明表4.2中前三个测量值的关系。箭头表示信息传播的方向。为便于理解,此处没有给出导数$w_k(\cdot)$

的可行导数进行估计,用包络边界函数$[w_k](\cdot)$表示。这很容易通过解析推导得到距离函数 g_k。

$$
\mathcal{CN}:\begin{cases}
\text{变量}:\boldsymbol{x}(\cdot),\boldsymbol{v}(\cdot),\boldsymbol{u}(\cdot),\{(t_i,z_i)\},\{y_k(\cdot)\},\{w_k(\cdot)\}\\
\text{约束因素}:\\
(1)\ \text{演化函数}:\\
\boldsymbol{v}(\cdot)=f(\boldsymbol{x}(\cdot),\boldsymbol{u}(\cdot))\\
\dot{\boldsymbol{x}}(\cdot)=\boldsymbol{v}(\cdot)\\
x_3(0)\in\pi/2+[-0.01,0.01]\\
x_4(0)\in[-0.01,0.01]\\
(2)\ \text{观测函数}:\\
y_k(\cdot)=\sqrt{(x_1(\cdot)-b_{k,1})^2+(x_2(\cdot)-b_{k,2})^2}\\
w_k(\cdot)=\dfrac{(x_1(\cdot)-b_{k,1})\cdot v_1(\cdot)+(x_2(\cdot)-b_{k,2})\cdot v_2(\cdot)}{\sqrt{(x_1(\cdot)-b_{k,1})^2+(x_2(\cdot)-b_{k,2})^2}}\\
\dot{y}_k(\cdot)=w_k(\cdot)\\
(3)\ \text{测量值}:\\
z_i=y_k(t_i)\\
\text{域}:[\boldsymbol{x}](\cdot),[\boldsymbol{v}](\cdot),[\boldsymbol{u}](\cdot),\{([t_i],[z_i])\},\{[y_k](\cdot)\},\{[w_k](\cdot)\}
\end{cases}
\tag{4.18}
$$

然后执行涉及包络边界函数的程序。在 2min 内经过 52 次迭代达到了固定点,但主要的收缩过程已经在第 6 次迭代之前就完成了,如图 4.8 所示。计算结果的投影如图 4.9 所示。这个示例给出了在初始状态未知条件下求解约束问题的方法:迭代法。最后,保证真实状态轨迹$\boldsymbol{x}^*(\cdot)$位于包络边界函数$[\boldsymbol{x}](\cdot)$内。

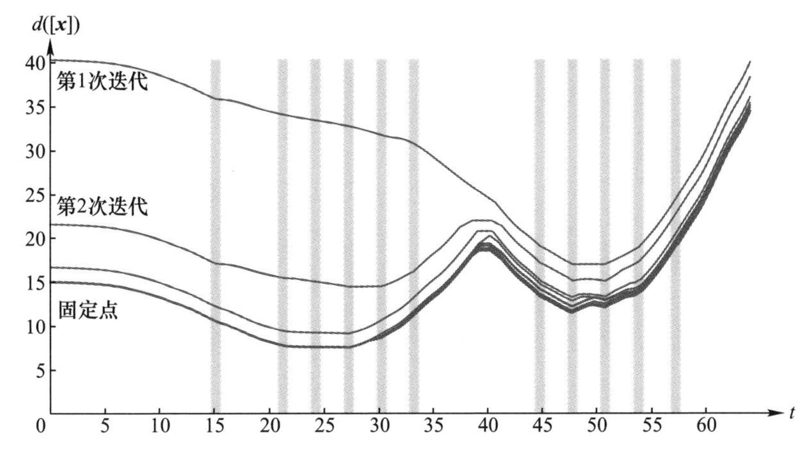

图 4.8 位置估计$[x_1](\cdot)\times[x_2](\cdot)$的厚度如图 2.12 所示。不确定性测量的时间$[t_i]$用浅灰色表示。52 次迭代后到达固定点,但在第一步时几乎已经获得了最终结果

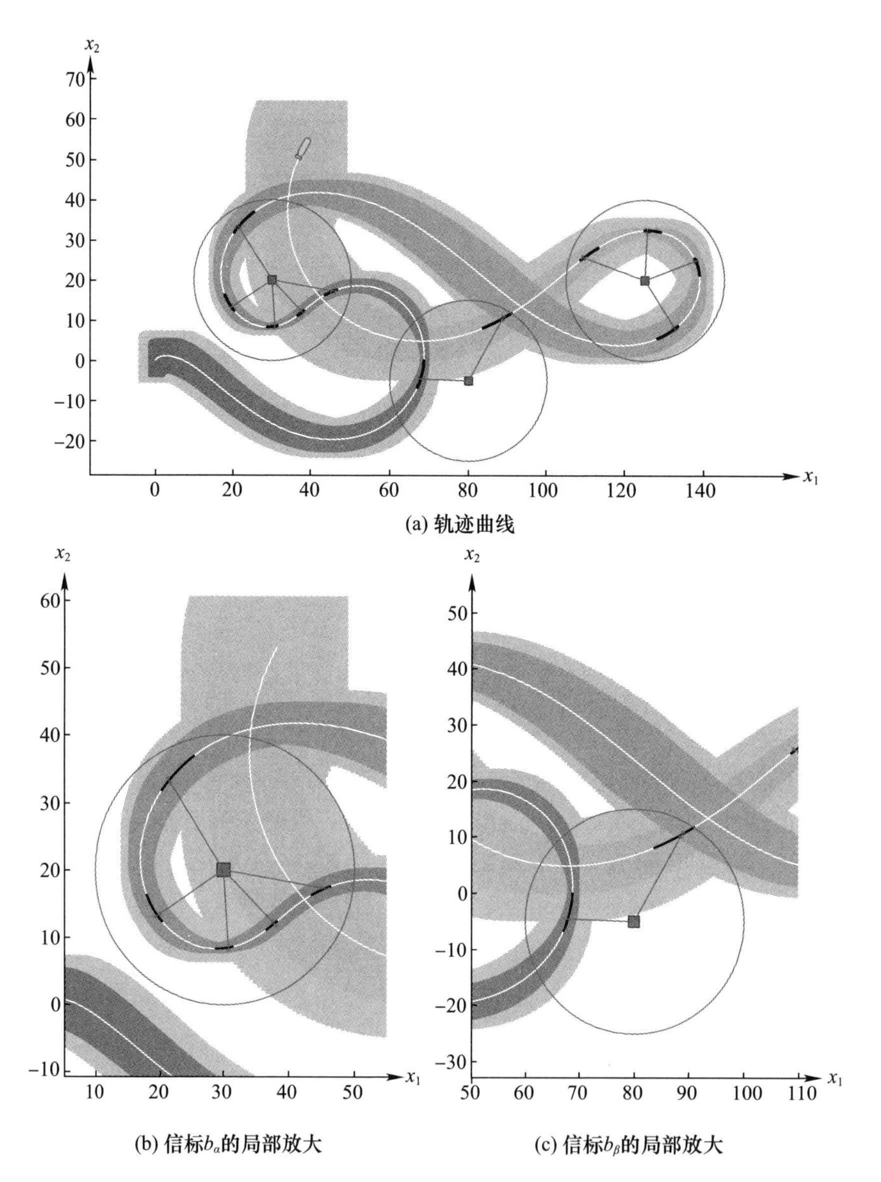

图4.9　移动机器人在一组低成本信标中的状态估计。机器人初始位置未知。由红色框显示的信标发送信号,直到由圆圈表示的限制范围为止。时间不确定性$[t_i]$由粗黑线表示。机器人的真实姿势由白色线表示,包围在估计的包络边界函数$[x_1](\cdot)\times[x_2](\cdot)$内,由蓝色和灰色表示。是由时间不确定性引起的负面效果,用浅灰色表示。蓝色部分表示状态估计(假设t_i精确已知)。在各种情况下,这些包络边界函数都是在调用收缩子迭代直到到达固定点后获得的结果

需要指出的是通过分割状态空间来改进结果，如 1.4.2 节中提出的 SIVIA 算法。事实上，因为函数 g 不是单射，可能导致几个状态 $\boldsymbol{x}(t_i) \in [\boldsymbol{x}](t_i)$ 有同样的观测 $z_i = g(\boldsymbol{x}(t_i))$。沿 $[x_1](\cdot)$ 或 $[x_2](\cdot)$ 分割可以用来判别与观测一致的状态，如果与其他约束不一致，则排除它们。

3. 重新表述

读者应该注意以下约束（来自式(4.18)）：

$$w_k(\cdot) = \frac{(x_1 - b_{k,1}) \cdot v_1 + (x_2 - b_{k,2}) \cdot v_2}{\sqrt{(x_1 - b_{k,1})^2 + (x_2 - b_{k,2})^2}} \tag{4.19}$$

式(4.19)不适用于分母为零的情况。其评估区间为$[-\infty, +\infty]$，这会导致不收缩。当$[x_1]$和$[x_2]$无界时，这种情况通常在解析开始时遇到：

$$\begin{aligned} [x] = [-\infty, \infty] \Rightarrow & \ b_{k,1} \in [x_1] \\ \Leftrightarrow & \ 0 \in [x_1] - b_{k,1} \\ \Leftrightarrow & \ 0 \in ([x_1] - b_{k,1})^2 \\ & \ \vdots \\ \Leftrightarrow & \ 0 \in \sqrt{([x_1] - b_{k,1})^2 + ([x_2] - b_{k,2})^2} \end{aligned} \tag{4.20}$$

然后，由于包络边界函数$[w_k](\cdot)$也将保持无界，解析不能开始，则会导致阻止$[y_k](\cdot)$和$[\boldsymbol{x}](\cdot)$不收缩。实际上，在导数未知的情况下，$\mathcal{C}_{\frac{\mathrm{d}}{\mathrm{d}t}}$和 $\mathcal{C}_{\mathrm{eval}}$ 均不能收缩。解的表达式通过式(4.19)这一约束条件重新表述，所以其分母的区间值不能包含零点。解的一个可能的公式如下：

$$w_k = \frac{\operatorname{sign}(x_1 - b_{k,1})}{\sqrt{1 + \left(\frac{x_2 - b_{k,2}}{x_1 - b_{k,1}}\right)^2}} \cdot v_1 + \frac{\operatorname{sign}(x_2 - b_{k,2})}{\sqrt{1 + \left(\frac{x_1 - b_{k,1}}{x_2 - b_{k,2}}\right)^2}} \cdot v_2. \tag{4.21}$$

如果$[x_1]$和$[x_2]$都是无界的，则 w_k 的区间值为

$$\begin{aligned} w_k & \in \frac{\operatorname{sign}([-\infty, \infty])}{\sqrt{1 + \left(\frac{[-\infty, \infty]}{[-\infty, \infty]}\right)^2}} \cdot [v_1] + \frac{\operatorname{sign}([-\infty, \infty])}{\sqrt{1 + \left(\frac{[-\infty, \infty]}{[-\infty, \infty]}\right)^2}} \cdot [v_2] \\ & \in \frac{[-1, 1]}{\sqrt{1 + [0, \infty]}} \cdot [v_1] + \frac{[-1, 1]}{\sqrt{1 + [0, \infty]}} \cdot [v_2] \\ & \in \frac{[-1, 1]}{[1, \infty]} \cdot [v_1] + \frac{[-1, 1]}{[1, \infty]} \cdot [v_2] \end{aligned}$$

$$\in [-1,1] \cdot [v_1] + [-1,1] \cdot [v_2] \tag{4.22}$$

$[v_1]$和$[v_2]$被设置为$[-\infty,+\infty]$,但它们的收缩将基于其他变量和约束。一旦将$[v]$设置为有界值,$[w_k]$就开始收缩。式(4.22)中包含的函数不是最小的,但其目的是充分减少$[w_k]$的域,并实现迭代。因此,可以同时考虑式(4.19)和式(4.22)两个约束条件。

4.3.2 时钟漂移的校正

对这项工作的一个补充说明是时钟漂移情况:一个孤立的时钟,其运行频率与参考时钟不同。这个问题相当于增加了时间不确定性,可以使用协同校正的方法来减小时钟漂移误差。

1. 测试用例

位于坐标(0,0,-10)的海床上的信标,配备了一个低成本的漂移时钟。绝对参考时间用t表示,而水下时钟提供的时间值τ存在漂移[①]:

$$\tau = h(t) = 0.045t^2 + 0.98t \tag{4.23}$$

这个二次漂移如图4.13所示。然而实际上该函数中的参数是未知的。下面假设$h(\cdot)$的以下有界导数可以从时钟数据表中得到:

$$\dot{h}(t) \in [0.08, 0.12] \cdot t + [0.97, 1.08] \tag{4.24}$$

通过引入一个自动船$\mathcal{B}$以及自动船与水下时钟之间的一组测量距离$z_i \in \mathbb{R}$,使问题得到约束,如图4.10、图4.11和表4.3所示。

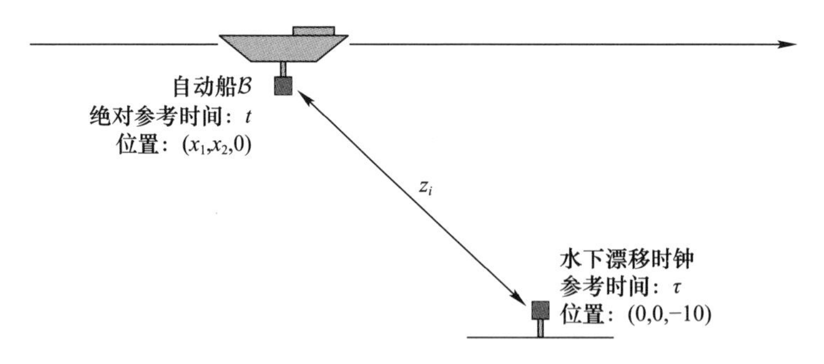

图4.10　由自动船$\mathcal{B}$提供的星历表对时钟漂移问题进行校正。带有时钟的信标偶尔会收到来自船的距离测量数据

① 在这个示例中,简单起见,我们认为时钟与$t=0,h(0)=0$的绝对时间基准完全匹配。对于解析方法可以假定任何未知的偏移量。

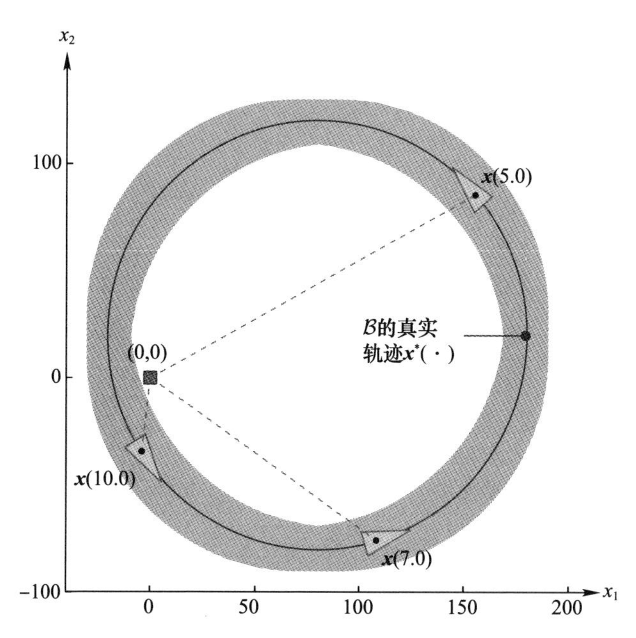

图 4.11 水下信标周围轨道的俯视图,以红色表示。包络边界函数$[x](\cdot)$为 $\mathcal{B}$ 的可行位置的集合,以灰色表示

表 4.3 测量值表(τ_i,$[z_i]$)

i	τ_i	$[z_i]$	i	τ_i	$[z_i]$
1	1.57	[152.47,156.47]	5	9.88	[167.09,171.09]
2	3.34	[34.67,38.67]	6	12.46	[60.03,64.03]
3	5.32	[102.38,106.38]	7	15.25	[78.76,82.76]
4	7.50	[184.45,188.45]	8	18.24	[175.88,179.88]

船的轨迹 $\boldsymbol{x}(\cdot):\mathbb{R}\rightarrow\mathbb{R}^n$是预先编程的,形成了一种时钟的星历。在天文学中,星历提供了某一时刻天空中天体的位置。此处,船提供的星历表的使用方式就像地球上的星星被用来进行天体导航一样。因此,信标已经知道机器人在时间 t 的位置。相反,检测的位置 $\mathcal{B}$ 提供了要与嵌入时间值进行比较的时间信息。因此,该船可以用水下时钟来校正时钟漂移。

然而,该船并不能精确地遵循规定的时间表。因此,星历由一个包络边界函数$[\boldsymbol{x}](\cdot)$组成,它考虑到船位置的误差,如图 4.11 所示。$\mathcal{B}$ 的速度 $\boldsymbol{v}(\cdot)$也是有界的。

$$x(\cdot) \in \begin{pmatrix} [70,90] \\ [10,30] \end{pmatrix} + 100\begin{pmatrix} \cos(\cdot) \\ \sin(\cdot) \end{pmatrix} \tag{4.25}$$

$$v(\cdot) \in \begin{pmatrix} [-0.1,0.1] \\ [-0.1,0.1] \end{pmatrix} + 100\begin{pmatrix} -\sin(\cdot) \\ \cos(\cdot) \end{pmatrix} \tag{4.26}$$

2. 解决方案

这个问题相当于式(4.27)。函数 $y(\cdot)$ 此处表示船与信标之间距离的预测。每个测量值均以 τ_i 为参考,τ_i 是水下时钟给出的时间漂移值。$h(\cdot)$ 的估计描述了包络边界函数 $[h](\cdot)$ 的漂移并有界,其将提供每个 $\tau_i : t_i \in [h]^{-1}(\tau_i)$ 对应的参考时间 t_i 的可靠的包络线。

测量值 z_i 由 $([t_i],[z_i])$ 引用,然后通过 $\mathcal{L}_{\text{eval}}$ 约束 $y(\cdot)$。特别地,估计 $[t_i]$ 将被细化。另一个 $\mathcal{L}_{\text{eval}}$ 将基于时间 $([t_i],\tau_i)$ 来约束轨迹 $h(\cdot)$。为此,还将考虑 $h(\cdot)$ 的导数,用 $\phi(\cdot)$ 表示。

$$\text{CN}:\begin{cases}
\text{变量}:\{(t_i,z_i)\},\boldsymbol{x}(\cdot),\boldsymbol{v}(\cdot),h(\cdot),\phi(\cdot),y(\cdot),w(\cdot) \\
\text{约束条件}: \\
(1)\ \text{星历(即船的位置)}:\dot{\boldsymbol{x}}(\cdot)=\boldsymbol{v}(\cdot) \\
(2)\ \text{信标-船测距功能}: \\
y(\cdot)=\sqrt{x_1(\cdot)^2+x_2(\cdot)^2+(-10)^2} \\
w_k(\cdot)=(x_1(\cdot)\cdot v_1(\cdot)+x_2(\cdot)\cdot v_2(\cdot))/y(\cdot) \\
\dot{y}_k(\cdot)=w_k(\cdot) \\
(3)\ \text{漂移时间函数}: \\
\dot{h}(\cdot)=\phi(\cdot) \\
h(\cdot)=0 \\
(4)\ \text{测量值}: \\
z_i=y(t_i) \\
\tau_i=h(t_i) \\
\text{域}:\{[t_i],[z_i]\},[\boldsymbol{x}](\cdot),[\boldsymbol{v}](\cdot),[h](\cdot),[\phi](\cdot),[y](\cdot),[w](\cdot)
\end{cases} \tag{4.27}$$

同样,收缩子被称为包络边界函数,因为它将对轨迹施加限制。包络边界函数 $[\boldsymbol{x}](\cdot)$、$[\boldsymbol{v}](\cdot)$、$[\phi](\cdot)$ 分别根据式(4.25)、式(4.26)和式(4.24)初始化。这次,$\mathcal{C}_{\text{eval}}$ 将被调用 2 次(见式(4.27)的约束条件(4))。

$[h](\cdot)$ 的逆可以用来求取绝对基准时间 t_i 的包围,$[t_i]=[h]^{-1}(\tau_i)$

(图 4.13),然后$[t_i]$被用来读取星历,并被收缩:

$$([t_i],[z_i],[y](\cdot),[w](\cdot)) \overset{\mathcal{C}_{\mathrm{eval}}}{\mapsto} ([t_i],[z_i],[y](\cdot),[w](\cdot)) \tag{4.28}$$

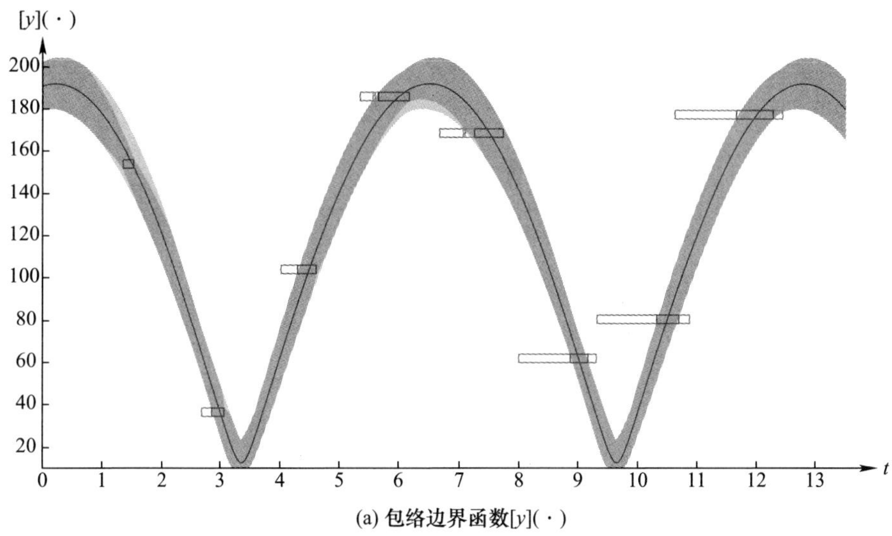

(a) 包络边界函数[y](·)

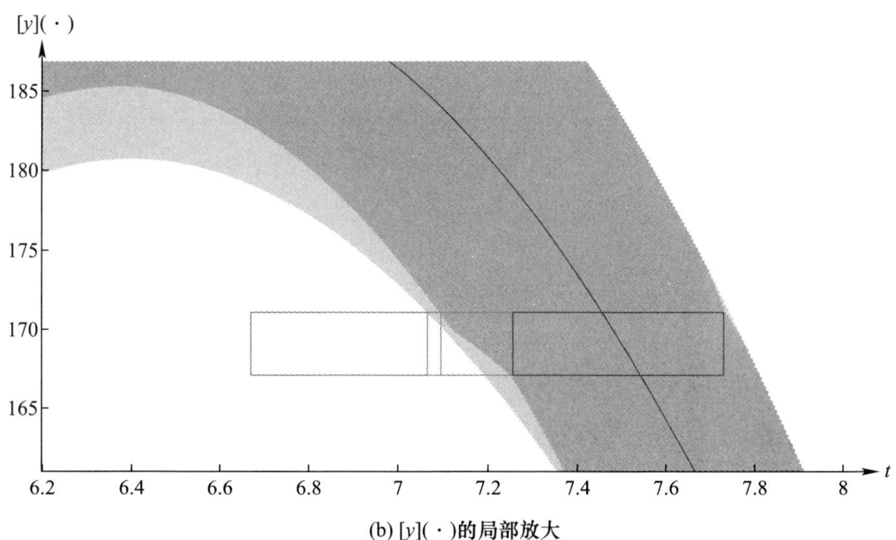

(b) [y](·)的局部放大

图 4.12 包络边界函数$[y](\cdot)$表示船和信标间距离的可靠预测(所谓的星历)。$[y](\cdot)$收到一组测量,由蓝色框所示,然后再由红色框表示最终收缩。这证明$\mathcal{C}_{\mathrm{eval}}$对强时间不确定性的收缩多亏了包络边界函数自身提供的信息

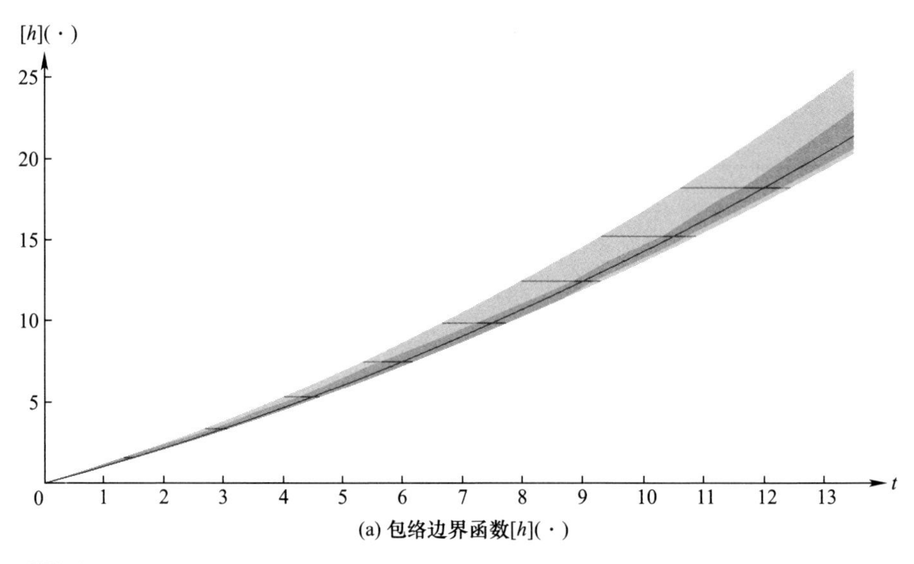

(a) 包络边界函数[h](·)

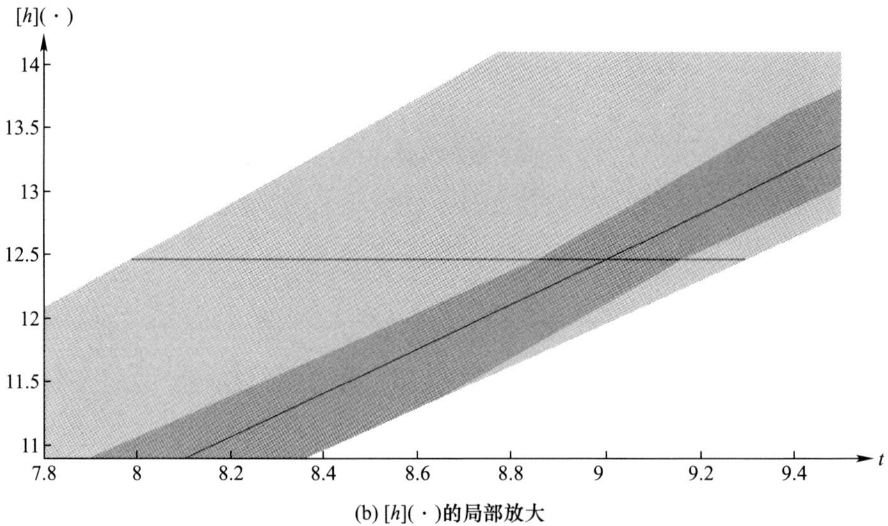

(b) [h](·)的局部放大

图4.13 包络边界函数[h](·)表示时钟漂移。对于给定的时间 τ_i,$[h]^{-1}(\tau_i)$提供参考时间 t_i 的包络$[t_i]$。当$[t_i]$通过星历表[y](·)和 $\mathcal{C}_{\text{eval}}$(图4.12),信息可以传播回[h](·)。包络边界函数的收缩部分以浅灰色表示,式(4.23)表示的真实漂移以蓝色绘制

已收缩的$[t_i]$可以使用相同的收缩子用来缩小包络边界函数[h](·):

$$([t_i],\tau_i,[h](\cdot),[\phi](\cdot))\overset{\mathcal{C}_{\text{eval}}}{\mapsto}([t_i],\tau_i,[h](\cdot),[\phi](\cdot)) \quad (4.29)$$

不断地执行迭代解析过程,直至到达一个固定点。事实上,[h](·)的第一

次收缩(式(4.29))为$[t_i]$的收缩提出了新的约束条件(式(4.28))。在这个示例中,约束在不到2s的时间内执行了超过5个计算步骤。

最后,收缩包络边界函数$[h](\cdot)$反映时钟漂移校正,如图4.13所示。通过校正时钟漂移$[h](t)$,以及在不知道解的条件下,$\forall t$仍保持包络边界函数包围在它的最后包络线$[h](t)$中。

4.4 小结

本章在(Rohou et al,2018)等研究的基础上提出了一种处理非线性和微分系统中时间不确定性的原始方法。与第2章和第3章一样,在轨迹上应用了收缩子编程方法。本章重点论述了轨迹评估的基本约束,可以处理任何变量(如时间)的不确定性。这是通过一种新的收缩子$\mathcal{C}_{eval}$来实现的。

在机器人和其他工程应用中,这个新的收缩子可以从时间的角度考虑状态估计问题,其中时间t是有待估计的未知变量。本章通过有关移动机器人的简单示例验证了这种新方法,为进一步对时间不确定性问题的应用开辟了道路。这将是本书接下来的第3部分的基础。

今后的工作将集中在本章开头提出的沉船定位问题上。$\mathcal{C}_{eval}$以最简单的方式来可靠地处理带有噪声和失真的声呐图像。假设机器人的精确定位可以通过其他方式获得,该方法可减少对残骸感知的不确定性。通过可靠地去除图像中不一致的部分(如阴影区域),该方法可以降低对声呐采集的要求(图4.2(b))。

未来的另一个研究方向是在结果无界条件下自动重新编制解析表达式。4.3节给出了一个典型的示例,通过简单的问题重新表述就能克服严重的负面影响。在解析过程中整合分析求解器是有意义的。

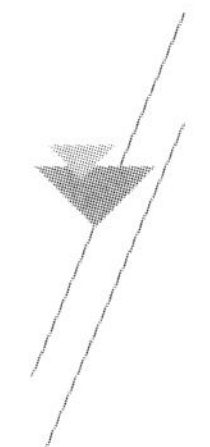

第三部分 与机器人相关的贡献

简　介

本部分的目标是提出一种新的适用于恶劣环境长时间执行任务的可靠 SLAM 定位方法。解决这个定位问题需要用到第二部分中开发的一组基本工具。

为了彻底解决此问题,仍需构建新的约束。这将需要研发另一种方法来证明机器人轨迹上环路的存在性。第 5 章将拓扑理论、区间分析、包络边界函数结合在一起,构成了本书的第三个创新点,其结果将直接应用于本书最后一章的水下实例中。第 6 章将一种新的具有跨时间约束的收缩子应用于 SLAM。

第5章 环路轨迹:从检测到验证

5.1 概述

5.1.1 检测与验证的区别

本章提出了一种可靠的方法,仅通过本体感知测量和有界误差方法来检测和验证具有不确定性的机器人轨迹中环路的存在。在真实可信的环境中,必须对环路的检测和验证进行区分。其中一些轨迹也许在某时刻会发生交叉,这将会被检测到。此外,当验证所有可能存在的轨迹都是闭合的时候,可以说环路肯定存在,因为已经考虑了所有的不确定性(图5.1)。

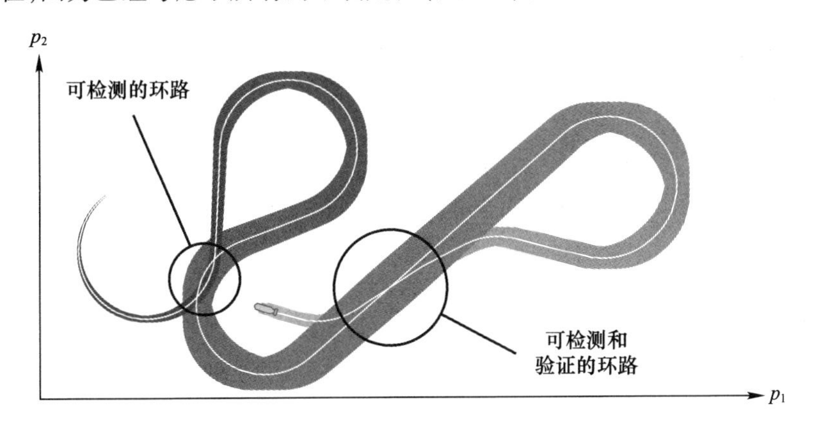

图5.1 在这组轨迹中至少可以检测到两个可能存在的环路,但是只有一个环路能够通过验证。事实上该轨迹中也只有一个环路

5.2节侧重于回环检测,介绍了Aubry等(2013)提出的概念。5.3节提出了一种用于核查的补充方法。即使在二维环境中,回环检测问题也不容易解决。本书提出了依靠拓扑度理论(Fonseca et al,1995)来验证不确定环境中的零点。这是Rohou、Franek、Aubry和Jaulin(2018)的研究内容。

5.1.2 本体感知与外部测量

环路可以根据外部感知测量来检测,即通过场景比较来完成外部测量(Angeli et al,2008;Cummins et al,2008;Stachniss et al,2004;Clemente et al,2007)。然而,由于对机器人位置和地图匹配的估计很差,所以很难检测到闭合环路。在处理没有任何特征点可依赖的同质环境时,这个问题显得更加具有挑战性。而这些是人们在宽阔的均质海底勘探中所能遇到的典型情况。然而,这样会导致检测到一些自以为正确的闭合环路,甚至在最坏的情况下可能造成错误检测,导致定位和映射错误。

Aubry 等(2013)已经指出,除了外部测量外,只有在本体感知测量的基础上(即知道机器人运动学的速度矢量和惯性参数值)才能检测到环路。无论探索环境的性质如何,这种方法都适用。当然,应该注意到单靠回环检测并不能改善定位性能,因为这种方法并没有引入新的信息或约束。

然而,如果将这种方法与经典的 SLAM 技术相结合,将本体感知和外部测量相结合,用来减少场景识别的计算负担,那么这种方法是非常有用的。事实上,SLAM 算法的复杂性会随着对环境的深入探索而迅速增加,这意味着要在大量密集的数据中识别多个闭合环路。

5.1.3 二维情况

在形式上,执行环路的机器人要返回到前一位置 $\boldsymbol{p}(t)$。本章将着重于探测二维轨迹 $\boldsymbol{p}(t) \in \mathbb{R}^2$。

这样做并不仅仅是为了简化问题而做出限制,也是分析实际问题的需要。实际上,不可能在高维空间验证 $\boldsymbol{p}(t_1)=\boldsymbol{p}(t_2)$。与二维情况相比,三维空间中机器人再也无法到达完全相同的三维位置点。此外,需要处理的不确定性总是太强而无法证实这一点。因此,不可能证明或验证机器人是否恢复到先前的姿态,包括位置和方向。

对于许多三维应用程序来说,验证二维环路仍然是有用的。例如图 0.14 所示,水下机器人可以采集声呐的原始数据,使用 SLAM 方法进行外部感知测量。在这种配置中,SLAM 可以通过直接获取垂直测量(即压力传感器的深度和声呐的高度)简化为二维问题。然后,可以在每个二维交叉点上进行地图匹配并在海底进行投影。

5.2 本体感知回环检测

本节将详细介绍如何仅基于本体感知测量来检测环路。

5.2.1 正规化

Aubry 等(2013)提出,环路由(t_1,t_2)定义,使得 $\boldsymbol{p}(t_1)=\boldsymbol{p}(t_2)$,$t_1 \neq t_2$,其中

$\boldsymbol{p}(t)$是机器人在 t 时刻的二维位置。回环检测包括计算所有环路的集合 $\mathbb{T}^*$：

$$\mathbb{T}^* = \{(t_1,t_2) \in [t_0,t_f]^2 \mid \boldsymbol{p}(t_1) = \boldsymbol{p}(t_2), t_1 < t_2\} \tag{5.1}$$

在 t 平面上展示环路集 $\mathbb{T}^*$。图 5.2 为 $\mathbb{T}^* = \{(t_a,t_b),(t_c,t_f),(t_d,t_e)\}$ 的示例。

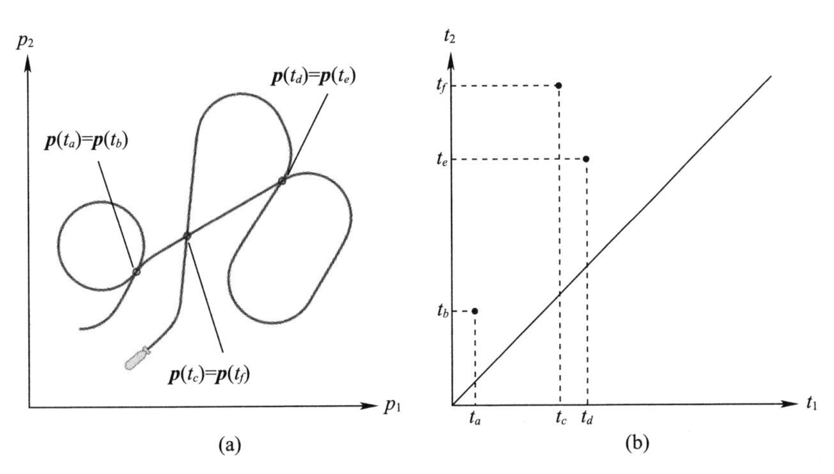

图 5.2　执行三个环路的机器人，它的轨迹出现了三次交叉。t 平面(右)提供的时间用于表示由 t 变量(t_a,t_b),(t_c,t_f),(t_d,t_e)所组成的环路。对角线对应于满足 $t_1 = t_2$ 所构成的直线

假设一个机器人在水平面上移动，它的轨迹可以由多个二维的位置来定义：

$$\boldsymbol{p}(t) = \int_{t0}^{t} \boldsymbol{v}(\boldsymbol{\tau})\mathrm{d}\boldsymbol{\tau} + \boldsymbol{p}_0 \tag{5.2}$$

式中：$\boldsymbol{v}(t) \in \mathbb{R}^2$ 是在环境参考框架中表示的速度矢量。

环路集 $\mathbb{T}^*$ 为

$$\mathbb{T}^* = \left\{(t_1,t_2) \in [t_0,t_f]^2 \,\middle|\, \int_{t_1}^{t_2} \boldsymbol{v}(\boldsymbol{\tau})\mathrm{d}\boldsymbol{\tau} = 0, t_1 < t_2\right\} \tag{5.3}$$

这意味着对于任意$(t_1,t_2) \in \mathbb{T}^*$，机器人从 t_1 开始移动并在 t_2 处停止。因此，可以根据这些速度测量值来检测任何环路。

5.2.2　误差有界条件下的回环检测

在实际中，轨迹是基于包含噪声的信息来估计的，从而导致空间不确定性。因此，根据式(5.3)，t 变量不能被精确地计算。下面，假设速度 $\boldsymbol{v}^*(\cdot)$ 的实际值是未知的，但保证位于已知包络边界函数$[\boldsymbol{v}](\cdot)$内。然后，回环检测问题就转化为根据已知的不确定性来计算包含所有可能存在的环路的集合 $\mathbb{T}$：

$$\mathbb{T} = \{(t_1,t_2) \mid \exists \boldsymbol{v}(\cdot) \in [\boldsymbol{v}](\cdot), \int_{t_1}^{t_2} \boldsymbol{v}(\tau)\mathrm{d}\tau = 0\} \tag{5.4}$$

或等效为

$$\mathbb{T} = \{(t_1,t_2) \parallel 0 \in [f](t_1,t_2)\} \tag{5.5}$$

用$[f]:\mathbb{IR}^2 \to \mathbb{IR}^2$定义的跨区间扩展函数,则有

$$[f]([t_1],[t_2]) = \int_{[t_1]}^{[t_2]} [\boldsymbol{v}](\tau)\mathrm{d}\tau \tag{5.6}$$

对$[f]$的评估可以参考式(2.9)。

$\mathbb{T}$是$\mathbb{T}^*$的可靠包围边界,所以对于$\mathbb{T}$中的每个变量t,测量集合中都存在一些值,这些值可以用来检测环路的可行性,满足以下关系:

$$\mathbb{T}^* \subseteq \mathbb{T} \subseteq [t_0,t_f]^2 \tag{5.7}$$

5.2.3 解集$\mathbb{T}$的近似值

估计$\mathbb{T}$是集逆算法的典型问题。1.4 节介绍了 SIVIA:一种集员方法,能够用子空间近似解集。在本章中,$\mathbb{T}$将近似为 proprioLoopSIVIA,以递归形式在算法 6 中出现。设计了两个测试来确定t变量的包围边界是否完全属于$\mathbb{T}$。在无法判断的条件下,盒子要么被平分,要么保持在外部近似集内。

1. 测试:$[\boldsymbol{t}]$在解集之外

如果$\forall \boldsymbol{t} \in [\boldsymbol{t}], \forall \boldsymbol{v}(\cdot) \in [\boldsymbol{v}](\cdot), \int_{t_1}^{t_2} \boldsymbol{v}(\tau)\mathrm{d}\tau \neq 0$,则$t$-盒子$[\boldsymbol{t}]$不是$\mathbb{T}$的子集,因此有

$$\left\{\boldsymbol{0} \notin \int_{[t_1]}^{[t_2]} [\boldsymbol{v}](\tau)\mathrm{d}\tau\right\} \Rightarrow [t] \cap \mathbb{T} = \varnothing \tag{5.8}$$

此外,式(5.1)的条件$t_1 < t_2$在$[t_1]-[t_2] \subset \mathbb{R}^+$时不成立,这是排除$[t]$的另一个标准。

最后,在$[t_1] \cap [t_2] \neq \varnothing$的情况下,将无法排除$[\boldsymbol{t}]$,因为$\exists t_a \in [t_1]$,$\exists t_a \in [t_2]$使得$\int_{t_a}^{t_a} [\boldsymbol{v}](\tau)\mathrm{d}\tau = 0$成立。现在,如果证明函数$\boldsymbol{p}(t)$(式(5.2))在$[t_1^-, t_2^+]$内是单射的,则有$\neg\exists (t_1,t_2) \in ([t_1],[t_2]) \mid \boldsymbol{p}(t_1) = \boldsymbol{p}(t_2)$。这可以通过以下单射性测试来验证:

$$\{0 \notin [\boldsymbol{v}]([t_1^-,t_2^+])\} \Rightarrow [\boldsymbol{t}] \cap \mathbb{T} = \varnothing \tag{5.9}$$

2. 测试:解集的[t]子集

$[t]$是$\mathbb{T}$的一个子集,如果$\forall t \in [\boldsymbol{t}], \exists \boldsymbol{v}(\cdot) \in [\boldsymbol{v}](\cdot) \left| \int_{t_1}^{t_2} \boldsymbol{v}(\tau)\,\mathrm{d}t = 0 \right.$,它可以由中间值定理重新表述为

$$\left\{\int_{[t_1]}^{[t_2]} \boldsymbol{v}^-(\tau)\,\mathrm{d}\tau \leqslant 0 \leqslant \int_{[t_1]}^{[t_2]} \boldsymbol{v}^+(\tau)\,\mathrm{d}\tau\right\} \Rightarrow [\boldsymbol{t}] \subset \mathbb{T} \tag{5.10}$$

式中:$\boldsymbol{v}^-(\cdot)$和$\boldsymbol{v}^+(\cdot)$为速度包络边界函数的边界(图 2.2),并有

$$\int_{[t_1]}^{[t_2]} \boldsymbol{v}^-(\tau)\,\mathrm{d}\tau = \left\{\int_{t_1}^{t_2} \boldsymbol{v}^-(\tau)\,\mathrm{d}\tau \mid t_1 \in [t_1], t_2 \in [t_2]\right\} \tag{5.11}$$

此外,只有当$t_1 < t_2$时,$[\boldsymbol{t}]$才属于$\mathbb{T}$:$[t_1]-[t_2] \subset \mathbb{R}^-$。

算法 6 proprioLoopSIVIA(in:$[\boldsymbol{v}](\cdot)$, $[\boldsymbol{t}]$, ε, inout:$\mathbb{T}^-$, $\mathbb{T}^+$)

1: **if** $[t_1]-[t_2] \subset \mathbb{R}^+$ **or** $0 \notin \int_{[t_1]}^{[t_2]} [\boldsymbol{v}](\tau)\,\mathrm{d}\tau$ **or** $0 \notin [\boldsymbol{v}]([t_1^-, t_2^+])$ **then**

▷在解决方案集之外,$[\boldsymbol{t}] \cap \mathbb{T} = \varnothing$

▷算法到此为止

2: **else if** $[t_1]-[t_2] \subset \mathbb{R}^-$ **and** $\int_{[t_1]}^{[t_2]} \boldsymbol{v}^-(\tau)\,\mathrm{d}\tau \leqslant 0 \leqslant \int_{[t_1]}^{[t_2]} \boldsymbol{v}^+(\tau)\,\mathrm{d}\tau$ **then**

3: $\mathbb{T}^+ \leftarrow \mathbb{T}^+ \cup [\boldsymbol{t}]$ ▷外近似集

4: $\mathbb{T}^- \leftarrow \mathbb{T}^- \cup [\boldsymbol{t}]$ ▷内近似集

5: **else if** width($[x]$) $< \varepsilon$ **then**

6: $\mathbb{T}^+ \leftarrow \mathbb{T}^+ \cup [\boldsymbol{t}]$ ▷仅外部近似集

7: **else** ▷如果我们暂时不能总结

8: bisect($[\boldsymbol{t}]$) into $[\boldsymbol{t}]^{(1)}$ and $[\boldsymbol{t}]^{(2)}$

9: proprioLoopSIVIA($[\boldsymbol{v}](\cdot)$, $[\boldsymbol{t}]^{(1)}$, ε, $\mathbb{T}^-$, $\mathbb{T}^+$)

10: proprioLoopSIVIA($[\boldsymbol{v}](\cdot)$, $[\boldsymbol{t}]^{(2)}$, ε, $\mathbb{T}^-$, $\mathbb{T}^+$)

11: **end if**

Aubry 等(2013,4.1 节)给出了关于这些测试的证明。算法 6 将应用于 SIVIA。注意,根据环路的数量和不确定性的大小,$\mathbb{T}$的近似值可以由几个表示$\mathbb{T}_i$的连接子集组成①(图 5.3 和图 5.4)。

在传统计算机上这个示例不到一秒钟就被计算出来了。由于本书 2.3.1 节中提出了包络边界函数这一个新的数据结构,式(5.6)的计算得到了优化。局部积分是对树的每个节点预先评估,防止对包络边界函数的每个切片都进行评估。

---

① 在拓扑学中,连接集是指不能由两个不相交的非空子集构成的组件。

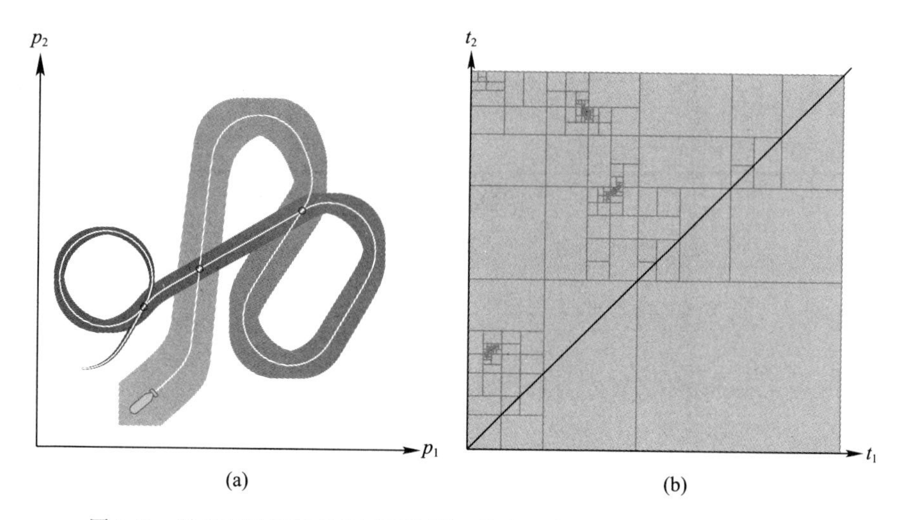

图 5.3　误差有界条件下的回环检测。算法 6 中 $\mathbb{T}$ 的近似如图(b)所示，并在图 5.4 中显示了三个连接子集

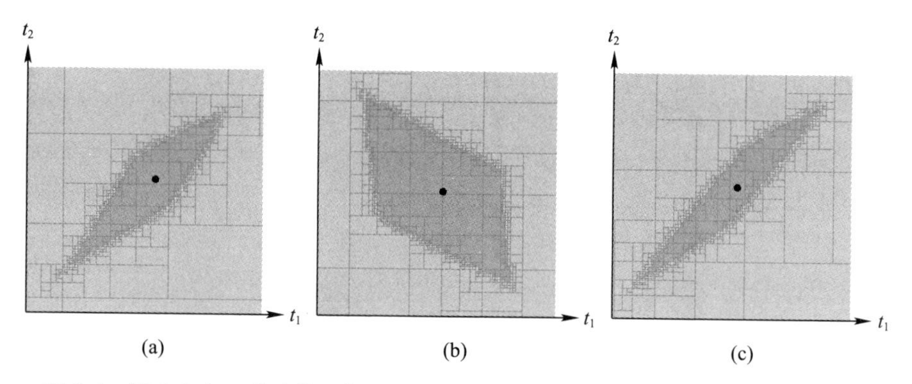

图 5.4　图 5.3 中 $\mathbb{T}$ 的连接子集的局部放大。黑点表示实际的环路，如图 5.2 所示

此外，还设计了一种基于二叉树的优化数据结构，以加快对盒子$[\boldsymbol{t}]_i$的访问速度，但需要证明这些检测集中存在环路。

5.3 检测集中的回环检测

图 5.5 说明了轨迹示例上 $\mathbb{T}$ 的数值逼近。可以看出，潜在环路的检测并不能证明它的存在。例如，图 5.5(b)、(c)是关于不确定性的两种相同情况：t 面上显示的检测 $\mathbb{T}$ 相同，而实际轨迹可能出现一个环路、两个环路或无环路。

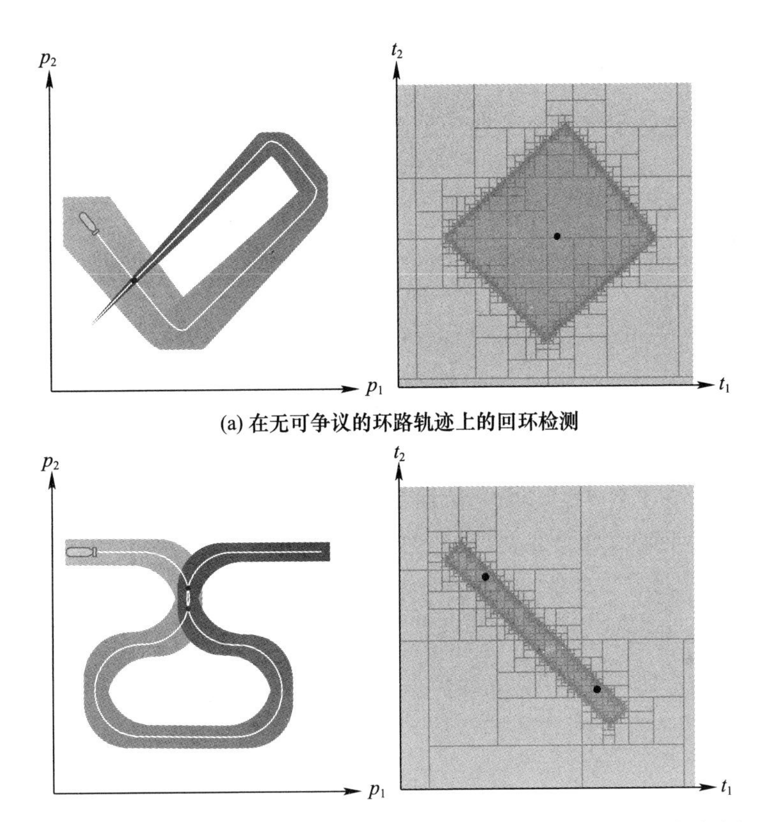

(a) 在无可争议的环路轨迹上的回环检测

(b) 在不确定的环路轨迹上进行回环检测。在这种情况下，实际轨迹由检测到的两个近似环路构成，黑点表示实际的t^*解

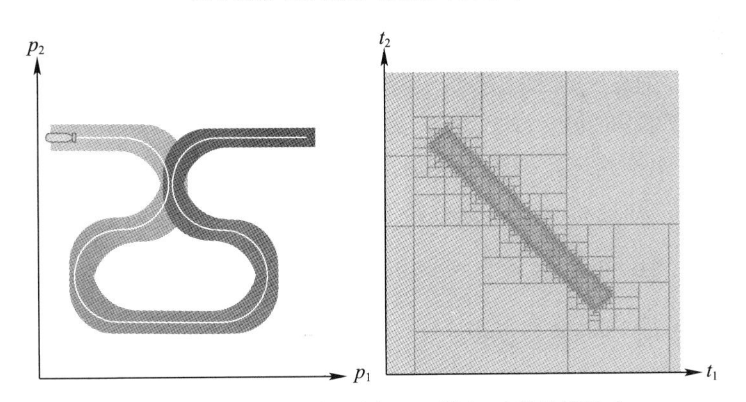

(c) 在不确定的环路轨迹上进行回环检测，在这种情况下，尽管有回环检测，但实际轨迹没有交叉现象

图 5.5　集员环境中确定和不确定的环路

5.3.1 零点的存在性

证明在给定的子集中至少有一个回路也就是要证明 $\forall f \in [f]$，$\exists (t_1, t_2) \in \mathbb{T}_i$，使得 $f(t_1, t_2) = 0$。即等价于确定 $\mathbb{T}_i$ 上未知函数[①] $f^* \in [f]$ 的零点。这个可以用牛顿检验 $\mathcal{N}$ 来测试(Moore，1979)。本节将提出一种新的基于拓扑度 $\mathcal{T}$ 的测试方法，该方法在大多数模糊轨迹即非鲁棒零点的情况下优于传统方法。

f^* 中零点的存在性需要被分离并验证，它遵循这样的规律：对于某个盒子函数 $[t]$，如果 $0 \notin [f]([\boldsymbol{t}])$，那么 f^* 在 $[\boldsymbol{t}]$ 上没有零点。然而，很难验证一个区域内是否存在零点。如果 $0 \in [f]([\boldsymbol{t}])$，那么就不能证明某些 $[\boldsymbol{t}]$ 的 $f(\boldsymbol{t}) = 0$，同时如何证明这类 $\boldsymbol{t}$ 的存在也不容易。

5.3.2 基于拓扑度的零点存在性测试

验证零点的一个重要参数是拓扑度，用 $\deg(f^*, \Omega)$ 表示。它赋予 f^* 唯一整数和一个紧集[②] $\Omega \subset \mathbb{R}^n$，其中 $f^*(\boldsymbol{t}) \neq 0$ 表示所有 $\boldsymbol{t} \in \partial\Omega$。在这个定义中，$\partial\Omega$ 表示集合 Ω 的边界。

拓扑度满足某些性质(见 Fonseca et al，1995；O' Regan et al，2006；Furi et al，2010)。其中最重要的性质是

$$\deg(f^*, \Omega) \neq 0 \Rightarrow \exists \boldsymbol{t} \in \Omega \,|\, f^*(\boldsymbol{t}) = 0 \tag{5.12}$$

目前，在拓扑度计算方面取得了很多新的进展，例如，可以在只给出 f^* 的扩展函数 $[f]$ 的情况下完成计算。Franek 等(2016)认为拓扑度测试在很多情况下比大多数经典的验证方法(包括区间牛顿(interval Newton)、Miranda 或 Borsuk 试验)更强大。对这一研究方向感兴趣的读者可以参考其他著作(Moore，1977；Moore et al，1980；Borsuk ，1933)的定义和解释。

接下来使用检测环路的程序处理二维情况：因为环路是由若干对时间点定义的，故有 $\Omega \subset \mathbb{R}^2$。那么，关于拓扑度有一个特别好的几何解释：它是曲线 $\partial\Omega \xrightarrow[\mapsto]{f^*} \mathbb{R}^2 \setminus \{0\}$ 绕 0 的圈数(图 5.6)。如果给定了 $[f]$，那么可以通过多种方法计算圈数，其中包括 Franek 和 Ratschan(2014)的算法。

---

① 未知函数 $f^*: \mathbb{R}^2 \to \mathbb{R}^2$，定义为 $f^* = \int_{t_1}^{t_2} \boldsymbol{v}^*(\tau)\,\mathrm{d}\tau$，无法计算，因为我们不知道机器人的实际速度 $\boldsymbol{v}^*(\cdot)$。

② 在一些参考文献中，如 Fonseca 和 Gangbo(1995)，假设 Ω 是开放和有界的。要求 $f^*(t) \neq 0$，$\forall t \in \partial\Omega$ 不变。

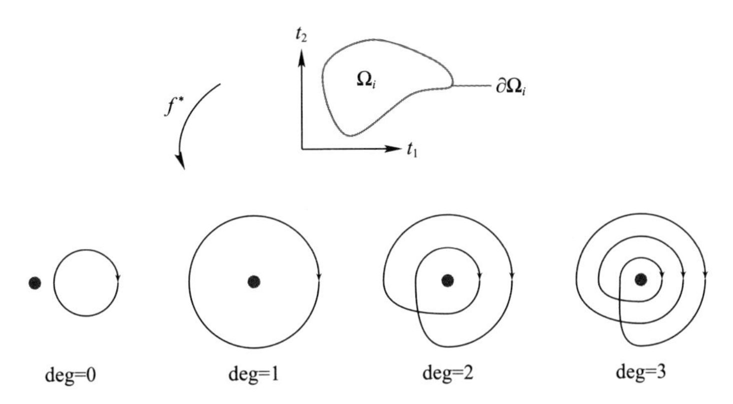

图 5.6　计算 Ω_i 上 f^* 的拓扑度(图中给出了几个正拓扑度的情况)

下面将采用本书定义的符号,对 Franek 和 Ratschan(2014)提出的定理 2.9 进行重新描述。

定理 5.1　使 Ω 为 $\mathbb{IR}^n$ 中有限多个不重叠盒子的并集:

$$\Omega = \bigcup_{j=1}^{l} [\boldsymbol{t}]_j \tag{5.13}$$

假设它的边界 $\partial\Omega$ 为有限多个盒子的并集[①]:

$$\partial\Omega = \bigcup_{k=1}^{p} [\boldsymbol{b}]_k \tag{5.14}$$

如果对于所有的 $k=1,2,\cdots,p, 0 \notin [f]([\boldsymbol{b}]_k)$,那么拓扑度 $\deg(f^*,\Omega)$ 是唯一确定的,其计算可以通过对 $[f]([\boldsymbol{b}]_k)$ 的求取来完成。

在定理的假设下,对于任意 $g \in [f]$, $\deg(g,\Omega) = \deg(f,\Omega)$,因为在这种情况下 $[f]$ 也是 g 的扩展函数。

设 $\Omega_1,\Omega_2,\cdots,\Omega_l$ 为具有潜在零点的盒子 $[\boldsymbol{t}]_j$ 的并集的连接分量。在每个 Ω_i 上,如果它的边界被盒子 $[\boldsymbol{b}]_k$ 覆盖,使得对于每个 k 都有 $0 \notin [f]([\boldsymbol{b}]_k)$,则可以计算 $\deg(f^*,\Omega_i)$。当这个拓扑度为非零时,可以证明至少存在一个 $t \in \Omega_i$ 使 $f^*(t)=0$。需要指出的是,函数 f^* 是未知的,本书只处理它的扩展函数 $[f]$。

在此之前,从未使用过 f^* 的导数。使用关于导数的附加信息,还可以计算出解的个数。也就是说,如果 Ω 是连通的,且 $\deg(f^*,\Omega)=\ell$,可以进一步知道 Jacobian 矩阵 $\boldsymbol{J}_{f^*}$ 在 Ω 上处处都是非奇异的,那么 f^* 在 Ω 中正好有 $|\ell|$ 个零点。

---

① 本书也考虑退化盒子。在这种情况下,$[\boldsymbol{b}]$ 是拓扑维数 $n-1$ 的 $\mathbb{IR}^n$ 中的盒子。

这与所给拓扑度的定义是一样的，如 Milnor(1997，第 27 页)。特别是，如果拓扑度为 ±1，则非奇异性意味着在 Ω 中有唯一的 f^* 零点。

5.3.3 环路存在性测试

拓扑度理论将用于测试环的存在性。本节将给出具体实现过程。

1. 从拓扑度到回环检测

考虑一个给定的域 $\mathbb{T}$，在这个域中希望找到与实际环路相对应的 f^* 的零点。5.3.2 节假设的扩展函数$[f]$由式(5.6)给出。

在算法 6 中，$\mathbb{T}$ 首先由两个子空间进行数值逼近。外近似 $\mathbb{T}^+$ 具有 Ω 所需的性质。实际上，外部近似集在其边界上没有解。因此，集合 Ω 将由 $\mathbb{T}^+$ 代替，即用$[t]_j$ 表示盒子的有限并集。然后保证以下关系：

$$\mathbb{T}^* \subset \mathbb{T} \subset \left(\bigcup_i \Omega_i \right) \subset [t_0, t_f]^2 \tag{5.15}$$

图 5.7 用相应的变量对这种近似的可靠性进行了说明。

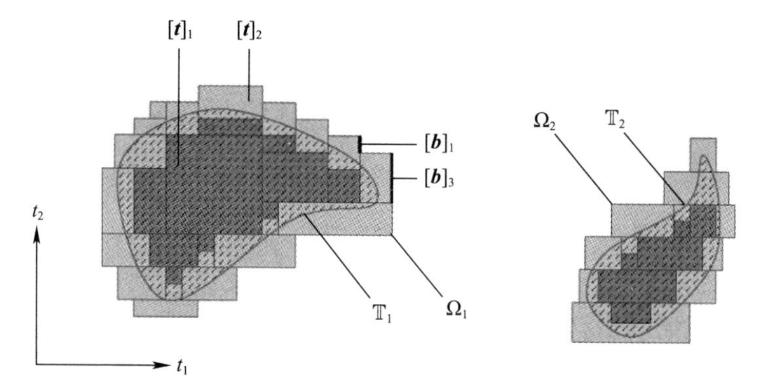

图 5.7　用一组不重叠的盒子 $\mathbb{T} = \mathbb{T}_1 \cup \mathbb{T}_2$ 进行近似。本章将只对外近似 Ω_i 进行评估。图中使用颜色的含义与图 1.11 相同

这些子空间 Ω_i 中的每个元素都构成一个潜在的回环检测：至少存在一个包含 $\boldsymbol{v}(\cdot) \in [\boldsymbol{v}](\cdot)$ 的轨迹，该轨迹为属于 Ω_i 的一对 t 变量的环路。然而，如图 5.5所示，尽管能被检测到，但是与实际存在但未知的 $\boldsymbol{v}^*(\cdot)$ 相关的轨迹可能从未在现实中形成环路。因此，证明环路相当于使用式(5.6)中的已知扩展函数验证 Ω_i 中 $f^*: \boldsymbol{t} \mapsto \int_{t_1}^{t_2} \boldsymbol{v}^*(\tau)\,\mathrm{d}\tau$ 的零点。

在这种情况下使用拓扑度，式(5.12)所隐含的结果证明了环路的存在。下文将提供 $\deg(f^*, \Omega_i) \neq 0$ 的数值验证算法。

2. 实现

本节将给出如何将简便的拓扑度算法应用于由二维盒子组成的连通二维区域 Ω_i 的特殊情况。以下算法是 Franek 和 Ratschan(2014)针对这一特殊情况编写的。

假设 $\Omega_i \in \mathbb{R}^2$是有限多个盒子的并集,边界$\partial\Omega_i$ 是一个拓扑圈①。此外,设 $\boldsymbol{a}_1 \cdots, \boldsymbol{a}_p$ 为 $\partial\Omega_i$ 中的点,$[\boldsymbol{b}]_1, \cdots, [\boldsymbol{b}]_p$ 为覆盖边界 $\partial\Omega_i$ 的边,对于 $i<p$ 且 $\partial[\boldsymbol{b}]_p = \{\boldsymbol{a}_1, \boldsymbol{a}_p\}$ 使得$\partial[\boldsymbol{b}]_i = \{\boldsymbol{a}_{i+1}, \boldsymbol{a}_i\}$。本章赋予每个盒子$[\boldsymbol{b}]_i$ 一个方向,使得 $\boldsymbol{a}_{i+1}$是$[\boldsymbol{b}]_i$ 的终点,$\boldsymbol{a}_i$ 是 $i<p$ 时$[\boldsymbol{b}]_i$ 的起点,同样,$\boldsymbol{a}_1$ 是$[\boldsymbol{b}]_p$ 的终点,$\boldsymbol{a}_p$ 是$[\boldsymbol{b}]_p$ 的起点。当定义了 $i<p$ 时,$[\boldsymbol{b}]_i$ 的定向边界为 $\boldsymbol{a}_{i+1}-\boldsymbol{a}_i$,$[\boldsymbol{b}]_p$ 的定向边界为 $\boldsymbol{a}_1-\boldsymbol{a}_p$,其中本章引入有向顶点 $\pm\boldsymbol{a}_j$ 作为形式符号。这种有向边界和有向顶点的结构可以很容易地在计算机中表示出来。

此外,假设给定一个区间函数$[f]$使得所有的 i 都有 $0 \notin [f]([\boldsymbol{b}]_i)$。这意味着盒子$[f]([\boldsymbol{b}]_i)$的第一个或第二个坐标有一个常数符号,即 + 或 -。把一对(c_i, s_i)赋给定向盒子$[\boldsymbol{b}]_i$,其中 $c_i \in \{1,2\}$ 且 $s_i \in (+,-)$,这样,$[f]([\boldsymbol{b}]_i)$ 的 c_i 坐标就有一个常数符号 s_i。例如,(2, -)表示$[f]([\boldsymbol{b}]_i)$的第二个坐标为负:特别是,f_2^* 在$[\boldsymbol{b}]_i$ 上为负。所选择的(c_i, s_i)不一定是唯一的,但任何选择最终都会给出正确的结果。

拓扑度 $\deg(f^*, \Omega_i)$可以使用以下算法计算。存在性检验 $\mathbb{T}$ 的结果此时可作为拓扑度计算的直接结论。需要注意的是,在这一步中算法 7 不能排除环路的存在性。在非零的情况下,可以证明环路的存在。然而,当输出为"∅"时,测试结果具有不确定性。

算法 7 existenceTest$\mathcal{T}$(in: Ω_i, $[f]$ - out: true | ∅)

```
1: [b]_1 ··· [b]_p ← getContour(Ω_i)
2: if 2dTopoDegree([b]_1 ··· [b]_p, [f]) ≠ 0 then        ▷见算法 8
3:     return true
4: else
5:     return ∅                                           ▷不能得出关于存在的结论
6: end if
```

图 5.8 给出了有关算法 8 的说明。这里,因为 if 条件只满足边$[\boldsymbol{b}]_1$,所以算法返回零,其中 d 将从 0 变为 -1,然后在边$[\boldsymbol{b}]_4$ 中,d 将从 -1 变为 0。

---

① 因此,假设集合 Ω_i 严格包含在$[t_0, t_f]^2$ 中,从而可以评估闭合边界 $\partial\Omega_i$。

算法 8 2dTopoDegree(in:$[\boldsymbol{b}]_1 \cdots [\boldsymbol{b}]_p, [f]$ - out:d)

```
1: d←0
2: for i = 1 to p do
3:     (c_i, s_i) ←tagEdge([b]_i, [f])
4: end for
5: c_0 ←c_p, s_0 ←s_p, c_{p+1} ←c_1, s_{p+1} ←s_1
6: for i = 1 to p do
7:     if(c_i, s_i) = (1, +) then
8:         if(c_{i+1}, s_{i+1}) = (2, +) then
9:             d←d + 1
10:        end if
11:        if(c_{i-1}, s_{i-1}) = (2, +) then
12:            d←d - 1
13:        end if
14:    end if
15: end for
16: return d
```

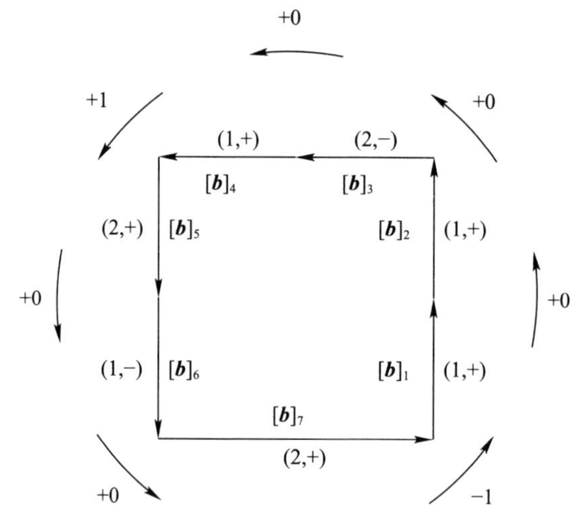

图 5.8 有关拓扑度算法的说明。在这种情况下,选择的边是$[\boldsymbol{b}]_1$、$[\boldsymbol{b}]_2$、$[\boldsymbol{b}]_4$,但只有$[\boldsymbol{b}]_1$ 导致 -1 的增加,而$[\boldsymbol{b}]_4$ 导致 $+1$ 的增加。在本例中,总度数为 $1-1+5\times0=0$

如果对于 Ω_i 的表示方法来自前 SIVIA 算法,那么可以假设 getContour 函数(在算法 7 中)是可用并且具有线性时间复杂性。算法 8 的简单实现具有二次复杂性。其输入$[\boldsymbol{b}]_1,\cdots,[\boldsymbol{b}]_p$ 可以在关于 p^2 的步骤中进行排序和定向,以便

$[\boldsymbol{b}]_j([\boldsymbol{b}]_p)$的终点与$[\boldsymbol{b}]_{j+1}$的起始点重合。剩下的工作等于是在一次遍历所有$j$时找到符号$(c_j,s_j)$，当$(c_j,s_j)=(1,+)$时给全局变量加1，然后找下一个符号$(2,+)$。如果能够获得更多的信息，例如由$\partial\Omega_i$所引起的$[\boldsymbol{b}]_j$的边界方向，那么在$O(p)$中可能获得更好的结果。

算法9 tagEdge(in:$[\boldsymbol{b}]$, $[f]$ – out:(c,s))

1: **if** $0\notin[f_1]([\boldsymbol{b}])$ **then**
2: **if**$[f_1]([\boldsymbol{b}])\subset\mathbb{R}^+$, **return**$(1,+)$
3: **else**, **return**$(1,-)$
4: **else if** $0\notin[f_2]([\boldsymbol{b}])$ **then**
5: **if**$[f_2]([\boldsymbol{b}])\subset\mathbb{R}^+$, **return**$(2,+)$
6: **else**, **return**$(2,-)$
7: **else**
8: **return** $\varnothing$ ▷注意:这种情况不应该发生
9: **end if**

5.3.4 可靠的环路数

除了证明环路的存在外，计算解的个数也是有意义的。可以通过使用与导数相关的附加信息来实现。如果Ω_i是5.3.2节定义的紧集，并且如果雅可比矩阵$\boldsymbol{J}_{f^*}$在Ω_i上处处都是非奇异的，那么拓扑度的绝对值就是$f^*=0$在Ω_i上精确解的个数。

未知f^*的雅可比矩阵$\boldsymbol{J}_{f^*}$可近似为$[\boldsymbol{J}_f]$：

$$[\boldsymbol{J}_f]([\boldsymbol{t}])=\begin{pmatrix}\frac{\partial[f_1]}{\partial[t_1]} & \frac{\partial[f_1]}{\partial[t_2]}\\ \frac{\partial[f_2]}{\partial[t_1]} & \frac{\partial[f_2]}{\partial[t_2]}\end{pmatrix} \tag{5.16}$$

根据莱布尼茨积分法则，有

$$\frac{\partial}{\partial b}\left(\int_a^b f(x)\,\mathrm{d}x\right)=f(b),\ \frac{\partial}{\partial a}\left(\int_a^b f(x)\,\mathrm{d}x\right)=-f(a) \tag{5.17}$$

因此，$[\boldsymbol{J}_f]([\boldsymbol{t}])$计算如下：

$$[\boldsymbol{J}_f]([\boldsymbol{t}])=\begin{pmatrix}\frac{\partial[f_1]}{\partial[t_1]} & \frac{\partial[f_1]}{\partial[t_2]}\\ \frac{\partial[f_2]}{\partial[t_1]} & \frac{\partial[f_2]}{\partial[t_2]}\end{pmatrix}=\begin{pmatrix}-[v_1]([t_1]) & [v_1]([t_2])\\ -[v_2]([t_1]) & [v_2]([t_2])\end{pmatrix} \tag{5.18}$$

式中：$[\boldsymbol{v}](\cdot)$为包含机器人未知速度$\boldsymbol{v}^*(\cdot)$的包络边界函数。

证明雅可比矩阵的非奇异性等价于证明其行列式非零。使用式(5.18)中的扩展函数,这相当于验证:

$$0 \notin \det([\boldsymbol{J}_f]) = -[v_1]([t_1]) \cdot [v_2]([t_2]) + [v_1]([t_2]) \cdot [v_2]([t_1]) \tag{5.19}$$

当零点的鲁棒性足够好时,算法 10 就能够给出准确的环路数。否则,对于不确定的信息就无法得出结论。

算法 10　loopsNumber(in:Ω_i,$[f]$,$[\boldsymbol{J}_f]$ - out:ℓ)

1: $[\boldsymbol{t}]_1 \cdots [\boldsymbol{t}]_j \leftarrow$ getBoxes(Ω_i)
2: **for** $k=1$ to j **do**
3: 　　**if** $0 \in \det([\boldsymbol{J}_f]([\boldsymbol{t}]_k))$ **then**
4: 　　　　**return** $\varnothing$
5: 　　**end if**
6: **end for**
7: $[\boldsymbol{b}]_1 \cdots [\boldsymbol{b}]_p \leftarrow$ getContour(Ω_i)
8: $\ell \leftarrow$ 2dTopoDegree($[\boldsymbol{b}]_1 \cdots [\boldsymbol{b}]_p$, $[f]$)
9: **return** $|\ell|$

备注 5.1　用于计算集合 Ω_i 的算法可能提供宽盒子 $[\boldsymbol{t}]_k$,这将导致 $[\boldsymbol{J}_f]([\boldsymbol{t}]_k)$ 的过度近似。当 $0 \in \det[\boldsymbol{J}_f]([\boldsymbol{t}]_k)$ 时,可以对 $[\boldsymbol{t}]_k$ 进行二分以处理较小的盒子,从而对雅可比矩阵所得出的较差结果进行补偿,并更好地证明 $0 \in \det[\boldsymbol{J}_f]([\boldsymbol{t}]_k)$ 是不成立的(图 5.9)。如果行列式近似后仍包含超过给定精度 ζ 的 0,则算法由于无法得出结论而停止。在图 5.9 的示例中,令 $\zeta = \varepsilon/10$,其中 ε 是 SIVIA 算法中用于近似 $\mathbb{T}$ 的精度值。

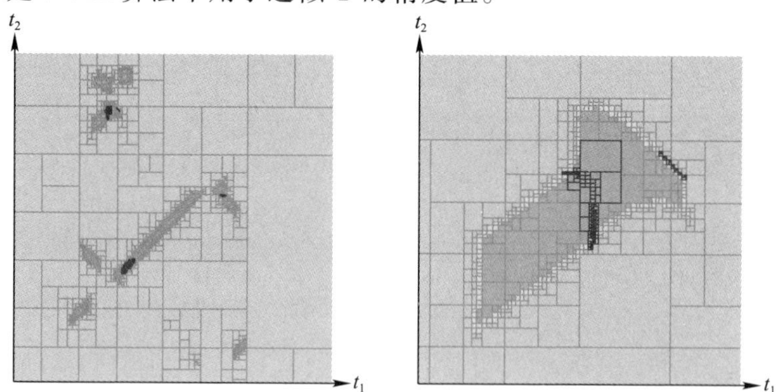

图 5.9　用于评估雅可比矩阵,自动优化循环集近似值。红色方块是动态执行的二分线,以增加证明 $0 \in \det[\boldsymbol{J}_f]([\boldsymbol{t}]_k)$ 不成立的机会。然而,对于右侧详细描述的示例,算法没有得出关于雅可比矩阵在 Ω_i 上处处非奇异的结论就已停止

5.4 应用

通过两个水下机器人试验,验证了该方法的有效性。水下环境是具有挑战性的,因为除了初始时刻之外,机器人无法使用 GNSS 对自身定位进行修正。而船位推算法通常用于状态估计,会导致较大的累积误差。环路的存在将在本节中得到证明。

在假设$f^{*}([\boldsymbol{t}])\subseteq[f]([\boldsymbol{t}])$的情况下,本章的回环检测方法是可靠的。这种包含关系来源于假设$\boldsymbol{v}^{*}(\cdot)\subseteq[\boldsymbol{v}](\cdot)$,但事实上,前者对随机速度误差的鲁棒性要比后者强得多①,而对误差概率进行定量分析的工作正在进行。

5.4.1 Redermor 任务

第一个应用涉及 Redermor AUV(图 5.10)。这个测试示例是(Aubry et al,2013,第 6 章)的主题,其中使用依赖于牛顿算子的测试$\mathcal{N}$证明了 14 个环路的存在性。本节的目的是将这些结果与本章所提出的拓扑度检验$\mathcal{T}$进行比较。

图 5.10 Redermor AUV 进行海上试航前

① 只有当速度误差在一个方向上累积时,实际位移$\int_{t_a}^{t_b}\boldsymbol{v}^{*}(\tau)\mathrm{d}\tau$才能位于$[f]$以外$(t_a,t_b)$。更准确地说,$\boldsymbol{v}^{\mathrm{PL}}(\cdot)-\boldsymbol{v}^{*}(\cdot)$投影到整个时间间隔$[t_a,t_b]$内,特定方向的平均值至少为$2\sigma$。在速度误差分布的一般假设条件下,这种概率随$(t_b-t_a)$呈指数下降。

Redermor 在布列塔尼(法国)的杜阿内兹湾进行了两小时的试验任务。机器人覆盖区域的俯视图如图 5.11 所示。Redermor 执行了 28 个环路,深度 20m。集员方法提供了$[v_1](\cdot)$的包络边界(图 5.12),图 5.13 所示为 t 平面中 $\mathbb{T}$ 的近似值。在这个测试示例中,总共计算了 25 个完整的回环检测集,其他的解决方案只能获得其中之一。完成检测是指 t 平面中严格包含的回环检测集 Ω_i。关于此应用程序的进一步分析将仅基于这些检测和相关的实际环路。

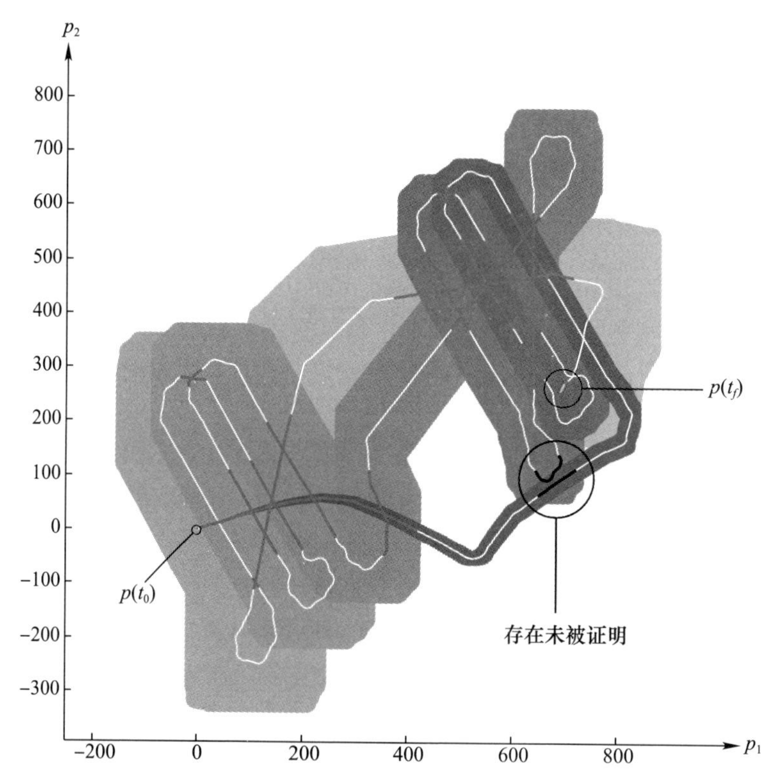

图 5.11　Redermor 试验图。橙色线和黑色线是拓扑度检验 T 给出的投影。这个测试示例强调了 T 检验的一个不确定的结果

在图 5.11 和图 5.13 中,当存在一个环路时,拓扑度测试的结果显示为橙色,当不能得出任何结论时,显示为黑色。后一种情况意味着机器人的不确定性太大,无法证明是否存在一个环路。在这个示例中,只有一种情况不能得出任何结论。在图 5.11 中可以看到这个不确定的情况,在机器人轨迹上方的黑色部分。图 5.14 提供了另一种视图。用灰色显示可行位置的可靠包络线,它可以被视为一个环路。但是事实并非如此,实际的轨迹并不交叉。在这里,测试并没有否定一个环路存在的可能性,它只是不能得出结论。

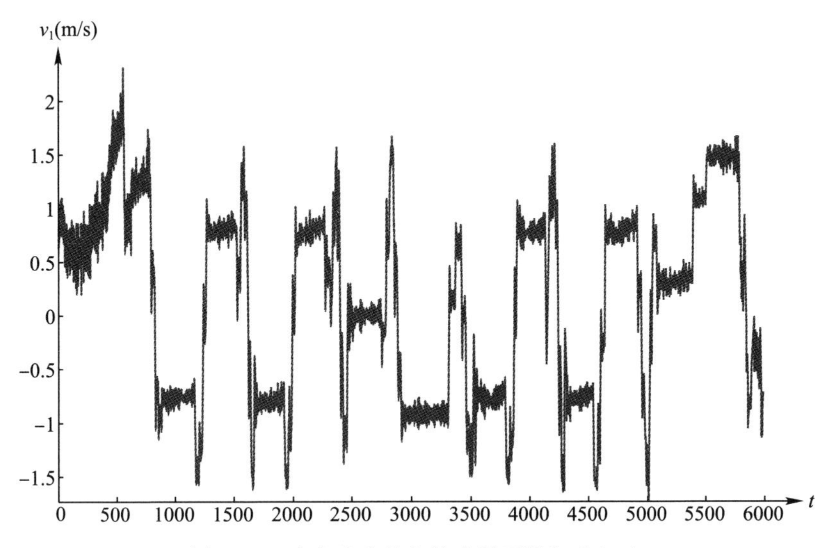

图 5.12　东向速度的包络边界函数$[v_1](\cdot)$

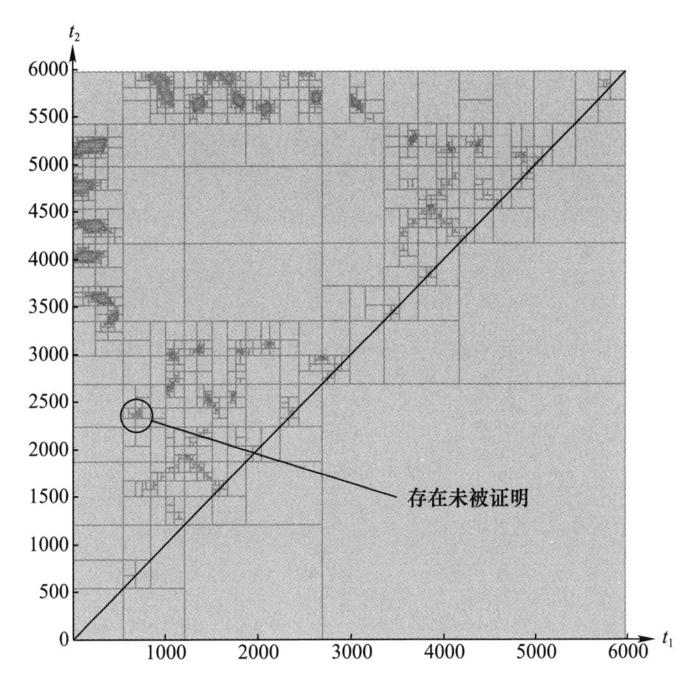

图 5.13　在 Redermor 试验中,用 SIVIA 算法计算的 t 平面。在 t 平面的边缘存在四个局部检测 Ω_i,由于$\partial\Omega_i$ 未完全确定,因此不考虑这些边缘。它们包含可行环路(t_a,t_b)并执行最初$(t_a \approx t_0)$或最后$(t_b \simeq t_f)$的任务。在本试验中使用的是 $\varepsilon=(t_f-t_0)/2000$

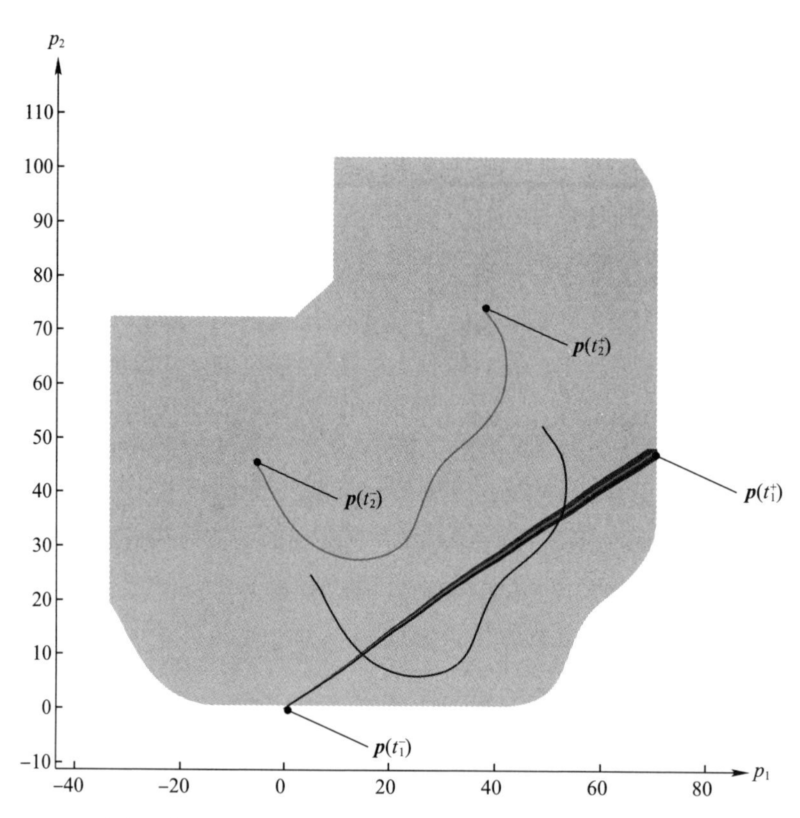

图 5.14　不确定性结果的独立预测。考虑包围 Ω_i 相应近似值的环路盒子$[t_1^-,t_1^+]\times[t_2^-,t_2^+]$。$[t_1^-,t_1^+]$和$[t_2^-,t_2^+]$上的实际轨迹都用蓝色绘制。它的有界逼近第一部分显示为深灰色,下一部分显示为浅灰色。注意,在这个独立视图中,在 t_1^- :$\boldsymbol{p}(t_1^-)$位于中心(0,0)之前所收集到的不确定拓扑度数量是无法表示的。然而,$[t_2^-,t_2^+]$的不确定拓扑度数量存在这种情况,在给定不确定拓扑度假设的情况下,其他交叉轨迹中也可能存在(如红色轨迹)。这表明无法在否定这个回环检测的同时又得出环路存在的结论

本章通过以下方式定义一个任务上的实际环路数 λ^*:

$$\lambda^* = \#\{\boldsymbol{t} \mid f^*(\boldsymbol{t}) = 0, t_1 < t_2\} \tag{5.20}$$

其中,#表示基数。这个应用程序对测试 $\mathcal{T}$和 $\mathcal{N}$进行了比较,计算结果如下:

$$\lambda_{\mathcal{N}} = 14,\quad \lambda_{\mathrm{T}} = 24,\quad \lambda^* = 24$$

图 5.11 中的白线表明,实际轨迹涉及 $\lambda^* = 24$ 个环路①。在本应用中,除了

① 不考虑 Ω_i 中与$[t_0,t_f]^2$ 边界相交的四个环路。

拓扑度测试之外,其他测试都无法提供更好的结果。

5.4.2 Daurade 任务

本节提供了一个关于 Daurade AUV 的补充示例。AUV 在水下连续工作 1h 时 40min 没有浮出水面。图 5.15 给出了相应试验轨迹及其估计结果。图 5.16 和 5.17 提供了 t 平面视图。

对于这个测试示例,已经计算了 116 个子空间 Ω_i。测试 $\mathcal{T}$证明了其中 114 个环路的存在性。整个计算过程在传统计算机上不到 1s 就完成了,这也证明了本书所提方法的实用性。

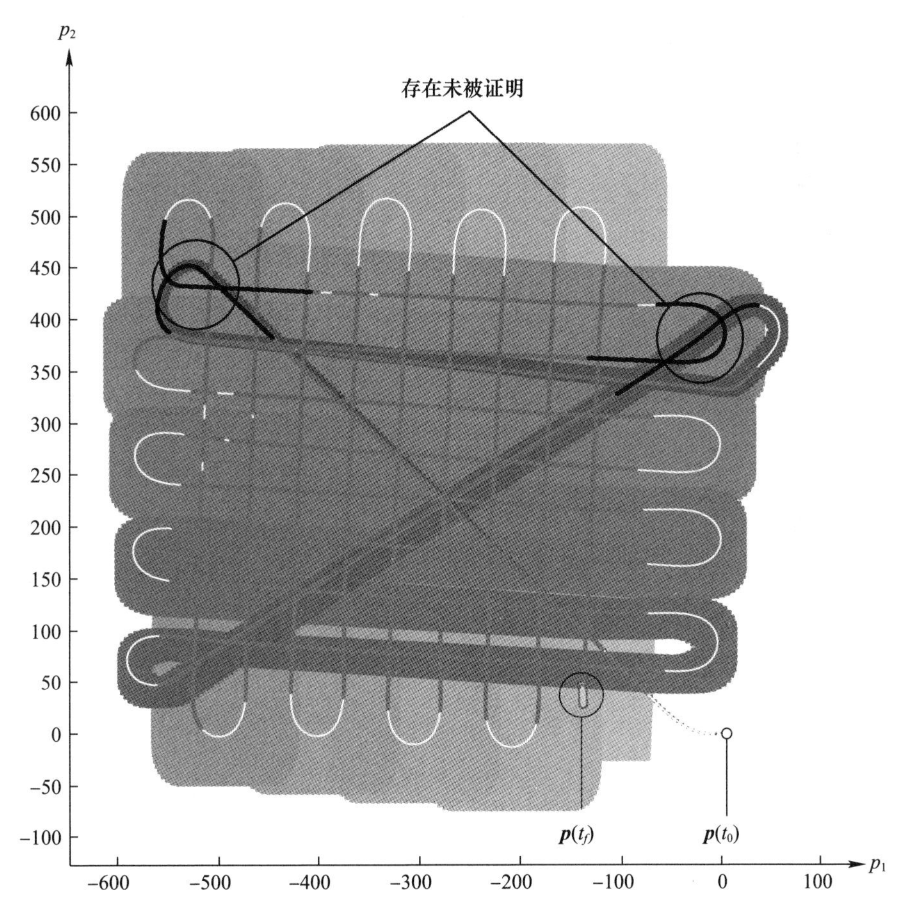

图 5.15 Daurade 试验地图。对于涉及四个实际环路的两个回环检测,拓扑测试无法得出结论。图 5.16 详细说明了其中一种情况

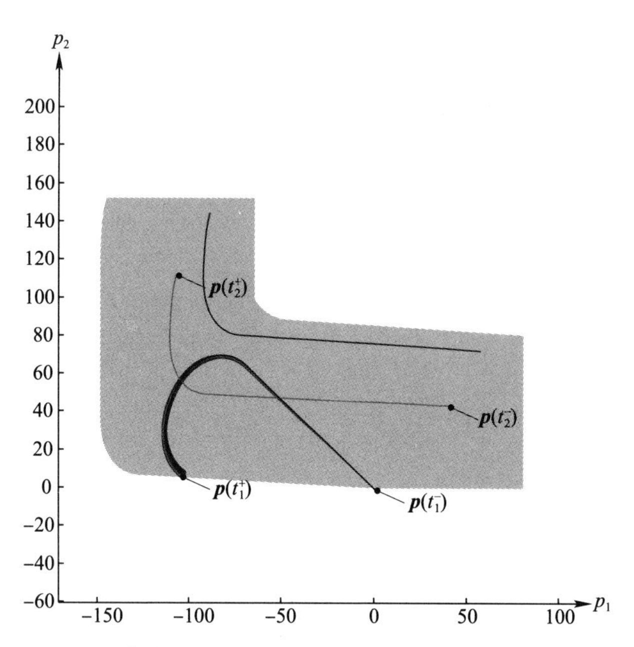

图 5.16　对于 Redermor 任务(图 5.14),两个结果不确定的检测示例的其中一个的独立投影。与之前的试验相反,以蓝色绘制的实际环路已执行两次。然而,红色的轨迹显示非交叉情况仍然可能存在

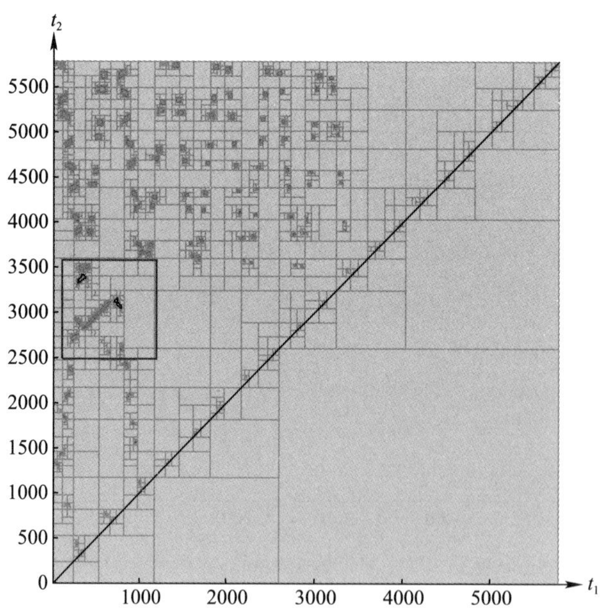

图 5.17　Daurade 试验的 t 平面。蓝色盒子如图 5.18 所示。在这个试验中,假定 $\varepsilon = (t_f - t_0)/2000$

实际轨迹包含 $\lambda^* = 118$ 个环，而本章证明了其中的 $\lambda_T = 114$ 个环。对于双环检测集，由于不确定性强，算法没有得出结论。图 5.16 突出显示了其中一种情况。

下一节是关于本章方法最优性的讨论。结论是，在 Daurade 试验中，除了拓扑度测试方法外，其他方法都无法证明更多环路的存在。

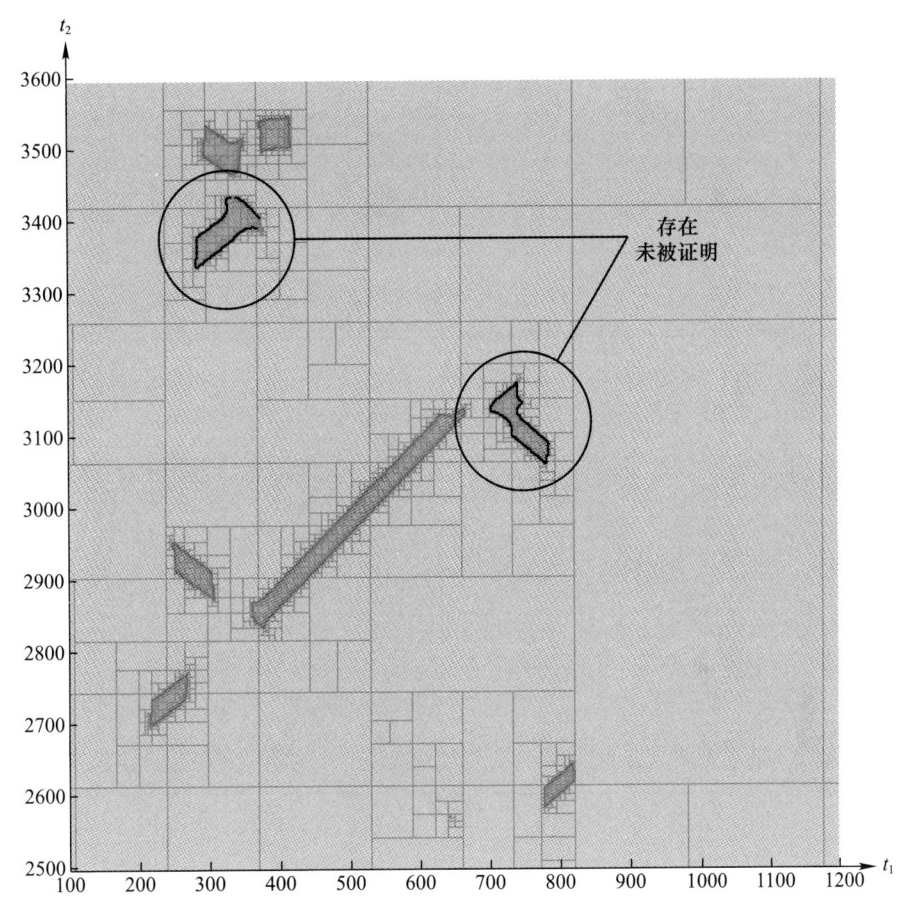

图 5.18　放大图 5.17 中的 t 平面，呈现出对应于循环检测的八个集合。
其中以黑色标出的两个是拓扑度检验中结果不确定的示例

5.4.3　方法的最优性

在本小节中，将上述实践演示扩展为对拓扑度检验及其强度的理论探讨。

首先，在区间牛顿检验 $\mathcal{N}$ 强到足够用来检测连通域 Ω 中 $f^*(\boldsymbol{x}) = 0$ 的（唯一）解的情况下，雅可比矩阵 $\boldsymbol{J}_{f^*}$ 在 Ω 中必然处处是非奇异的，并且拓扑度为 $+1$ 或 -1。拓扑度检验没有用到导数，即使在导数不存在或雅可比矩阵具有潜在奇异性的情况下也具有可行性。对于回环检测，还包括自交叉接近并行的情况。图 5.19 用模糊的交叉说明了这种情况。

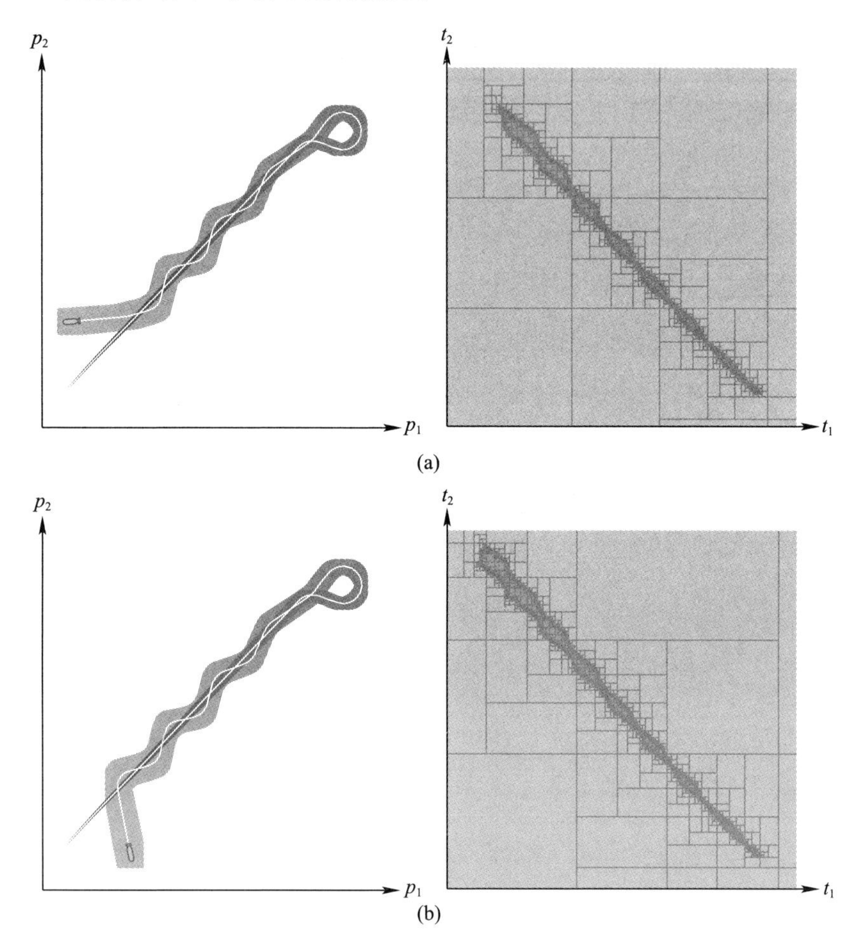

图 5.19　模糊环路轨迹地图和相应的 t 平面(a) 这种情况是不可证明的，因为存在一个永远不会闭合的轨迹(b)，这种情况是牛顿检验很难成功的典型情况。然而拓扑度检验 T 能够证明在这种情况下至少存在一个环路，即预期结果

类似地，基于以下结果(Franeket et al,2016)，拓扑度检验方法被证明比其他基于区间的验证测试方法(如 Miranda 测试或 Borsuk 测试)更强大：

只要函数 f^* 有一个稳健的零点(不能通过任意小扰动消除的零点)，在有划分足够精细和足够精确的测量区间的前提下，它就可以通过拓扑度检验来检测。

但这种完全精确的区间近似实际上并不存在，所以提出了另一种最优的替代方法，它适应于本章问题的环境：

假设 Ω、$[f]$、$[\boldsymbol{t}]_j$、$[\boldsymbol{b}]_k$ 如定理 5.1 所述，涉及进一步假设拓扑度 $\deg(f^*,\Omega)=0$，且 Ω 的内部是连通的。然后，存在一个函数 $g\in[f]$，使得：

(1) $0\notin g(\Omega)$；

(2) 对于所有的 j 有 $-g([\boldsymbol{t}]_j)\subseteq[f]([\boldsymbol{t}]_j)$；

(3) 对于所有的 k 有 $-g([\boldsymbol{b}]_k)\subseteq[f]([\boldsymbol{b}]_k)$。

换言之，当在某个内部连通的集合 Ω 上检测到零点时，f^* 仍然可能没有零点：事实上，未知函数 f^* 可能是定理中的函数 g。

如果对本章的领域进一步细分并获得更多的数据，区域 Ω 可以分解为更多的部分，例如 Ω_1 拓扑度为 1，Ω_2 的拓扑度为 -1，每个 Ω_i 都可证明包含一个零点。然而，仅基于上述区间估计不能判断出零点的存在性。特别是对于一组给定的数据，如果不能根据拓扑度检验判断出零点的存在性，那么其他检验方法（如牛顿检验）也不会得出结论。

最后一个命题的证明是简单的①，但是需要用到拓扑学中的一些概念，在这里省略了证明过程是为了使本章内容具有更好的可读性。本章的重点是验证拓扑度检验对有界函数零点检测的有效性、不确定性及其与回环检测的相关性。

5.5 小结

本章在 Rohou、Franek、Aubry 和 Jaulin(2018) 研究的基础上提出了一种新的方法来证明机器人轨迹中环路的存在性。该算法可以验证机器人是否在某个点上与先前的轨迹产生重叠，并且可以只根据本体感知测量而不考虑外部观测来得出结论。这有助于解决 SLAM 问题，因为它证明了之前访问过的位置是可以被识别的。

在某些环路轨迹明显存在的情况下，传统方法所提供的基于牛顿算子的存在性检验并不能给出令人满意的结果，这是因为雅可比矩阵不都是可逆的。本章的贡献是提出一种新的基于拓扑度理论的测试方法。其效果更好，因为它没有使用信息的导数。除了证明环路的存在性，拓扑度理论还可以提供机器人执行环路的圈数。方法的有效性已经在实际的 AUV Redermor 和 Daurade 试验中得到验证。

---

① 其主要思想是定义函数 g 等价于在 $\partial\Omega$ 上的 f^*，并在边界足够小的 ε－邻域中，将其扩展到 f^* 的正标量倍数，从而使其范数足够小，可用于距离边界较远的任何 x。该映射将 $\{x:\mathrm{dist}(x,\partial\Omega)=\varepsilon\}$ 引入一个直径较小的球体中，由于拓扑度为零，因此可以扩展到距离边界较远的函数 $g:\Omega\to\mathbb{R}^n$，从而避免了零点。

本章首先通过对该方法最优性的讨论,提出了一种最有效的方法来解决有界误差环境下本体感知回环检验问题。今后的工作包括将这种新的拓扑度理论应用于经典的 SLAM 算法,特别是在那些基于集员方法的 SLAM 算法中,这是下一章的主旨。其次,在测试中可以耦合互补信息(如二阶导数)。这将允许考虑加速度或其他类型的信息(如轮式机器人)。最后,回环检测/验证问题发生在欧几里得空间中,而具体问题可能需要考虑非平面表面。例如,水下机器人可以探索几平方公里的广阔区域,这必然涉及地球球形导致的地理参照问题。因此,在球面或复杂曲面上进行回环检测的新方法将受到欢迎。

第6章 实时鲁棒SLAM处理方法

6.1 概述

6.1.1 研究动机

关于SLAM的研究相对较少(Smith et al,1990),但该问题在现如今机器人领域占有很大的比重。已经出版的著作和论文中对基于概率的SLAM方法进行了全面介绍(参见 Durrant - Whyte et al,2006;Bailey et al,2006;Thrun et al,2008)。

在SLAM问题中,量测噪声通常以概率的方式被处理,而很少使用集员估计方法(Yu et al,2016;Di Marco et al,2001;Jaulin,2011)。后者的优点是可以为安全或军事应用提供可靠的定位以及测绘质量评估。例如,面向水文环境和海洋制图方面的公共服务机构必须绘制精确的地图。地图绘制误差需要满足水文测量标准,见表6.1。

表6.1 由国际航道测量组织制定的航道测量标准摘录(IHO(2008))。数据必须以95%置信度进行鉴定。垂直不确定度的计算方法为 $\pm\sqrt{a^2+(b\times 深度)^2}$

检测内容	特殊要求	1a要求
总水平不确定性	2m	5m + 深度的5%
总垂直不确定性	$a=0.25$m $b=0.0075$	$a=0.5$m $b=0.013$
完整海底搜寻	需要	需要

参与勘测的AUV必须精确地估计这些不确定性。另外,由于本书绪论中提到的实际原因,AUV可能需要在没有辅助装备的情况下进行勘察,因此可以考虑使用SLAM方法。

为此,SHOM和DGA - TN Brest已经进行了有关Daurade的验证试验。结果表明,机器人通过使用航位推算法能够满足特殊要求(表6.1)长达45min,然后在数小时内满足1a要求。如果能在更长的一段时间内保持这种特殊要求,

SLAM 将会更受欢迎。图 6.1 所示为 boustrophedon，这是当平行轨道覆盖给定区域时用于水文测量的一种典型模式①。在这个示例中，轨迹显示了许多可以在 SLAM 方法中使用的环路。

这个应用凸显了稳定输出的必要性，但同时也提供了另一种处理 SLAM 问题的思路。本书考虑了约束规划区间方法和时间不确定性的相关性。使用集员方法而不是通常的概率方法，人们可以用一组涉及机器人状态和观测的约束对 SLAM 问题进行建模。即使是在非结构化环境或数据集不好的情况下，这种方法仍然可以确保机器人在运动过程中的任意时刻都满足这些约束，从而避免错误的定位和映射。

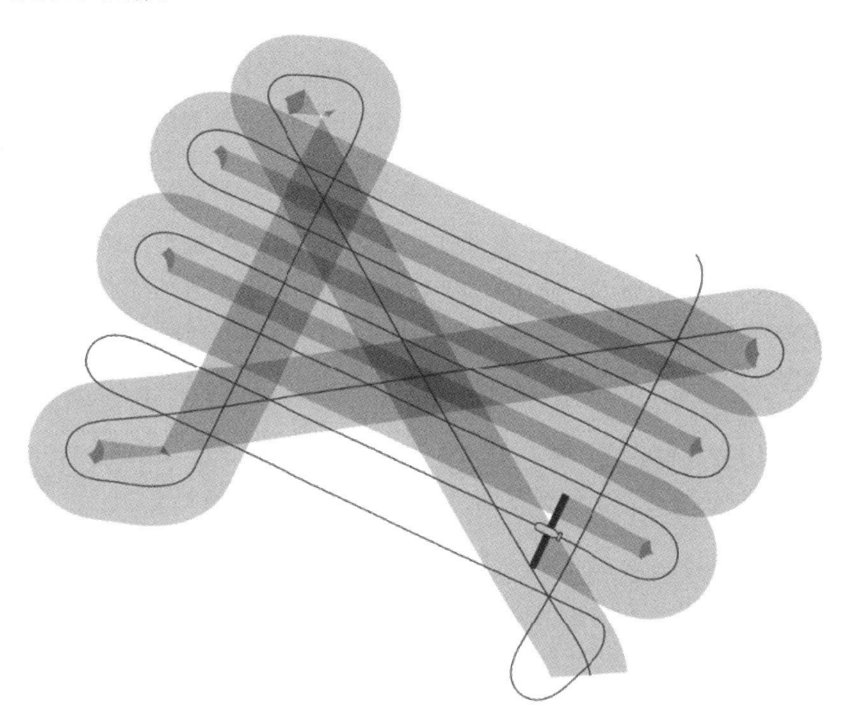

图 6.1　使用装有多波束回声探测仪的 AUV 进行水文测量图解。红线代表当前的声呐探测，而灰色区域是已经被探测过的海床部分。AUV 遵循一种被称为 boustrophedon 的模式，故意将轨迹重合。在策划这个试验时，操作员在执行标准模式之前选择了整体交叉。这使得识别先前探测到的区域变得更加容易，从而使定位性能得到提升

① boustrophedon 这个词是用来比喻双向文本的，通常出现在年代久远的手稿中，每隔一行内容就会反转，字母颠倒。

6.1.2 SLAM 算法描述

在文献中,大多数 SLAM 问题是通过概率模型来描述的。本章将考虑以下方程:

$$\begin{cases}\dot{\boldsymbol{x}}(t)=f(\boldsymbol{x}(t),\boldsymbol{u}(t)) & (6.1\text{a})\\ z(t)=g(\boldsymbol{m},\boldsymbol{x}(t)) & (6.1\text{b})\end{cases}$$

引入矢量 $\boldsymbol{m}$ 作为环境映射,本章定义的输入 $\boldsymbol{u}(t)$ 和观测 $\boldsymbol{z}(t)$ 是由传感器提供的测量值。

一旦 SLAM 进程开始,周围环境就鲜为人知,因此式(6.1b)提供了根据状态 $\boldsymbol{x}(t)$ 相当准确的信息来对映射 $\boldsymbol{m}$ 进行第一个估计。然后,机器人逐渐迷失方向,并借助对 $\boldsymbol{m}$ 的信息积累,使获取 $\boldsymbol{x}(t)$ 的近似值成为可能。如果将 $\boldsymbol{x}$ 扩展为 $\boldsymbol{X}=(\boldsymbol{x},\boldsymbol{m})^{\mathrm{T}}$,这就可以被视为一个经典的状态估计问题,映射将成为状态的一个组成部分。

这种形式占据了 SLAM 问题的很大一部分。但是,它无法处理不确定的观测函数 g。例如,考虑只涉及距离观测函数的 SLAM 问题(Newman et al,2003):

$$\begin{aligned}&g:\mathbb{R}^n\to\mathbb{R}\\&\boldsymbol{X}\mapsto\sqrt{(x_1-m_1)^2+(x_2-m_2)^2}\end{aligned}\tag{6.2}$$

发射信标的位置$(m_1,m_2)^{\mathrm{T}}$ 可以与机器人的状态$(x_1,x_2)^{\mathrm{T}}$ 一起估计。然而,当处理呈现未知物理特性的环境时,g 的解析表达式无法获取。例如,在水下就很难预测声音在信标和航行器之间的传播路径①。

虽然不能获取 g 的公式,但可利用它的一些数学性质,如它的单调性或特殊的对称性。根据有限的信息,可以推断出一系列观测结果之间的关系。例如,在仅有的示例中,可以假设 g 是严格递增的。这个假设可以对不同时刻下 $z(t_1)$、$z(t_2)$的测量值进行比较,然后在相应状态 $\boldsymbol{x}(t_1)$、$\boldsymbol{x}(t_2)$之间建立联系。

本章建议引入一个所谓的配置函数,表示为 $h:\mathbb{R}^n\to\mathbb{R}^{n'}$,其表达式根据 g 的假设而定义,从而 h 成为表示单调性、对称性等特性的函数。在仅限距离测量的情况下,h 表示以信标位置为中心的对称球面。

在下面的新函数中将 g 去掉,并且引入了一个新的公式:

$$\begin{cases}\dot{\boldsymbol{x}}(t)=f(\boldsymbol{x}(t),\boldsymbol{u}(t)) & (6.3\text{a})\\ h(\boldsymbol{x}(t_1))=h(\boldsymbol{x}(t_2))\Rightarrow \boldsymbol{z}(t_1)=\boldsymbol{z}(t_2) & (6.3\text{b})\end{cases}$$

① g 的表达式将会特别依赖于路径上的温度、深度以及盐度。

本章提出具有原创性的公式(6.3b),它是基于跨区间的测量。换句话说,当两种状态满足相同条件时,相关的测量值也应该是相同的。在仅限距离测量的示例中,如果两个位置位于以信标位置为中心的同一个球面上,那么测量出的距离应该是相同的。

需要注意的是,在实际中逆向推导也是有用的:如果测量值不同,那么就可以推导出这两种状态不属于用 h 表示的相同结构。

6.1.3 跨区间度量

通常的解析方法不适合处理跨区间的关系。相反,它们将问题分解为以下方程:

$$h(\boldsymbol{x}(t_1)) = h(\boldsymbol{x}(t_2)) \Leftrightarrow \begin{cases} h_1(\boldsymbol{x}(t_1),\boldsymbol{m}) = \boldsymbol{0} \\ h_2(\boldsymbol{x}(t_2),\boldsymbol{m}) = \boldsymbol{0} \end{cases} \tag{6.4}$$

将矢量 $\boldsymbol{m}$ 作为环境映射。因此,时间问题被转换成空间问题,并且状态估计近似为新的状态向量 $\boldsymbol{X} = (\boldsymbol{x},\boldsymbol{m})^{\mathrm{T}}$。

不同的是,本章的方法将完全应用式(6.3b),而不需要像式(6.4)那样进行分解,并且结果不依赖于对矢量 $\boldsymbol{m}$ 的估计,而只关注必要时刻的状态。然而,本章仍将讨论 SLAM,因为本章应用的是理想的探索环境,同时需要通过观测进行精准定位。在本章的方法中,映射的是时间,任何定位或映射过程都将与参考时间的近似值相关。尽管它们不处理时间的不确定性,但这可能在某种程度上与 Graph - SLAM 方法有关(Thrun et al,2006)。事实上,当评估连续测量和观测噪声时,不确定性可能会影响到时间变量。因此需要合适的方法来处理这个问题。在 SLAM 方法中这样估计时间值是一种新的策略。

综上所述,本章的方法适用于观测函数 g 完全未知的情况。在这种情况下,单个测量 $\boldsymbol{z}(t_1)$ 是不能利用的,因为它不能用于估计 $\boldsymbol{x}(t_1)$,反过来,也无法从 $\boldsymbol{x}(t_1)$ 中预测观测的结果。这其中的关键是两个相同测量值之间的相关性。这种方法的最佳例证是 Borda 的双称重法。

1. Borda 的双称重法

这种古老的技术被用来精确地估计重量,而不考虑天平的精度。在这个示例中,由于天平臂杆长度是不确定的,所以认为天平代表一个未知的环境,见图 6.2。

事实上,当达到平衡时,右端要估计的质量可能和左端的参考质量 m_0 不同。Borda 方法是从第一个秤盘中移去要称重的 $x(t_1)$,然后用已知的质量 $x(t_2)$ 来达到新的平衡。即使应用了一个假的平衡 $x(t_1) = x(t_2)$,最终的结果也会给

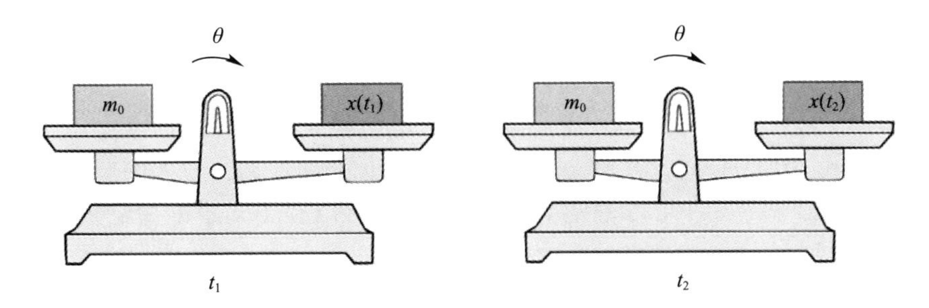

图 6.2　臂长未知的有缺陷的 Roberval 天平：由已知的质量 $x(t_2)$，在时间 t_1 和 t_2 进行跨区间度量以精确估计 $x(t_1)$ 的质量

出想要估计的真实质量。

使用本章的方法[①]：

$$
\begin{aligned}
& h(x(t_1)) = h(x(t_2)) \Rightarrow z(t_1) = z(t_2) \\
& h:(x(t)) \mapsto x(t) \\
& g:(x) \mapsto ?
\end{aligned} \tag{6.5}
$$

在这个示例，h 是恒等函数。作为质量 x 的函数，观测函数 g 表示指针角度 θ。然而，由于不知道每个臂杆的长度，所以无法获取它的表达式。尽管如此，通过查看指针仍然可以测量得到 z 的值。

在这里，由于环境是未知且恒定的，所以观测函数与时间无关。一次测量不能够给出想要估计的质量信息。然而，在不同时间进行的多次测量可以抵消天平带来的误差，从而消除关于测量的不确定性。本文已经针对状态估计建立了跨时间测量方法。本章的 SLAM 方法与此类似。

2. 观测什么？

任何形式的观测都是需要的，前提是这些信息在任务期间不会以不可预测的方式发生改变，因此可以利用环境的许多特性，如放射性、磁性、光度、温度或者本书提到的水深测量。根据观测结果来定义函数 h。

例如，温度取决于传感器的三维位置，而水深只与二维位置有关。在后一种情况中，配置函数可以被简单定义为

$$
\begin{pmatrix} x_1 \\ x_2 \\ x_3 \\ \vdots \\ x_n \end{pmatrix} \overset{h}{\mapsto} \begin{pmatrix} x_1 \\ x_2 \end{pmatrix} \tag{6.6}
$$

① 在这个示例，如果考虑合理的质量，实际上是等价的。

用$(x_1, x_2)^{\mathrm{T}}$表示机器人的水平位置，x_3表示其高度。$\boldsymbol{x} \in \mathbb{R}^n$中的其他变量表示方向或速度，但该定义表明，在这个示例中只有水平位置起作用。

未来的研究将集中在基于电场畸变的传感电流定位（Boyer et al，2015；Lebastard et al，2013；Morel，2016）。在这种情况下，h必须根据机器人的姿态（包括它的方位角）来定义。可以确定的是，这种方法可以在不知道准确电气模型的情况下进行定位。

6.2 实时 SLAM 方法

6.2.1 一般假设

考虑以下要求：

（1）首先，本章不会处理异常值。任何有界的测量都保证包含实际值。异常值的管理将是基于现有方法的未来工作的主题（Jaulin，2009；Drevelle et al，2009；Carbonnel et al，2014）。

（2）假设所有环境变化都是可预测的。环境可能是静态的，也可能根据某些有限不确定性的物理模型发生变化。例如，在水下勘测中可以使用潮汐模型。

（3）本章假设在测量中有足够的空间变化来实现定位。实际上，一组几乎不变的测量值对状态估计来说是没有意义的。但在任何情况下，该方法的可靠性不会受到影响。这种方法不需要确定参考点，但如果没有明显的陆地或者海洋作为参照，定位效果可能会很差。

6.2.2 时间分辨率

本章将采用约束传播方法来解决这个问题。

1. 约束网络

本章的问题可以用下式表示：

$$\text{CN}:\begin{cases}\text{变量}: \boldsymbol{x}(\cdot), \boldsymbol{z}(\cdot), \boldsymbol{u}(\cdot) \\ \text{约束}: \\ \quad \text{(1) 演变约束} \\ \qquad \dot{\boldsymbol{x}}(t) = f(\boldsymbol{x}(t), \boldsymbol{u}(t)) \\ \quad \text{(2) 跨时间约束} \\ \qquad h(\boldsymbol{x}(t_1)) = h(\boldsymbol{x}(t_2)) \Rightarrow \boldsymbol{z}(t_1) = \boldsymbol{z}(t_2) \\ \text{域}: [\boldsymbol{x}](\cdot), [\boldsymbol{z}](\cdot), [\boldsymbol{u}](\cdot)\end{cases} \tag{6.7}$$

式中:$\boldsymbol{x}(\cdot)$为要近似的状态集,$\boldsymbol{z}(\cdot)$和$\boldsymbol{u}(\cdot)$分别为观测值和输入。根据所研究的问题定义配置函数 h。完整的示例将在6.3节给出。

2. 跨时间约束的分解

尽可能地把问题分解开来是很重要的。这里,跨时间关系可分解为

$$\begin{cases}\boldsymbol{p}(t_1)=h(\boldsymbol{x}(t_1)) & (6.8\text{a})\\ \boldsymbol{p}(t_2)=h(\boldsymbol{x}(t_2)) & (6.8\text{b})\\ \boldsymbol{p}(t_1)=\boldsymbol{p}(t_2)\Rightarrow \boldsymbol{z}(t_1)=\boldsymbol{z}(t_2) & (6.8\text{c})\end{cases}$$

这些方程无法一步简化,并且需要求解一个新的基本约束,即 $\mathcal{L}_{p\Rightarrow z}$:

$$\mathcal{L}_{p\Rightarrow z}(\boldsymbol{p}(\cdot),\boldsymbol{w}(\cdot),\boldsymbol{z}(\cdot)):\begin{cases}\boldsymbol{p}(t_1)=\boldsymbol{p}(t_2)\Rightarrow \boldsymbol{z}(t_1)=\boldsymbol{z}(t_2)\\ \dot{\boldsymbol{p}}(\cdot)=\boldsymbol{w}(\cdot)\end{cases} \tag{6.9}$$

t_1 和 t_2 是内部变量,它覆盖了轨迹的整个定义域$[t_0,t_f]$。由 $\boldsymbol{w}(\cdot)$所表示的 $\boldsymbol{p}(\cdot)$导数的存在可以用该约束所带来的时间不确定性来解释,它的值是通过计算或测量得到的。这样就得到了新的 CN:

$$\text{CN}:\begin{cases}\text{变量}:\boldsymbol{x}(\cdot),\boldsymbol{v}(\cdot),\boldsymbol{p}(\cdot),\boldsymbol{w}(\cdot),\boldsymbol{z}(\cdot),\boldsymbol{u}(\cdot)\\ \text{约束}:\\ (1)\ \text{演变约束}:\\ \qquad \boldsymbol{v}(\cdot)=f(\boldsymbol{x}(\cdot),\boldsymbol{u}(\cdot))\\ \qquad \mathcal{L}_{\frac{\mathrm{d}}{\mathrm{d}t}}(\boldsymbol{x}(\cdot),\boldsymbol{v}(\cdot))\\ (2)\ \text{跨时间约束}:\\ \qquad \boldsymbol{p}(\cdot)=h(\boldsymbol{x}(\cdot))\\ \qquad \boldsymbol{w}(\cdot)=\dfrac{\mathrm{d}h}{\mathrm{d}\boldsymbol{x}(\cdot)}\cdot \boldsymbol{v}(\cdot)\quad (\boldsymbol{p}(\cdot)\text{导数的表达式})\\ \qquad \mathcal{L}_{p\Rightarrow z}(\boldsymbol{p}(\cdot),\boldsymbol{w}(\cdot),\boldsymbol{z}(\cdot))\\ \text{域}:[\boldsymbol{x}](\cdot),[\boldsymbol{v}](\cdot),[\boldsymbol{p}](\cdot),[\boldsymbol{w}](\cdot),[\boldsymbol{z}](\cdot),[\boldsymbol{u}](\cdot)\end{cases} \tag{6.10}$$

6.2.3 $\mathcal{L}_{p\Rightarrow z}$:时间区间隐含约束

对于 $\mathcal{L}_{p\Rightarrow z}$的处理是本章的主要学术贡献。这也是第一次提出解决这种跨时间约束的方法。$\mathcal{L}_{p\Rightarrow z}$的目的是去除不符合式(6.9)的轨迹。

如果不使用集员方法,这个约束的求解会很麻烦。一种直接的方法是测试每一个可行的$\boldsymbol{p}(\cdot)$,并且舍弃那些不能由 $t\in[t_0,t_f]$得到一个可能的 $\boldsymbol{z}(\cdot)$,使得 $\boldsymbol{p}(t_1)=\boldsymbol{p}(t_2)\Rightarrow \boldsymbol{z}(t_1)=\boldsymbol{z}(t_2)$成立的情况。图6.3显示了在机器人应用背

景下使用这种方法的情况，其中包含了三种 $\boldsymbol{p}(\cdot)$ 估计以及一种已知的 $\boldsymbol{z}(\cdot)$ 估计。然而，在 $\boldsymbol{p}(\cdot)$ 和 $\boldsymbol{z}(\cdot)$ 都不确定的情况下，这种解决方法在计算时会变得很麻烦。

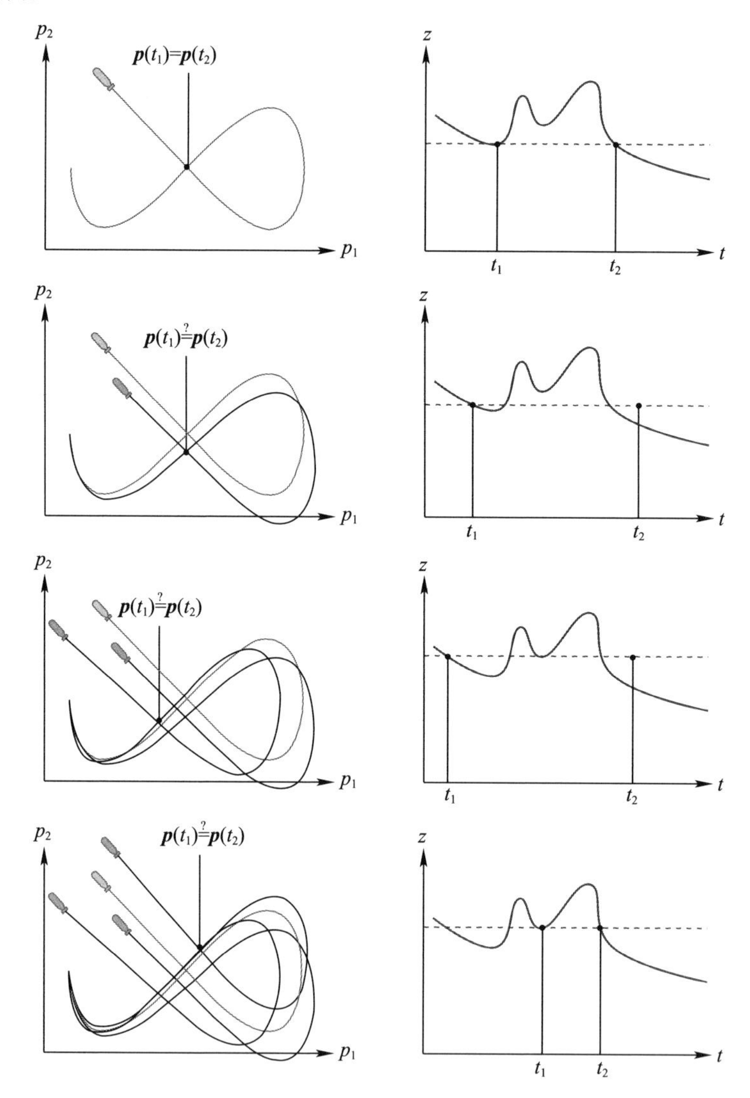

图 6.3　$\mathcal{L}_{p\Rightarrow z}$约束的物理解释：当机器人返回到之前的位置 $\boldsymbol{p}\in\mathbb{R}^2$时，它应该会获得相同的观测值 $z\in\mathbb{R}$ 。如果不满足约束条件 $\mathcal{L}_{p\Rightarrow z}(\hat{\boldsymbol{p}}(\cdot),\hat{\dot{\boldsymbol{p}}}(\cdot),z(\cdot))$，那么对实际的 $\boldsymbol{p}^*(\cdot)$（蓝色曲线）的错误估计 $\hat{\boldsymbol{p}}(\cdot)$ 将会被拒绝（灰色曲线）；第二种以及第三种估计情况对应于 $z(t_1)\neq z(t_2)$。最后两条曲线显示了当错误估计 $\hat{\boldsymbol{p}}(\cdot)\neq\boldsymbol{p}^*(\cdot)$ 满足约束时的虚警情况

但是,通过使用集员方法,可以依靠$[\boldsymbol{p}](\cdot)$和$[\boldsymbol{z}](\cdot)$相关集的边界。本节介绍的中间变量只会出现在$\mathcal{L}_{p\Rightarrow z}$的分解过程当中。下一节将重点介绍通过第4章以及第5章所提出的方法构建的相应运算符$\mathcal{C}_{p\Rightarrow z}$。

1. 分解

首先,本章将重点关注每一部分的含义:

$$\underbrace{\boldsymbol{p}(t_1)=\boldsymbol{p}(t_2)}_{①}\Rightarrow\underbrace{\boldsymbol{z}(t_1)=\boldsymbol{z}(t_2)}_{②} \tag{6.11}$$

关键在于将t_1、t_2作为经典变量在约束内进行估计。这些t变量属于由原因①或者效果②定义的两个集合

$$① \ \mathbb{T}_p^*=\{(t_1,t_2)\in[t_0,t_f]^2 \mid \boldsymbol{p}(t_1)=\boldsymbol{p}(t_2),t_1<t_2\} \tag{6.12}$$

$$② \ \mathbb{T}_z^*=\{(t_1,t_2)\in[t_0,t_f]^2 \mid \boldsymbol{z}(t_1)=\boldsymbol{z}(t_2),t_1<t_2\} \tag{6.13}$$

在本书机器人示例中,$\mathbb{T}_p^*$表示导致状态$\boldsymbol{x}(t_1)$和$\boldsymbol{x}(t_2)$具有相同构型的t变量集合。通过前文可知这些配置是由函数h描述的。例如,在基于探测的定位中,只有水平位置是重要的(见式(6.6)),因此$\mathbb{T}_p^*$表示在第5章中称为循环集的内容。图6.4(a)给出了仅采用本体感知来测量(速度)有关$\mathbb{T}_p^*$的示例。

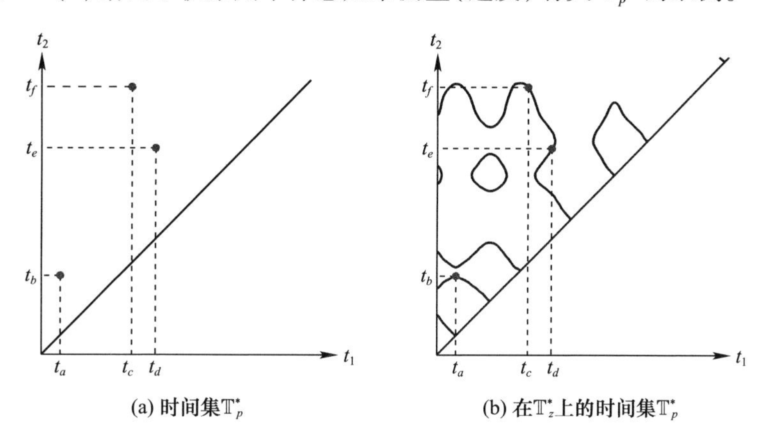

(a) 时间集$\mathbb{T}_p^*$　　(b) 在$\mathbb{T}_z^*$上的时间集$\mathbb{T}_p^*$

图6.4　对时间集$\mathbb{T}_p^*$以及$\mathbb{T}_z^*$的说明(也可以参见图5.2),图6.4(b)对式(6.14)进行了阐述

以同样的方式,$\mathbb{T}_z^*$收集了所有相同结果下对应的跨时间解。作为说明,可以参照图6.5所示的测量集。这些值可以与水深测量值相对应。图6.4(b)中对应的集合$\mathbb{T}_z^*$用蓝色的点表示。

更进一步,可以从①⇒②的过程中得到:

$$\mathbb{T}_p^*\subset\mathbb{T}_z^* \tag{6.14}$$

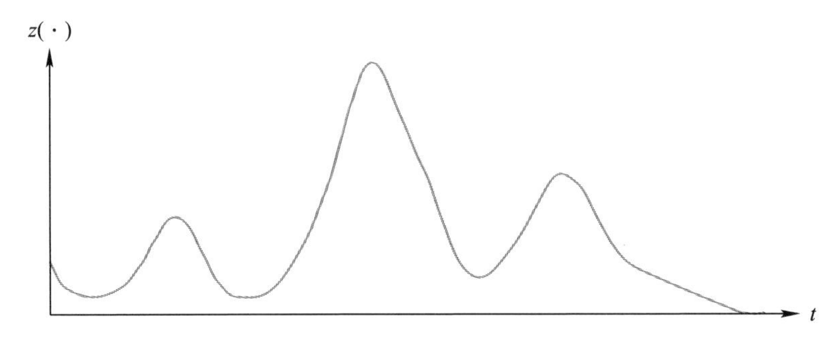

图 6.5　关于机器人通过感知进行测量 $z(\cdot)$ 的理论示例。
时间集 $\mathbb{T}_z^*$ 由 $z(\cdot)$ 定义

由图 6.4(b)可以看出,$\mathbb{T}_p^*$ 是 $\mathbb{T}_z^*$ 的一个子集。

2. 相关约束网络

$$\text{CN}:\begin{cases}\text{变量}:\boldsymbol{p}(\cdot),\boldsymbol{w}(\cdot),\boldsymbol{z}(\cdot)\\ \text{内部变量}:\mathbb{T}_p^*,\mathbb{T}_z^*\\ \text{约束}:\\ \quad(1)\,\mathbb{T}_p^*=\{(t_1,t_2)\,|\,\boldsymbol{p}(t_1)=\boldsymbol{p}(t_2)\}\\ \quad(2)\,\mathbb{T}_z^*=\{(t_1,t_2)\,|\,\boldsymbol{z}(t_1)=\boldsymbol{z}(t_2)\}\\ \quad(3)\,\mathbb{T}_p^*\subset\mathbb{T}_z^*\\ \quad(4)\,\dot{\boldsymbol{p}}(\cdot)=\boldsymbol{w}(\cdot)\\ \text{域}:[\boldsymbol{p}](\cdot),[\boldsymbol{w}](\cdot),[\boldsymbol{z}](\cdot),\mathbb{T}_p,\mathbb{T}_z\end{cases}\tag{6.15}$$

注意,这个 CN 包含了多种变量轨迹和集合。通过使用本书提出的方法来减小它们的域,轨迹将会被包络边界包围,集合将会由子空间来近似。

6.2.4 $\mathcal{C}_{p\Rightarrow z}$收缩子

与 $\mathcal{L}_{p\Rightarrow z}$相关的收缩子十分重要。此外,无法像 $\mathcal{C}_{\frac{\mathrm{d}}{\mathrm{d}t}}$与 $\mathcal{C}_{\mathrm{eval}}$那样给出有关它的数学定义。在实际收缩前,一些中间步骤是很必要的。

1. $\mathbb{T}_p$和 $\mathbb{T}_z$的初始近似

第一步是根据式(6.15)中的约束条件(1)和(2)对域 $\mathbb{T}_p$以及 $\mathbb{T}_z$进行估计。

首先定义区间函数:

$$[f_p]([t_1],[t_2]) = [\boldsymbol{p}]([t_1]) - [\boldsymbol{p}]([t_2]) \tag{6.16}$$

$$[f_z]([t_1],[t_2]) = [\boldsymbol{z}]([t_1]) - [\boldsymbol{z}]([t_2]) \tag{6.17}$$

对 $\mathbb{T}_p$ 及 $\mathbb{T}_z$ 的估计相当于分别对 $[f_p]$ 及 $[f_z]$ 的核特征进行计算。区间函数的核特征是 1.4.4 节的主题。因此,对于 $\ker([f_p])$ 的过度近似值将会形成一个包围 $\mathbb{T}_p$ 的子空间。对于 $\ker([f_z])$ 也是同样的。图 6.6 给出了有关这些特性的说明。

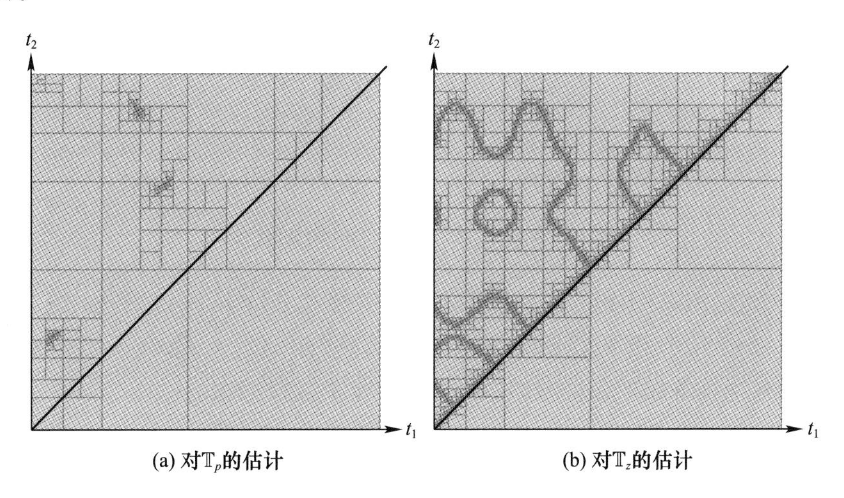

(a) 对 $\mathbb{T}_p$ 的估计　　(b) 对 $\mathbb{T}_z$ 的估计

图 6.6　用 SIVIA 算法对图 6.5 中的封闭时间集进行近似

2. 子约束 $\mathbb{T}_p^* \subset \mathbb{T}_z^*$

本章将重点放在 $\mathcal{L}_{p \Rightarrow z}$ 的核心,即 $\boldsymbol{p}(\cdot)$ 与 $\boldsymbol{z}(\cdot)$ 之间的关系上。首先子约束 $\mathbb{T}_p^* \subset \mathbb{T}_z^*$ 与 $\boldsymbol{p}(t_1) = \boldsymbol{p}(t_2) \Rightarrow \boldsymbol{z}(t_1) = \boldsymbol{z}(t_2)$ 所蕴含的意义是相关的。

在集员方法中,只对相互间的影响进行评估:

$$\boldsymbol{z}(t_1) \neq \boldsymbol{z}(t_2) \Rightarrow \boldsymbol{p}(t_1) \neq \boldsymbol{p}(t_2) \tag{6.18}$$

这可以通过对先前定义的集合 $\mathbb{T}_p$ 和 $\mathbb{T}_z$ 实施交集来实现(图 6.7)。信息都保存在 $\mathbb{T}_p$ 中:

$$\mathbb{T}_p := \mathbb{T}_p \cap \mathbb{T}_z \tag{6.19}$$

3. 从时域空间到轨迹空间

现在时间集已经被估计并化简了,剩下的工作就是将这个中间信息传递到包络边界 $[\boldsymbol{p}](\cdot)$ 中。接下来将以向后传递的方式①来考虑这个关键的约束

① 这里,术语向后传递并不是指时间上的向后,而是指约束从一个集合向后传递到另一个集合。

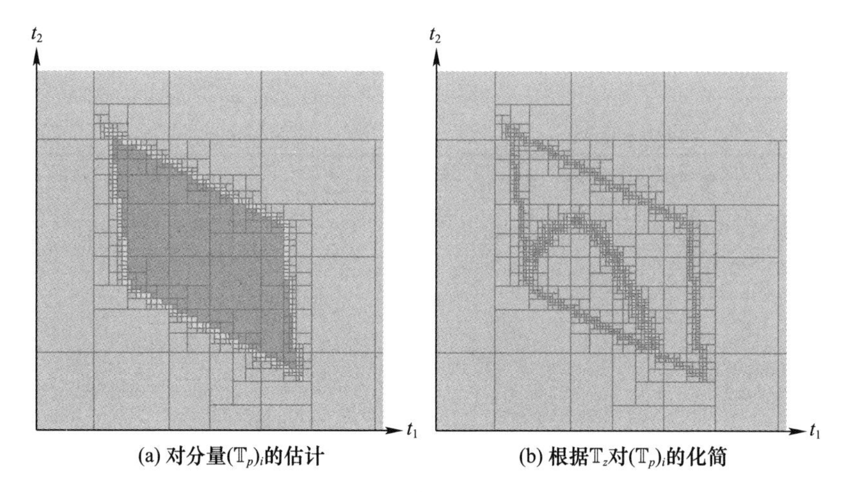

图 6.7　对 $\mathcal{L}_{p\Rightarrow z}$约束中时间集的化简

$\mathbb{T}_p^* = \{(t_1,t_2) \mid \boldsymbol{p}(t_1) = \boldsymbol{p}(t_2)\}$，将信息从域 $\mathbb{T}_p$传递到$[\boldsymbol{p}](\cdot)$。

$\mathbb{T}_p$可以由几个相关联的子集$(\mathbb{T}_p)_i$组成，如图 5.4 所示。对于每一个$(\mathbb{T}_p)_i$，只有当具备如下条件时，才可以对$[\boldsymbol{p}](\cdot)$进行简化：

$$\exists \boldsymbol{t} \in (\mathbb{T}_p)_i \mid \boldsymbol{p}(t_1) = \boldsymbol{p}(t_2) \tag{6.20}$$

但由于$[\boldsymbol{p}](\cdot)$包含了$\boldsymbol{p}(\cdot)$，所以情况也不一定如此。这个表述等价于证明：

$$\exists \boldsymbol{t} \in (\mathbb{T}_p)_i \mid f_p(t_1,t_2) = 0 \tag{6.21}$$

可以通过使用如第 5 章中所描述的零点验证来完成对式(6.21)的检验。因此，如果证明了$\forall f_p \in [f_p]$，$\exists \boldsymbol{t} \in (\mathbb{T}_p)_i \mid f_p(t_1,t_2) = 0$，那么式(6.20)所描述的就是正确的，然后就可以继续对$[\boldsymbol{p}](\cdot)$进行化简。

已经看到，相关子集$(\mathbb{T}_p)_i$是通过由$[\boldsymbol{t}]_j$组成的子空间Ω_i来实现的。应该注意在Ω_i中的f_p^*的零验证必须在Ω_i通过$\mathbb{T}_z$交叉之前完成。事实上，可以在 5.3.2 节中看到，拓扑度检验的一个要求是$\forall \boldsymbol{t} \in \partial\Omega_i, f_p^*(\boldsymbol{t}) \neq 0$。如果$\Omega_i$的边界经过$\mathbb{T}_z$交叉之后被缩小，将不会再是这种情况。

本章建议收缩子$\mathcal{C}_\Omega$在Ω_i以及$[\boldsymbol{p}](\cdot)$中使用公式(6.20)：

$$\mathcal{C}_\Omega(\Omega_i[\boldsymbol{p}](\cdot),[\boldsymbol{w}](\cdot)) = \bigcup_j \mathcal{C}_{t_1,t_2}([t_1]_j,[t_2]_j,[\boldsymbol{p}](\cdot),[\boldsymbol{w}](\cdot)) \tag{6.22}$$

其中,$\mathcal{C}_{t_1,t_2}$是一种新的用来处理包络边界的通用跨区间收缩子。因为不知道在哪一个$[\boldsymbol{t}]_j \subset \Omega_i$ 中确实包含实际的解决方案 $\boldsymbol{t}^*$,我们只能说 Ω_i 中至少包含一个 $\boldsymbol{t}^*$。

4. 新的跨区间收缩子 $\mathcal{C}_{t_1,t_2}$

基本约束 $\mathcal{L}_{t_1,t_2}(t_1,t_2,\boldsymbol{p}(\cdot),\boldsymbol{w}(\cdot))$等价于:

$$\mathcal{L}_{t_1,t_2}:\begin{cases}\text{变量}:t_1,t_2,\boldsymbol{p}(\cdot),\boldsymbol{w}(\cdot)\\ \text{约束}:\\ \quad \boldsymbol{p}(t_1)=\boldsymbol{p}(t_2)\\ \quad \dot{\boldsymbol{p}}(\cdot)=\boldsymbol{w}(\cdot)\\ \text{域}:[t_1],[t_2],[\boldsymbol{p}](\cdot),[\boldsymbol{w}](\cdot)\end{cases}\tag{6.23}$$

由于 $\mathcal{L}_{t_1,t_2}$相当于是两个 $\mathcal{L}_{\text{eval}}$的组合,所以它并不是原始约束,这证明在本 CN 中使用导数是合理的:

$$\boldsymbol{p}(t_1)=\boldsymbol{p}(t_2)\Leftrightarrow\begin{cases}\boldsymbol{a}=\boldsymbol{p}(t_1)\\ \boldsymbol{b}=\boldsymbol{p}(t_2)\\ \boldsymbol{a}=\boldsymbol{b}\end{cases}\Leftrightarrow\begin{cases}\mathcal{L}_{\text{eval}}(t_1,\boldsymbol{b},\boldsymbol{p}(\cdot),\boldsymbol{w}(\cdot))\\ \mathcal{L}_{\text{eval}}(t_2,\boldsymbol{a},\boldsymbol{p}(\cdot),\boldsymbol{w}(\cdot))\\ \boldsymbol{a}=\boldsymbol{b}\end{cases}\tag{6.24}$$

在算法 11 中给出了相关收缩子 $\mathcal{C}_{t_1,t_2}$的实现过程。图 6.8 给出了它在任意一个包络边界的跨区间收缩的应用。收缩子 $\mathcal{C}_{\Omega}$ 是 $\mathcal{C}_{t_1,t_2}$的简单扩展,是在子空间 Ω 的基础上进行收缩的,并不是单一的$[\boldsymbol{t}]$。下面的算法 12 与式(6.22)有关。

算法 11 $\mathcal{C}_{t_1,t_2}$(in:$[\boldsymbol{w}](\cdot)$,inout:$[t_1],[t_2],[\boldsymbol{p}](\cdot)$)

1: **Do**
2: $\quad [t_1'](\cdot)\leftarrow[t_1](\cdot)$
3: $\quad [t_2'](\cdot)\leftarrow[t_2](\cdot)$
4: $\quad [\boldsymbol{p}'](\cdot)\leftarrow[\boldsymbol{p}](\cdot)$
5: $\quad [\boldsymbol{a}]\leftarrow[\boldsymbol{p}]([t_1])$
6: $\quad \mathcal{C}_{\text{eval}}([t_2],[\boldsymbol{a}],[\boldsymbol{p}](\cdot),[\boldsymbol{w}](\cdot))$
7: $\quad [\boldsymbol{b}]\leftarrow[\boldsymbol{p}]([t_2])$
8: $\quad \mathcal{C}_{\text{eval}}([t_1],[\boldsymbol{b}],[\boldsymbol{p}](\cdot),[\boldsymbol{w}](\cdot))$
9: **while** $[t_1]\neq[t_1']$ or $[t_2]\neq[t_2']$ or $[\boldsymbol{p}](\cdot)\neq[\boldsymbol{p}'](\cdot)$

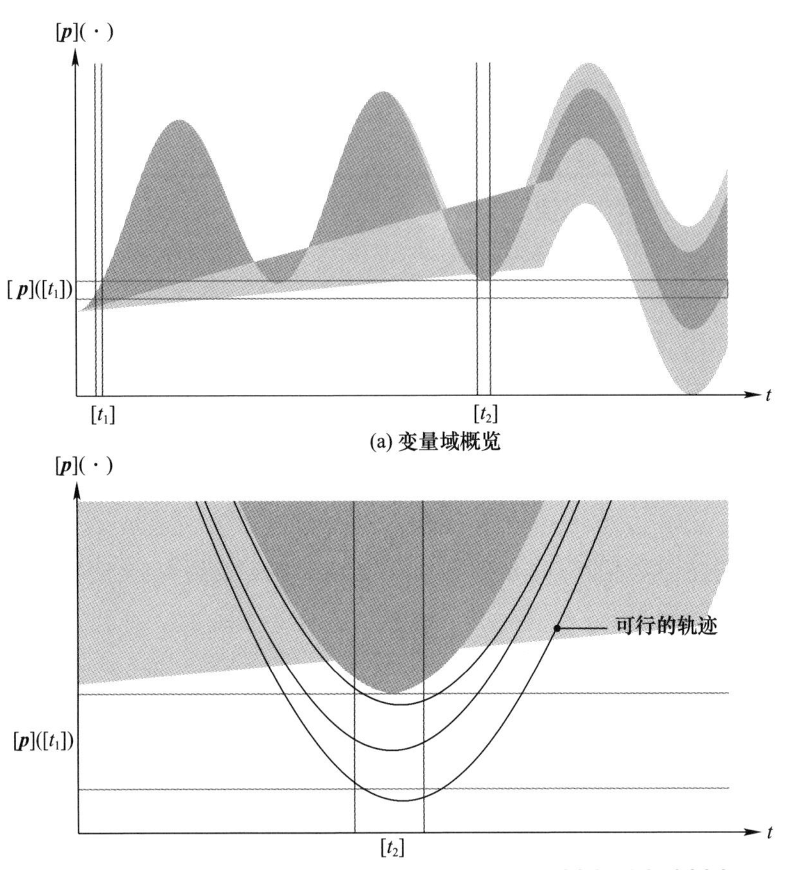

(a) 变量域概览

(b) 用三个假设的轨迹放大传播的原点，通过盒子$[t_2]\times[\boldsymbol{p}]([t_1])$和$[t_1]\times[\boldsymbol{p}]([t_2])$的任何$\boldsymbol{p}(\cdot)$都被保存在收缩的包络边界中

图 6.8　跨区间收缩使用 $\mathcal{C}_{t_1,t_2}$。一个包络边界$[\boldsymbol{p}](\cdot)$被收缩到轨迹$\boldsymbol{p}(\cdot)$的包络线处,与包含时间不确定性的跨区间约束$\boldsymbol{p}(t_1)=\boldsymbol{p}(t_2)$一致。这样的收缩必然依赖于$\boldsymbol{p}(\cdot)$的导数,但在图中未被表示出来

算法 12　$\mathcal{C}_{\Omega}(\text{in}:\Omega,[\boldsymbol{w}](\cdot),\text{inout}:[\boldsymbol{p}](\cdot))$

1：$[\boldsymbol{p}'](\cdot)\leftarrow[\boldsymbol{p}](\cdot)$

2：$[\boldsymbol{p}](\cdot)\leftarrow\varnothing(\cdot)$

3：$[\boldsymbol{t}]_1\cdots[\boldsymbol{t}]_j\leftarrow\text{getBoxes}(\Omega)$

4：**for** $k=1$ to j **do**

5：　$[\boldsymbol{p}''](\cdot)\leftarrow[\boldsymbol{p}'](\cdot)$

6：　$\mathcal{C}_{t_1,t_2}([t_1]_k,[t_2]_k,[\boldsymbol{p}''](\cdot),[\boldsymbol{w}](\cdot))$

7：　$[\boldsymbol{p}](\cdot)\leftarrow[\boldsymbol{p}](\cdot)\cup[\boldsymbol{p}''](\cdot)$

8：**end for**

---

5. 收缩子 $\mathcal{C}_{p\Rightarrow z}$

现在已经做了充分的准备去定义适用于跨区间隐含约束 $\mathcal{L}_{p\Rightarrow z}$ 的收缩子：$\boldsymbol{p}(t_1)=\boldsymbol{p}(t_2)\Rightarrow\boldsymbol{z}(t_1)=\boldsymbol{z}(t_2)$。下面的算法 13 对 $\mathcal{C}_{p\Rightarrow z}([\boldsymbol{p}](\cdot),[\boldsymbol{w}](\cdot),[\boldsymbol{z}](\cdot),\varepsilon)$ 的应用进行了总结。$\varepsilon\in\mathbb{R}$ 是定义了内部逼近精度的参数。

算法 13 $\mathcal{C}_{p\Rightarrow z}$(in:$[\boldsymbol{w}](\cdot),[\boldsymbol{z}](\cdot),\varepsilon$,inout:$[\boldsymbol{p}](\cdot)$)

```
1: j←0                                                      ▷迭代标识符
2: [t]←[t0,tf]^2
3: define[fp]([a1],[a2]) = [p]([a1]) - [p]([a2])            ▷定义跨区间包含函数
4: define[fz]([a1],[a2]) = [z]([a1]) - [z]([a2])
5: Do
6:   j←j+1
7:   [p'](·)←[p](·)
8:   Tp-←∅, Tp+←∅
9:   Tz-←∅, Tz+←∅
10:  (Tp-, Tp+)←kernelSIVIA([fp],[t],ε)                     ▷①
11:  (Tz-, Tz+)←kernelSIVIA([fz],[t],ε)                     ▷②
12:  {Ω1,…,Ωk}←extractSubpavings(Tp+)
13: for i=1 to k do
14:     if existenceTest𝒯(Ωi,[fp]) then                    ▷零验证
15:         Ωi←Ωi∩Tz+                                       ▷融合:隐含①⇒②
16:         CΩ(Ωi,[p](·),[w](·))                            ▷跨区间收缩子
17:     end if
18: end for
19: while[p](·)≠[p'](·)
```

算法 13 具体如下：

第 3 ~4 行：定义了跨区间的包络函数以便基于核特征对时间集 $\mathbb{T}_p$ 和 $\mathbb{T}_z$ 进行近似（参见式(6.16)、式(6.17)）。

第 7 行：为了在稍后的迭代过程中检测一个固定点（第 19 行），对包络边界 $[\boldsymbol{p}](\cdot)$ 进行复制。注意，这个操作可能会占用很多的时间及内存。$\mathcal{C}_\Omega$ 的实现可以返回一个布尔值来检测是否对 $[\boldsymbol{p}](\cdot)$ 进行了收缩。

第 10 ~11 行：在算法 2 中提供了 kernelSIVIA 函数。它的输出被带有两个子空间 $(\mathbb{T}_p^-,\mathbb{T}_p^+)$ 的 $\mathbb{T}_p$ 封装。$\mathbb{T}_z$ 同理。注意，对于本章的应用程序，仅仅使用外部集合（图 6.6）。

第 12 行：extractSubpavings 算法包含了 $\mathbb{T}_p^+$ 中的闭子集以及连通子集的检测列表。本章在此不详细介绍该算法。

第 14 行：对于 $\mathbb{T}_p$ 外部近似的给定子集 Ω_i，本章验证了 f_p^* 中零点的存在性（见算法 7）。

第 15 行：在零点验证的情况下，本章应用式（6.19）来处理两个子空间的交点（图 6.7）。

第 16 行：一旦时间集被简化，$\mathcal{C}_\Omega$ 将实现 $[\boldsymbol{p}](\cdot)$ 的收缩（见算法 12）。

整个过程将一直循环执行下去，直到不再对 $[\boldsymbol{p}](\cdot)$ 进行收缩。事实上，在变量域 $[\boldsymbol{p}](\cdot)$、$\boldsymbol{z}(\cdot)$、$\boldsymbol{w}(\cdot)$ 中，只有 $[\boldsymbol{p}](\cdot)$ 可以被收缩。首先，由于这是隐含约束，因此传播不能到达 $\boldsymbol{z}(\cdot)$。此外，导数 $\boldsymbol{w}(\cdot)$ 无法像 3.2.2 节中讨论的那样被约束。

该算法的实现可以采用多线程机制（13 ~ 18 行）：每一个子集 Ω_i 都可以被独立验证及收缩。然而，Ω_i 中 $[\boldsymbol{p}](\cdot)$ 的收缩将会受到一些阻碍。需要注意的是，唯一要设置的参数是一个表示时间集近似精度的标量值 ε。在实践中①，ε 与包络边界的时间梯度 δ 有关。

备注 6.1　通过算法 14，可以更快地实现 $\mathcal{C}_{p\Rightarrow z}$。

算法 14　$\mathcal{C}_{p\Rightarrow z}^{\text{fast}}$（in：$[\boldsymbol{w}](\cdot)$，$[\boldsymbol{z}](\cdot)$，$\varepsilon$，inout：$[\boldsymbol{p}](\cdot)$）

```
...
for i = 1 to k do
  if existenceTest𝒯(Ω_i, [f_p]) then                    ▷零验证
    Ω_i ← Ω_i ∩ 𝕋_z^+                                   ▷融合：隐含①⇒②
    [b] ← [Ω_i]                                          ▷盒装包围 Ω_i
    C_{t1,t2}([b_1], [b_2], [p](·), [w](·))              ▷跨时区收缩子
  end if
end for
...
```

通过考虑 Ω_i 中简单包围 $[\boldsymbol{b}]=[\Omega_i]\in\mathbb{IR}^2$ 而不是子空间中的每一个 $[t]$（图 6.9），与 $\mathcal{C}_{t_1,t_2}$ 有关的计算将会通过 Ω_i 集减少到一个。与之对应的，$\mathcal{C}_{t_1,t_2}$ 也会因为 $[\boldsymbol{b}]\supseteq\Omega_i$ 的包围效应的影响而获得不太精确的结果。

6.2.5　实时 SLAM 算法

现在能够解决式 CN（6.10）中定义的 SLAM 问题。每个约束都将由相对应的收缩子执行。回想一下问题中所涉及的变量：

（1）$\boldsymbol{x}(\cdot)$：机器人状态；

（2）$\boldsymbol{u}(\cdot)$：系统输入；

① 注意，与使用 $\varepsilon<\delta$ 无关，因为（在双空间中）子空间的二分法不能提供更精确的信息。

(3) $\boldsymbol{z}(\cdot)$:观测值。

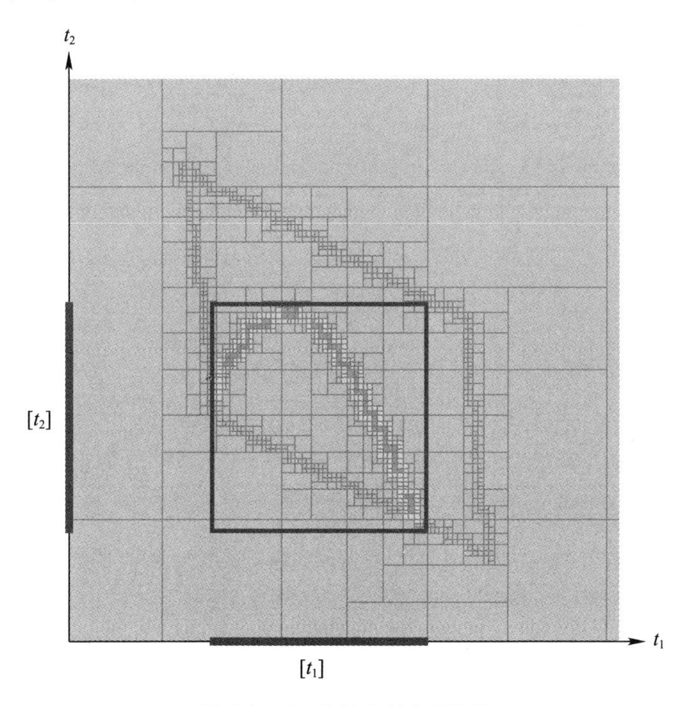

图 6.9 Ω_i 中最小的包围$[\boldsymbol{b}]$

为解决问题,定义了中间变量:

(1) $\boldsymbol{v}(\cdot)$:可测量的状态变量($\boldsymbol{x}(\cdot)$的导数);

(2) $\boldsymbol{p}(\cdot)$:状态配置,$\boldsymbol{p}(\cdot)=h(\boldsymbol{x}(\cdot))$;

(3) $\boldsymbol{w}(\cdot)$:$\boldsymbol{p}(\cdot)$的导数。

接下来,将重点介绍只依赖二维位置来测量$\boldsymbol{z}(\cdot)$的 SLAM,正如水深测量的情况一样(见图 6.10)。在此背景中,配置函数 h 定义为式(6.25)并在二维循环的情况下消失。

$$\begin{pmatrix} x_1 \\ x_2 \\ x_3 \\ \vdots \\ x_n \end{pmatrix} \overset{h}{\mapsto} \begin{pmatrix} x_1 \\ x_2 \end{pmatrix} \tag{6.25}$$

函数 h 将被用于从 $\boldsymbol{x}(\cdot)$ 中计算轨迹 $\boldsymbol{p}(\cdot)$。对于约束 $\mathcal{L}_{p\Rightarrow z}(\boldsymbol{p}(\cdot),$

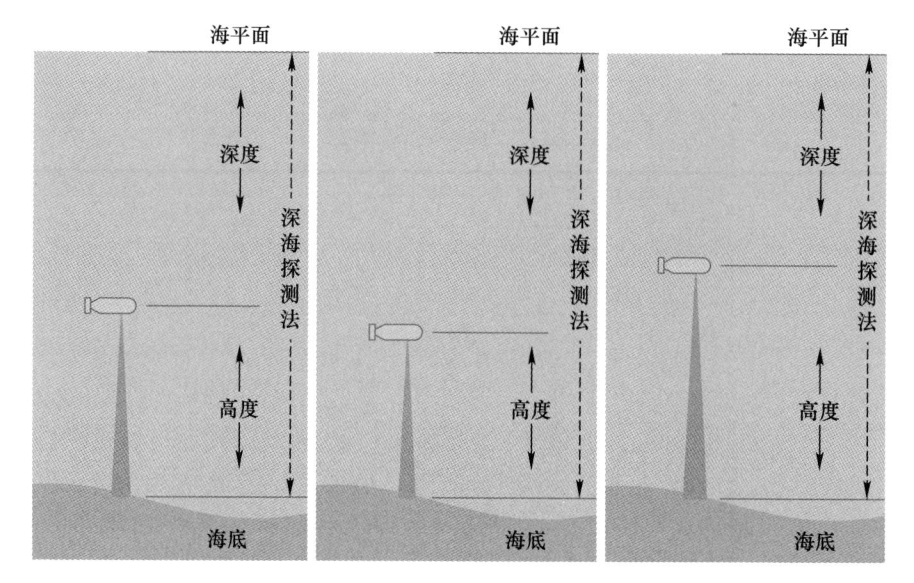

图 6.10　在探测 SLAM 的应用中，对于机器人的任何深度和方向，传感器都是相同的。由于水深测量只依赖于二维位置，因此可以认为，两种不同的测量方法必然意味着将得到两个不同的位置。这种构型由式(6.25)中的函数 h 表示

$\boldsymbol{w}(\cdot),\boldsymbol{z}(\cdot)$)来说，$\boldsymbol{w}(\cdot)$的导数也是必要的。注意，在本章中，$\boldsymbol{w}(\cdot)$可以用同样的函数 h 来计算：

$$\boldsymbol{w}(\cdot)=\frac{\mathrm{d}h}{\mathrm{d}\boldsymbol{x}(\cdot)}\cdot\boldsymbol{v}(\cdot)=h(\boldsymbol{v}(\cdot)) \tag{6.26}$$

与这个 SLAM 相关的约束网络为

$$\text{SLAM}:\begin{cases}\text{变量}:\boldsymbol{x}(\cdot),\boldsymbol{v}(\cdot),\boldsymbol{p}(\cdot),\boldsymbol{w}(\cdot),\boldsymbol{z}(\cdot),\boldsymbol{u}(\cdot)\\ \text{约束}:\\ \text{(1) 演变约束}:\\ \boldsymbol{v}(t)=f(\boldsymbol{x}(t),\boldsymbol{u}(t))\\ \mathcal{L}_{\frac{\mathrm{d}}{\mathrm{d}t}}(\boldsymbol{x}(\cdot),\boldsymbol{v}(\cdot))\\ \text{(2) 跨时区约束}:\\ \boldsymbol{p}(\cdot)=h(\boldsymbol{x}(\cdot))\\ \boldsymbol{w}(\cdot)=h(\boldsymbol{v}(\cdot))\\ \mathcal{L}_{p\Rightarrow z}(\boldsymbol{p}(\cdot),\boldsymbol{w}(\cdot),z(\cdot))\\ \text{域}:[\boldsymbol{x}](\cdot),[\boldsymbol{v}](\cdot),[\boldsymbol{p}](\cdot),[\boldsymbol{w}](\cdot),[z](\cdot),[\boldsymbol{u}](\cdot)\end{cases} \tag{6.27}$$

此外,本章将重新定义用于 $\mathcal{C}_{p\Rightarrow z}$ 收缩子的跨区间包含函数 $[f_p]([t_1],[t_2]) = [\boldsymbol{p}]([t_2]) - [\boldsymbol{p}]([t_1])$。这将使 f_p 的核有一个更精确的近似值:

$$[f_p]([t_1],[t_2]) = ([\boldsymbol{p}]([t_2]) - [\boldsymbol{p}]([t_1])) \cap \left(\int_{[t_1]}^{[t_2]} [\boldsymbol{w}](\tau)\mathrm{d}\tau\right) \tag{6.28}$$

式(6.28)允许利用由 $[\boldsymbol{p}](\cdot)$ 包围的位置轨迹以及由 $[\boldsymbol{w}](\cdot)$ 限制的速度这两个外部约束在非航位推算环境中检测更多的环路。在实践中,$\ker([f_p])$ 的表征通过使用 kernelSIVIA 算法(见第 1 章的算法 2)结合 proprioLoopSIVIA 算法(见第 5 章的算法 6)来实现,proprioLoopSIVIA 算法将仅基于有界速度 $[\boldsymbol{v}](\cdot)$ 来估计循环集①。这些算法的结果通过交叉可以得到 $\mathbb{T}_p = \ker([f_p])$ 的近似值所在的子空间(图 6.6(a))。

本章提出了用于定位的算法 15,其中式(6.27)中的每一个约束都被相关的收缩子所应用。并且收缩子 $\mathcal{C}_f$ 和 $\mathcal{C}_h$ 是由基于表达式 f 和 h 的算术运算符简单组合建立起来的。

算法 15 temporalSLAM(in:$[\boldsymbol{v}](\cdot),[\boldsymbol{u}](\cdot),[\boldsymbol{z}](\cdot),\varepsilon$,inout:$[\boldsymbol{x}](\cdot)$)

1: $\mathcal{C}_f([\boldsymbol{v}](\cdot),[\boldsymbol{x}](\cdot),[\boldsymbol{u}](\cdot))$	▷演化函数
2: $\mathcal{C}_{\frac{\mathrm{d}}{\mathrm{d}t}}([\boldsymbol{x}](\cdot),[\boldsymbol{v}](\cdot))$	▷ $[\boldsymbol{x}](\cdot)$ 和 $[\boldsymbol{v}](\cdot)$ 达到一致性状态
3: $\mathcal{C}_h([\boldsymbol{p}](\cdot),[\boldsymbol{x}](\cdot))$	▷在配置函数中的新的包络边界
4: $\mathcal{C}_h([\boldsymbol{w}](\cdot),[\boldsymbol{v}](\cdot))$	▷相应的导数
5: $\mathcal{C}_{p\Rightarrow z}([\boldsymbol{p}](\cdot),[\boldsymbol{w}](\cdot),[\boldsymbol{z}](\cdot),\varepsilon)$	▷跨时区分辨率
6: $\mathcal{C}_h([\boldsymbol{p}](\cdot),[\boldsymbol{x}](\cdot))$	▷状态收缩

备注 6.2 使用算法 14 中提供的 $\mathcal{C}_{p\Rightarrow z}^{\mathrm{fast}}$ 收缩子以提高算法的运行速度。该算法称为 fastTemporalSLAM,将在下一节中进行说明。

6.3 应用:基于 SLAM 的水下探测

已提出的方法将通过 Daurade AUV 的两个水下试验进行验证。由于该定位需通过用声学方法获得的高度测量来实现,所以本章将这个问题称为探测 SLAM。

① 注意,如果有二阶导数信息,本章也可以将其考虑在内。

6.3.1 概述

1. 回声探测器

探测 SLAM 一直是许多学者的研究对象(Barkby et al,2009;Palomer et al,2016),他们都采用概率的方法进行研究。该研究还主要依赖于多波束回声探测仪,这种昂贵的声波探测仪为每个传感器脉冲提供了垂直点的扫描①。图 6.1 所示为这种声呐的覆盖范围。为了有效地对每个重叠数据进行映射匹配,已经做了大量的工作(Chailloux et al,2011;Ledbiond et al,2005)。

然而,多波束声呐由于需控制其成本或者执行的任务类型特殊,故不能放置于航行器上。那么,SLAM 必须考虑使用单波束回声探测仪,很少有人对其进行研究(Barkby,2011;Bichucher et al,2015)。由于重叠的很少,所以这个问题确实具有挑战性。因为相关信息的缺乏,本章将处理一维观测向量。

2. 从 DVL 传感器获取高度

根据这一思路,本章还将假设高度测量由 DVL 提供,而不是由传统的单波束回声探测仪提供。这种假设的优点是几乎适用于所有配备远程导航的 AUV。实际上,相同的传感器也能够提供对于本章定位方法所必需的速度和高度的测量值。此外,使用相同的传感器进行测量简化了对杆臂的计算。

然而,从 DVL 获取的高度信息是经过严格滤波处理的。这种传感器发射四个波束,在高海拔的情况下,这些波束可以覆盖海底的大片区域。图 6.11 给出

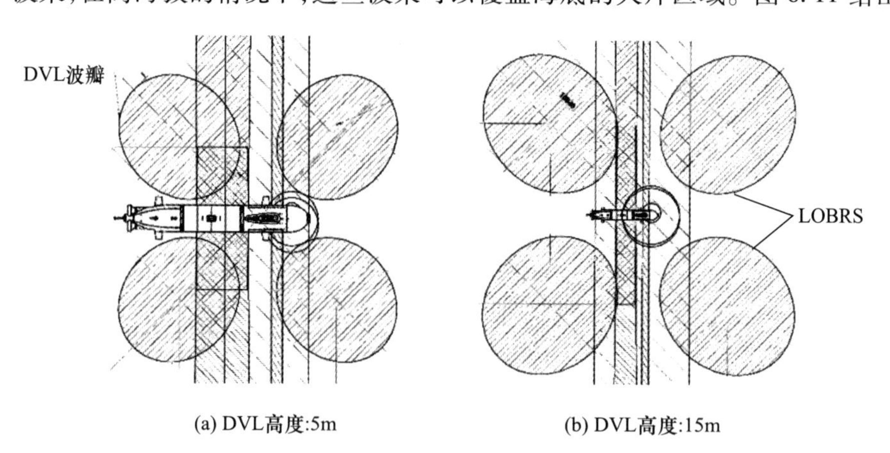

图 6.11 俯视图下 DVL 波束的覆盖范围。椭圆代表可以近似计算高度的 DVL 波瓣。因此,机器人的高度越高,被滤除的波束越多(来源:Daurade 技术数据表)

① 例如,多波束回声探测仪可以提供 120°范围内的 120 个波束的数据。

了 DVL 波束范围的剖面图。因此,机器人的高度越高,被滤除的数据越多。此外,在这种情况下很难估计测量误差,数据表很少给出关于高度测量的可靠标准偏差。

在接下来的章节中将考虑从 DVL 中获得高度测量值 z_{alt},并且单波束回声探测仪将提供更加准确的结果。Daurade 的嵌入式声呐系统的技术问题将导致无法进行精确测量。本章计划用更精确的探测仪进行试验,其技术指标(标准偏差)由制造商提供。

目前,本章除了使用一个任意的标准偏差的测量值 z_{alt} 外别无选择。因此,本章给出的试验结果对于评估用 DVL 保证 Daurade 定位方法的可靠性并不一定准确。然而,这一测试示例对于理解本章 SLAM 基础中的迭代分辨率和计算时间仍然是有用的。

3. 随时间变化的测量

机器人的垂直高度在执行任务时会发生变化。高度观测需要添加到用精确压力传感器获得的深度 z_{depth} 中。此外,重要的是要考虑到任务中海平面的上升和下降。为此,可以通过与海洋观测器相结合的潮汐模型来实现更高的精度。在本章的应用程序中,将使用一个正弦模型:

$$z_{\text{tide}} = ma\sin^2\left(\frac{\pi/2 \times \Delta t}{Du}\right) \tag{6.29}$$

式中:z_{tide} 为距离给定参考 z_0 的高度变化;ma 为潮差;Δt 为从选择的参考时间开始所经过的时间;Du 为潮汐的持续时间。

在经典的潮汐图中这些值都是可以获取的。请注意,潮汐基准 z_0 不会对分辨率方法产生影响,同 Borda 示例中质量 m_0 的情况一样(见 6.1.3 节中 Borda 的双称重法)。

最后的观测值根据各自的标准偏差表示为

$$z = z_{\text{alt}} + z_{\text{depth}} + z_{\text{tide}} \tag{6.30}$$

这种观测只依赖于机器人的水平位置,它的垂直高度是不变的:AUV 的航向不会影响测量①,本章将进一步假设俯仰角 θ 和滚转角 φ 几乎为零②。

4. 本体感知的测量

机器人用状态向量 $\boldsymbol{x}$ 来描述,其中 $(x_1, x_2)^{\mathrm{T}}$ 为水平位置,x_3 为深度。简单起见,这里将使用 3.4.4 节中介绍的不带惯性组合的模型:

---

① 假设 DVL 波瓣的覆盖范围和传感器的水平方向无关。

② 这是一个符合实际的假设,因为 Daurade 在测量中精度较高,而且 $\sin\theta \approx \sin\varphi \approx \sin 0 \approx 0$ 对高度的影响不大。

$$\begin{pmatrix} \dot{x}_1 \\ \dot{x}_2 \\ \dot{x}_3 \end{pmatrix} = \boldsymbol{R}(\psi,\theta,\varphi) \cdot \boldsymbol{v}_{\mathrm{r}} \tag{6.31}$$

式中：$\boldsymbol{R}(\psi,\theta,\varphi)$为式(3.32)给出的欧拉矩阵；$\boldsymbol{v}_{\mathrm{r}} \in \mathbb{R}^3$为由DVL提供的速度矢量并在机器人坐标系中表示出来。

INS应用的组合模型也可以考虑，而且由于它们也依赖于惯性测量，所以精度应该更高。然而，定位误差的精确描述并不总是现成的或是由误差模型定义的。

5. 空间假设

这个空间被认为是欧几里得空间，当探索区域为几百米范围时，这是一个相当符合实际的假设。而在更广阔的环境中，为了保证输出的可靠性，必须在方程中考虑地球的曲率积分。这只会影响演化和跨区间方程，解决方法将保持不变。

6.3.2 Daurade水下任务(2015年10月20日)

本章所述的试验地点在法国布雷斯特港(Rade de Brest，图6.12)。2015年10月20日进行了第一次试验(图6.13)。

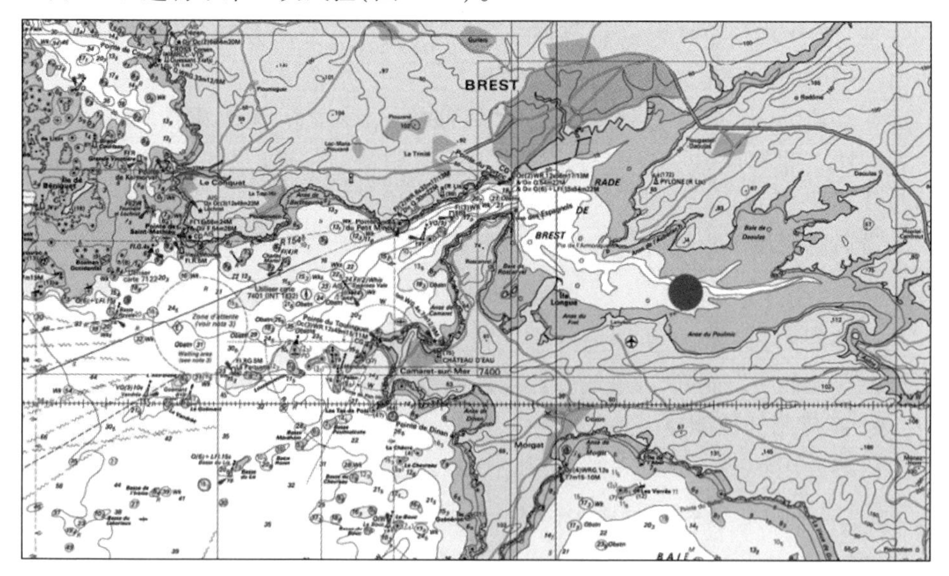

图6.12　任务执行区域位于布雷斯特港(拉斯卡斯多边形 Polygone de Rascas)WGS84，48°18′07.20″N，4°24′19.68″W(图片来源：SHOM)

图 6.13　2015 年 10 月 20 日，试验之前，Daurade 在 Aventurière Ⅱ号的工作甲板上（图片来源：S. Rohou）

在 1h40min 内，Daurade 勘察了 25 公顷的海底区域并且没有浮出水面。任务船 Aventurière Ⅱ号操作员设计的轨迹是一种可以覆盖整个区域的经典牛耕式轨迹（图 6.16）。

这种轨迹已经在 5.2.4 节中介绍过，证明了存在 114 个回路。本章将使用式（6.31）的模型，并在该数据集上应用实时 SLAM 方法，以及图 6.14 所示的水深测量法。

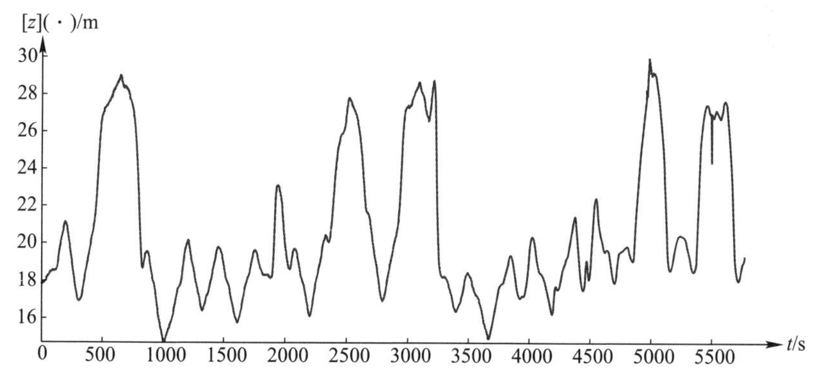

图 6.14　观测包络边界$[z](\cdot)$表示包含从 DVL、压力传感器和潮汐模型获得的水深测量数据（2015 年 10 月 20 日）

第一步，应用 fastTemporal SLAM 算法，调用 $\mathcal{C}_{p\Rightarrow z}^{\text{fast}}$ 运算符在 16min 内完成 5 次迭代直到一个固定点。可以注意到，这种迭代方法带来了新的回环检测和新的环路验证,为下一阶段算法运行引入了新的约束(图6.15)。

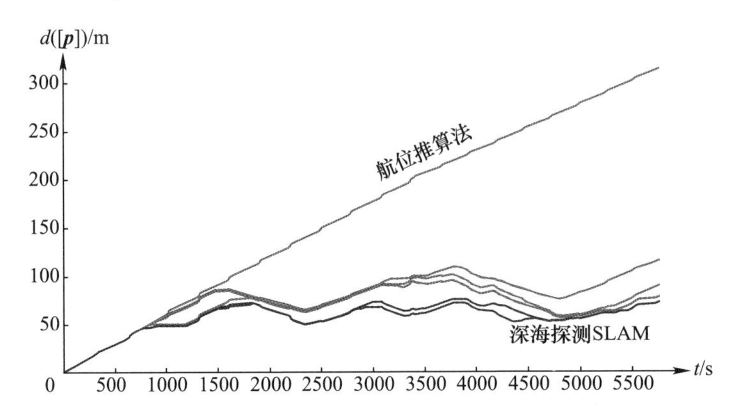

图6.15　Daurade沿任务漂移的厚度曲线图。由于是速度量的单次积分,所以初始漂移是线性的,如式(6.31)。然后迭代应用算法fastTemporalSLAM直到一个固定点。它在[**p**](·)上的运算效率用蓝色点标出。然后,应用temporal SLAM算法得到的更精确的结果用红色线标出。在$t=5760$s时,图中的最后一个值表示图6.16中绘制的红色方框的对角线长度(2015年10月20日)

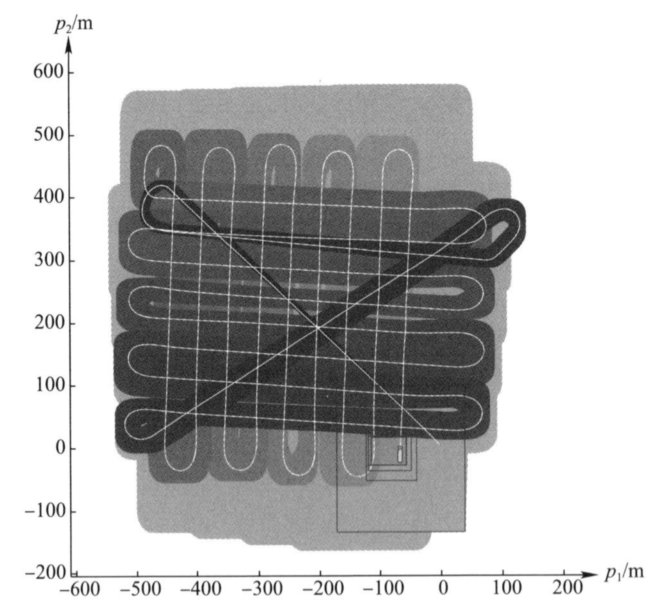

图6.16　任务投影。在1h36min内,机器人在海面下不断运动。灰色区域表示有界航位推算结果,蓝色包络边界表示temporal SLAM算法得到的结果。白线是通过USBL修正其嵌入的INS估计得到的Daurade轨迹。红色的方块代表包络边界的最后一部分[**p**](·),通过迭代算法依次减少(2015年10月20日)

对$[\boldsymbol{p}](\cdot)$的主要收缩在第一次迭代中执行,最后一部分$[\boldsymbol{p}](t_f)$的漂移在259s内减少了63%。因此,如果快速收敛性比精度更重要,则可以应用fastTemporalSLAM方法而无需执行迭代求解的过程。

在到达指定地点后,采用完整的temporal SLAM算法来细化结果。最好的结果是在143min后得到的,漂移误差减小了77%(表6.2)。同时该算法是多线程的,并且是在八核处理器上执行的。运算速度可以在很多方面得到改进,例如,通过尝试使用SIVIA算法的另一个参数ε,通过改进$\mathcal{C}_{\text{eval}}$(一个可以被调用上千次的运算符)或者通过另一台计算机绘制包络边界或t-plane轨迹。

表6.2 Daurade试验中的SLAM迭代。每一行对应于收缩子$\mathcal{C}_{p\Rightarrow z}$或者$\mathcal{C}_{p\Rightarrow z}^{\text{fast}}$的一次迭代。百分比栏表示最终位置$[\boldsymbol{p}](t_f)$的收缩率,初始位置则是从航位推算方法得到(2015年10月20日)

	检测到的环路数量	通过验证的环路数量	计算时间/s	累计时间/s	$[\boldsymbol{p}](t_f)$收缩率	SLAM算法
1	122	104	259	259	63.22%	快速
2	128	112	192	451	71.46%	快速
3	128	112	172	623	75.17%	快速
4	129	115	180	803	75.22%	快速
5	129	115	182	985	75.22%	快速
固定点						
6	129	115	2708	3693	76.91%	准确
7	129	115	2506	6199	76.96%	准确
8	129	115	2391	8590	76.96%	准确
固定点						

6.3.3 Daurade水下任务(2015年10月19日)

本章基于约束的方法对于时间和观测类型没有限制。因此,可以在初始条件未知情况下使用SLAM方法(参见3.4.3节中绑架机器人问题)。

19日在同一区域进行的另一个试验中,应用temporal SLAM算法结果见图6.18和图6.19。在任务中假设可以获得精确的定位估计。图6.18显示了这个参考的向前以及向后传播。

此外,fastTemporal SLAM算法与完整的temporal SLAM算法相比,可能会得

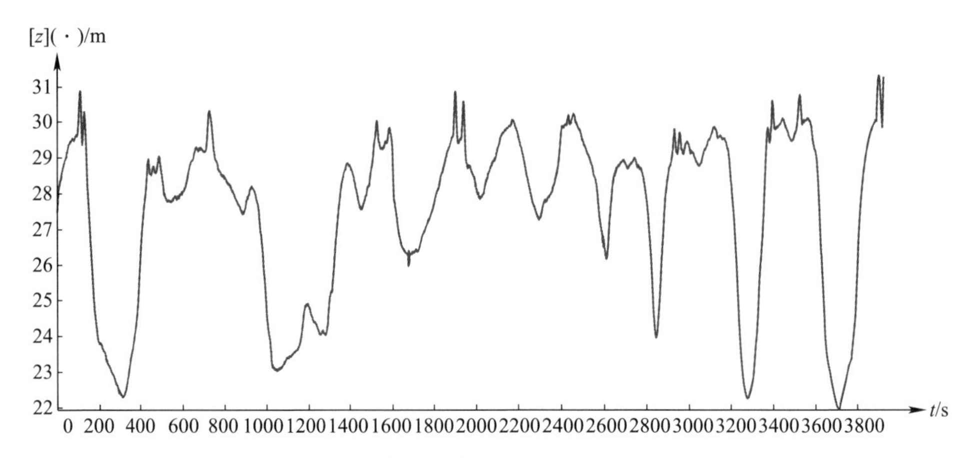

图 6.17　观测包络边界[z](·)(2015 年 10 月 19 日)

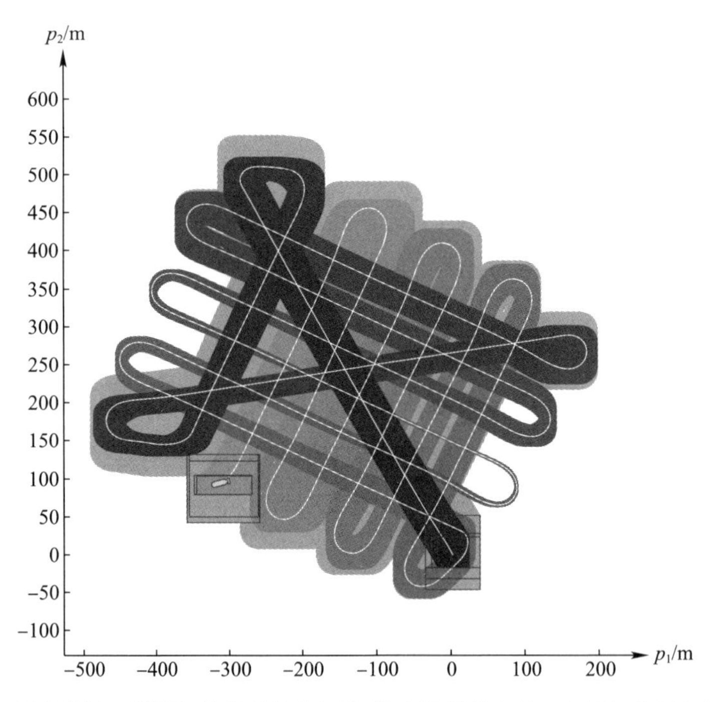

图 6.18　任务投影。假设初始状态是未知的,约束从任务中的一个已知位置向前和向后传播。红框显示初始和最终状态下的估计改进(2015 年 10 月 19 日)

到较差的结果(表 6.3)。在这个试验中,使用精确变量可以得到显著改善定位结果。这意味着,封装在盒子$[\boldsymbol{b}] = [\Omega_i]$中的循环集 Ω_i的包围效应十分重要。为了选择合适的算法并进行应用,应该对这种负面效应进行评估,但是这些包围对收缩的全局影响是难以预测的。

表 6.3 Daurade 试验的 SLAM 迭代。在 1h 5min 内，机器人在水下运动。百分比栏表示$[\boldsymbol{p}](t_0)$的收缩率，初始值是用反向推算方法得到的（2015 年 10 月 19 日）

	检测到的环路数量	通过验证的环路数量	计算时间/s	累计时间/s	$[\boldsymbol{p}](t_0)$收缩率	SLAM 算法
1	76	65	93	93	22.76%	快速
2	78	67	90	183	22.76%	快速
3	78	67	108	391	22.76%	快速
不动点						
4	78	67	1726	2017	31.47%	准确
5	77	67	1392	3409	46.96%	准确
6	77	67	1424	4833	51.85%	准确
7	77	68	1470	6303	51.85%	准确
不动点						

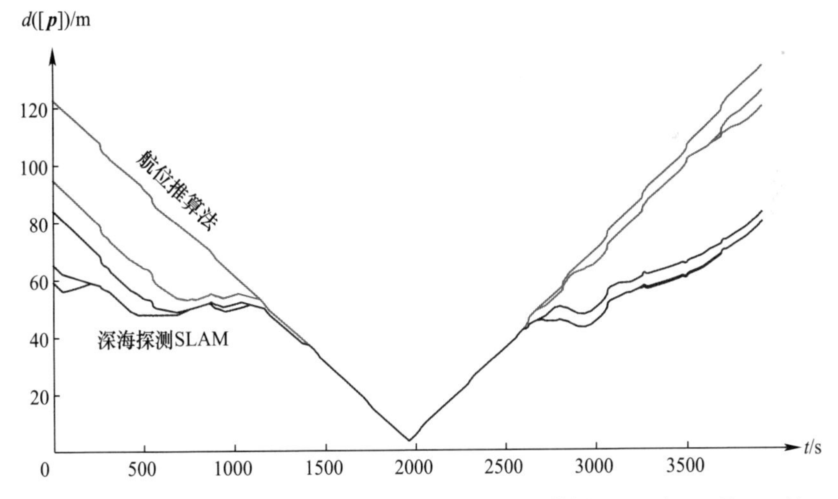

图 6.19 厚度曲线图，约束从 $t=1965$s 的有界状态传播（2015 年 10 月 19 日）

1. 10 月 19 日试验总结

图 6.20 所示为 19 日和 20 日这两个试验期间机器人所覆盖区域的数字高程模型（DEM）。值得注意的是，这张地图并没有被用于 SLAM。但是，为了分析每个循环的收缩情况，针对 DEM 提出了一种可行的观测方法。不过这种方法并

没有完全应用于 10 月 20 日的试验。

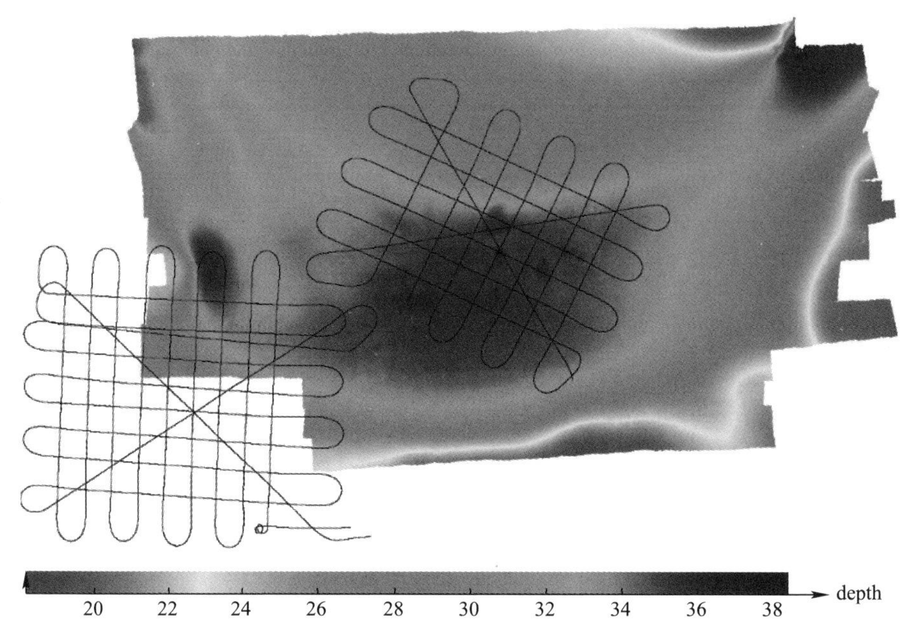

图 6.20　装备多波束回声探测仪和 GNSS 定位的船只在另一次行动中获得的该区域的数字高程模型(DEM)。地图上绘制了试验的轨迹,便于水深测量的可视化(图片来源:SHOW)

相比于 10 月 20 日的试验,10 月 19 日试验得到的结果不是太令人信服,其原因可能是在 20 日的试验中执行了大量有利于定位约束的回路。此外,在 DEM 中可以看出,19 日试验所在的海底环境更为平滑。

6.4　讨论

6.4.1　与现有技术的关系

在过去的几十年里,研究人员为了解决 SLAM 问题已经开展了大量的工作。本章将使用 Thrun 和 Leonard(2008)中给出的分类法以区分出主要的方法,并将重点放在这个领域。

1. 完整 SLAM 与在线 SLAM

在线 SLAM 算法是估计机器人当前位置,而不是完善过去的轨迹。这些方法构建的地图通常是逐渐完善的。而一个完整的 SLAM 算法将在全局解析期间识别过去的状态进而构建完整地图。本章的方法是在完整 SLAM 的背景下进行的研究,对在线 SLAM 算法的扩展还在进行中。

2. 拓扑和度量

拓扑方法通过定义要素之间的关系来构建映射,例如,点 a 与点 b 相邻。这种定性的映射适用于导航。另外,度量方法通过位置之间的度量关系来构成映射,如根据已经执行的状态估计来构建映射。

3. 体积与特征

用体积法处理高分辨率图,提供了一个环境的真实重建。与基于特征的方法不同的是,这通常意味着需要进行复杂的计算和绘制高维图,这种方法在勘测过程中可以提取相关信息。在基于特征的方法中,地图相当于一组要素,这是一种有效的信息汇总方法,但可能会丢失有用的数据。而本章提出的方法既不基于体积也不基于特征,而是基于时间的,即获取到的信息之间的关系完全基于时间。

4. 已知与未知

当感测目标被识别时,就可以搜索到对应的关系。这就是所谓的数据关联问题。另一种不依赖于地标识别的方法被归类为未知对应方法,本章的 SLAM 方法就是这种类型。

5. 静态和动态

动态方法假定环境可能会随时间而改变,这是非常复杂的。所以,在文献中大多数方法都是静态的,尽管使用了演化模型,但本章也是这样的情况。如式(6-29),任何不可预测的变化都将破坏分辨率。

6. 不确定性的小和大

有些方法只有在位置估计不确定性较小的情况下才有效。相反,其他方法可以处理较大的不确定性,比如环路闭环问题。本章的方法能够在最坏的有界误差环境下检测和验证环路的闭合。

7. 主动和被动

主动 SLAM 方法把机器人的控制集成到自身的解析过程中。因此,通过选择再次访问的区域,可以使探索更加全面,更容易细化定位。因为只是单纯地观测数据集,所以本章的方法是被动的,没有对机器人进行控制。

8. 单机器人和多机器人

在过去的几年里,多机器人任务越来越流行,这为定位问题提供了新的约束条件,同时增加了观测传感器的覆盖区域。本章方法涉及单个机器人,将其扩展到多机器人协同领域将是未来工作的目标。

9. 概率与集员

本章的方法提供了有保证的试验结果,这是集员方法相对概率方法的一个巨大优势。表 6.4 列出了这些方法的综合对比情况。

表 6.4　本章方法在 SLAM 中的定位

<table>
<tr><td colspan="6">比较</td></tr>
<tr><td colspan="3">完整 SLAM</td><td colspan="3">在线 SALM</td></tr>
<tr><td colspan="3">拓扑</td><td colspan="3">度量</td></tr>
<tr><td colspan="2">体积</td><td colspan="2">时间</td><td colspan="2">特征</td></tr>
<tr><td colspan="3">已知</td><td colspan="3">未知</td></tr>
<tr><td colspan="3">静态</td><td colspan="3">动态</td></tr>
<tr><td colspan="3">不确定性小</td><td colspan="3">不确定性大</td></tr>
<tr><td colspan="3">主动</td><td colspan="3">被动</td></tr>
<tr><td colspan="3">单机器人</td><td colspan="3">多机器人</td></tr>
<tr><td colspan="3">概率</td><td colspan="3">集员</td></tr>
</table>

6.4.2　贝叶斯分辨率

可以通过贝叶斯方法来解决 temporal SLAM 问题。然而,集员方法更适合这种情况,特别是包络边界可能是无限维的空间。事实上,考虑到一个定义为三倍于 t_1、t_2、t_3 的轨迹,相应的空间将是三维的。在连续的情况下,这个空间变成了无限维。

贝叶斯方法在高维空间中的表现很差。例如,沿着每个维度平分一个盒子 $[a] \in \mathbb{IR}^{250}$ 将会有 2^{250} 种可能性①。这些都是独立测试的情况。相反,如果只处理边界,可以认为集员方法在这种情况下更有效。

此外,本章的时间区间分析方法依赖于式(6-11)中定义的隐含约束。它使本体感知的信息和外部测量的信息之间存在很强的依赖性,而贝叶斯方法通常采用独立变量。

6.4.3　传感器偏置误差

时间区间分析方法对于有偏置误差的测量传感器是有效的。未知但恒定的偏置 $\boldsymbol{b}$ 不会影响 $z(t_1)$ 与 $z(t_2)$ 等价的关系,即 $z(t_1)+\boldsymbol{b}=z(t_2)+\boldsymbol{b}$。这在处理跨时间测量时很常见,就像 Borda 的双称重法一样。在实际中,这种方法的主要

① 作为一个数量级,2^{250} 相当于宇宙中原子的数量。

优点是可以应用于未校准的测量传感器。

6.4.4 传感器波动误差

很容易理解，在长时间连续观测的情况下本章的方法是有局限性的，即 $\dot{z}(\cdot)=0$。事实上，$[z](\cdot)$ 的核特征由于无法确定而不允许任何循环集收缩。另外，表现出强烈波动的信号不会对时间集 $(\mathbb{T}_p)_i$ 进行有效的收缩。图 6.7 表现出一种有效的收缩，而这种波动效应在图 6.21 中被凸显出来。

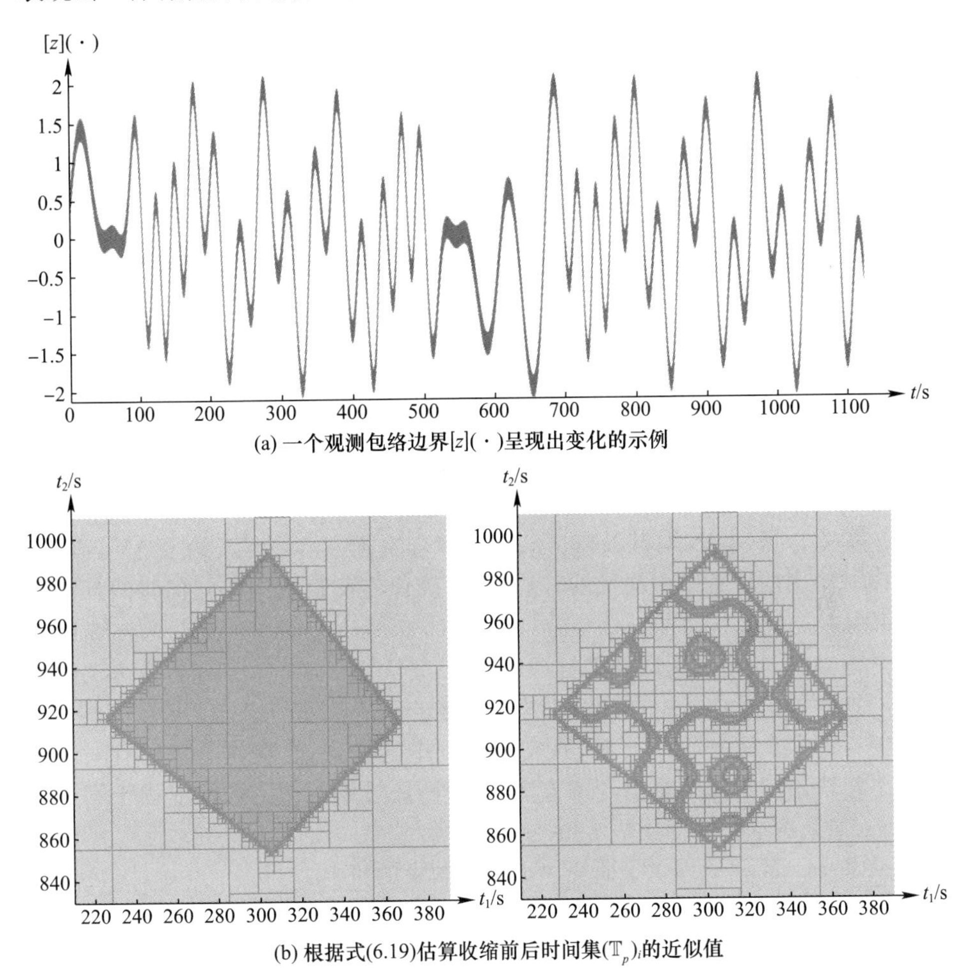

图 6.21 在观测值波动太大的情况下，时间上无效收缩的一个示例。循环集的收缩很少，它的包络边界没有明显的减小。因此，预期在 $[\boldsymbol{p}](\cdot)$ 上的收缩会很少

实际上很难对 $z(\cdot)$ 的最佳预测性能进行估计。波动程度与最初航位推算的时间漂移密切相关。然而,在任何情况下的测量都是有用的,并且许多标量的融合很容易通过单个向量 $\boldsymbol{z} \in \mathbb{R}^p$ 来实现。

6.5 小结

本书的第四个贡献是提出了一种新的可靠 SLAM 方法。

1. 与机器人相关的贡献

用于解决问题的时间区间分析方法的主要创新之处在于,把参考时间当成未知变量来估计。因此,定位过程并不依赖于传统的映射来建立,而是依赖于一组需要近似的时间参考。

该方法在 Daurade AUV 的实际试验中得到了验证。在单波束回声探测器的情况下,它揭示了该方法在定位不确定性强以及观测测量结果不佳情况下的表现。此外,该方法是基于所谓的跨区间测量,即使在观测函数的解析表达式未知的情况下,该方法也适用于任何类型的常值观测。

如果在本章的插图中使用水深数据,那么还可以使用其他类型的测量方法。例如,一个在暗室中逐渐改进的陆地机器人可以连续感受到该地方对声音刺激的声学反应。然后,temporal SLAM 方法通过比较不同时间的声信号,可以在一个经过验证的环路中提高定位精度。

2. 与约束相关的贡献

这项工作通过 CN 对涉及跨区间约束集合轨迹等多种因素的 SLAM 问题进行建模。使用前面章节中提供的方法,可以确保在此过程中的任何时间都满足 SLAM 约束。

然而,对于特定的跨区间隐含约束,仍然无法用常规的收缩子计算方法进行解析。本章提出了由本书前几章方法组合成的新的收缩子 $\mathcal{C}_{p\Rightarrow z}$。尤其是充分展示了第 4 章中介绍的收缩子 $\mathcal{C}_{\text{eval}}$ 在实际应用中的潜力,它提供了一种有限误差条件下将轨迹与时间变量耦合的方法。此外,还证明了 $\mathcal{C}_{p\Rightarrow z}$ 必须依赖于零点验证算法,如第 5 章中详细介绍了拓扑度检验。

总之,SLAM 问题提供了研究以下基本约束的机会:

1）演化约束(第 3 章)

$$\mathcal{L}_{\frac{\mathrm{d}}{\mathrm{d}t}}(\boldsymbol{x}(\cdot),\boldsymbol{v}(\cdot)):\dot{\boldsymbol{x}}(\cdot)=\boldsymbol{v}(\cdot)$$

2）评估约束(第 4 章)

$$\mathcal{L}_{\text{eval}}(t,\boldsymbol{z},\boldsymbol{p}(\cdot),\boldsymbol{w}(\cdot)):\begin{cases}\boldsymbol{z}=\boldsymbol{p}(t)\\ \dot{\boldsymbol{p}}(\cdot)=\boldsymbol{w}(\cdot)\end{cases}$$

3）跨区间评估约束（第6章）

$$\mathcal{L}_{t_1,t_2}(t_1,t_2,\boldsymbol{p}(\cdot),\boldsymbol{w}(\cdot)):\begin{cases}\boldsymbol{p}(t_1)=\boldsymbol{p}(t_2)\\ \dot{\boldsymbol{p}}(\cdot)=\boldsymbol{w}(\cdot)\end{cases}$$

4）跨区间隐含约束（第5章和第6章）

$$\mathcal{L}_{p\Rightarrow z}(\boldsymbol{p}(\cdot),\boldsymbol{w}(\cdot),\boldsymbol{z}(\cdot)):\begin{cases}\boldsymbol{p}(t_1)=\boldsymbol{p}(t_2)\Rightarrow \boldsymbol{z}(t_1)=\boldsymbol{z}(t_2)\\ \dot{\boldsymbol{p}}(\cdot)=\boldsymbol{w}(\cdot)\end{cases}$$

这些约束最终都以收缩子的形式参与到了 temporal SLAM 算法中。

3. 前景

在 SLAM 问题上还有很多工作要做，首先要做的就是将本书的工作与其他 SLAM 方法进行比较。由于结果的异质性，集员方法与概率方法的比较可能没有意义，但可以将几种方法进行融合，从而改进概率方法。

关于探测 SLAM 方法，使用更适合的传感器（如单波束回声探测器）开展新的试验是受欢迎的。根据未来几个月 Daurade 的可用性，可以将该方法应用于更复杂的 INS/DVL 组合导航模型，这将使轨迹估计的结果更准确。利用高精度的水深传感器，就可以评估该方法是如何在较长一段时间内保持水道测量的特殊次序的。进一步的试验涉及更小的水下机器人（如本书介绍的 Toutatis AUV），或者更知名的机器人（如 Comet①、Iver②、Remus 100③ AUV），将会进一步说明这种方法对于低成本载体和拥有较高测量不确定性载体的有效性。

在6.4节中讨论过，本章介绍的方法是被动的，算法在运行过程中不输出对机器人的控制信息。为了尽可能有效地改善定位性能，有必要研究一种主动 SLAM 方法来决定移动到哪里。这样的策略可能会导致相关环路的增加，从而增加有价值的观测约束。在海底的非均匀、非平坦的区域检测环路是很有趣的。

另外该方法的映射部分还没有得到深入研究。每一次测量都引用一个精确的时间 t，它在空间上对应于在过程中收缩的位置 boxV $\mathbb{IR}^2$。在本章的应用程序中，可以集成多种方法（如测深内插法）以建立一个完整的映射。可靠的映射近似也可以基于区间分析方法开展研究。如 Desrochers 和 Jaulin（2017）提出的方法。

---

① Comet AUVs：http://rtsys.eu/en/drones/comet.

② Iver AUVs：http://www.iver-auv.com.

③ Remus 100 AUVs：http://www.km.kongsberg.com.

最后,约束 $\mathcal{L}_{p\Rightarrow z}(\boldsymbol{p}(\cdot),\boldsymbol{w}(\cdot),\boldsymbol{z}(\cdot))$通过一个涉及二维轨迹 $\boldsymbol{p}(\cdot)$的应用程序进行了说明。该约束要求的零点验证算法应该根据 $\boldsymbol{p}(\cdot)$的维数进行扩展。第5章给出了拓扑度检验的二维实现,但仍然期待在高维测试中以最普适的方法处理 $\mathcal{L}_{p\Rightarrow z}$,这项工作正在进行中。

第7章　总　　结

7.1　结论

本书研究了在非结构化环境中执行动态任务的水下自主机器人的定位问题。这项工作的创新点是使用了实时约束和跨区间测量，为解决定位问题提供了新思路，并促进了区间分析和约束编程领域学术研究的发展。本书的方法在水下试验场景中得到了验证，也可以考虑将其应用于其他领域，如自动控制、避障、路径规划、地面定位或空间轨线评估。

本书的写作初衷是在外辅助信息匮乏的环境下对移动机器人进行定位。SLAM 方法允许同时对移动对象进行定位以及地图绘制，而不需要事先了解环境或使用定位系统。然而，现有方法无法提供精确的结果，存在测量精度低、观测函数未知或不确定性严重等问题。此外，它们无法提供预期的满足安全要求的有保证的结果。

本书通过采用“时间”方法来解决“空间”问题。事实上，时间参考将状态估计值和环境观测值联系在一起，但由于传感器存在误差，这些都是不确定的空间值。这些值的结合将导致不确定度增大，本书建议在代表跨区间配置的双时空中处理它们。这种观点不同于只考虑空间不确定性而不进行实时参考估计的方法。

第6章详细阐述了这种实时 SLAM，并提供了水下试验的图例进行说明。本书的目的是用约束编程和区间分析来解决这个问题。用约束和可行解集来描述问题，可以完美地处理复杂情况或糟糕的数据集。此外，本书提出的算法只需要对两个参数进行设置，即包络边界函数 δ 的时间离散化形式和集逆算法(SIVIA)的精度 ε。

为实现目标，本书主要研究了三种约束。所有这些约束都是通过设计新的运算符来收缩动态解的可行域，进而筛选轨迹(即所谓的包络边界函数)。早期的研究对象是 $\mathcal{L}_{\frac{d}{dt}}: \dot{x}(\cdot)=v(\cdot)$，但缺少可靠的收缩子。第3章给出了新的收缩子 $\mathcal{C}_{\frac{d}{dt}}$ 的定义和证明，也论述了其在机器人中的应用。本书还讨论了实时 SLAM 在克服轨迹评估时涉及负面效果时的局限性。

本书对第二种约束 $\mathcal{L}_{\text{eval}}: z = y(t)$ 进行了充分研究。它能够处理强烈的时间不确定性,在状态估计领域中很少使用集员方法。第 4 章介绍了 $\mathcal{C}_{\text{eval}}$,它的目的是处理给定时间内轨线评估的所有不确定性。它在机器人问题上的应用(如时钟漂移的校正),是迈向新解决方法的第一步。第 6 章介绍了通过这一收缩子来完成水下机器人定位的典型应用场景。

本书针对 SLAM 问题还提出了一种由 $\mathcal{L}_{p\Rightarrow z}: \boldsymbol{p}(t_1) = \boldsymbol{p}(t_2) \Rightarrow \boldsymbol{z}(t_1) = \boldsymbol{z}(t_2)$ 表示的所谓跨区间约束。它的实现需要对一种新的零点验证算法进行研究,该算法已成功应用于机器人,以验证沿不确定轨线的环路的存在性。第 5 章验证了拓扑度理论在有限误差情况下与函数评估耦合时的有效性。在机器人应用中,我们讨论了该方法的最优性。这些结果对 $\mathcal{C}_{p\Rightarrow z}$ 收缩子的有效性有很大的影响,这在第 6 章中有详细的说明,同时在深海 SLAM 场景下进行了验证。

总而言之,本书推动了机器人定位方法的发展,并提出了一种处理动态系统的声明式方法,促进了约束编程领域的发展。目前已搭建了可靠的收缩子框架,它可以建立动态系统的解算器。本书已将这套方法与机器人应用程序融合到一起。

7.2 相关成果发表情况

7.2.1 论文

3~6 章的内容发表在相关机器人期刊上。我们计划用精确的数据集来进行新的试验,以进一步评估所提出方法在水下导航中的有效性。

与本书相关的已发表的论文如下:

1. Rohou S,Jaulin L,Mihaylova L,Le Bars F,and Veres S M (2017). Guaranteed computation of robot trajectories. Robotics and Autonomous Systems,93:76 – 84.

2. Rohou S,Franek P,Aubry C,and Jaulin L(2018a). Proving the existence of loops in robot trajectories. The International Journal of Robotics Research,37(12): 1500 – 1516.

3. Rohou S,Jaulin L,Mihaylova L,Le Bars F,and Veres S M(2018b). Reliable non – linear state estimation involving time uncertainties. Automatica,93:379 – 388.

7.2.2 开放的源程序库

本书作者作为第一完成人所开发的开放源程序库 Tubex,参见网站:http://www. simon – rohou. fr/research/tubex – lib。

该程序库含有本书提到的所有基本方法,读者能够处理仿真的示例并且自行编程以解决更多特定的动态问题。

7.3 前景

目前,对于动态系统可以通过将系统分解成一组包含向量、轨线或集合的基本约束来解决。然后,读者可以适当地定义变量的初始域,并使用所提供的收缩子来近似解集。当然,这也需要读者具备一定的数学基础来有效地处理区间、包络边界函数、收缩子并完成相关设置。这种约束编程方法确实可以给读者提供不错的思路,但也需要在设计方案时进行更深层次的思考。

后续的工作是设计一种专门的编程语言来描述问题,这将涉及相关语法、语义以很好地处理广泛的问题。同时也需要研究这种语言和它在收缩子形式之下的编译方式。例如,包络边界函数应选取适当的离散周期 δ 进行离散化。尽管本书已经解释过收缩子的调用顺序对最终结果没有影响,但读者依然可以通过设计智能调用顺序来加快计算速度。

此外,通过将本书的方法与其他方法相结合,可以拓展书中方法的应用范围。如第 3 章介绍的,可以融合几种方法来避免过优估计。此外,可以通过将本书的方法与一些欧拉方法相结合来处理混合约束的复杂任务(Le Mezo et al, 2018)。

若读者仅关注问题本身的话,则可忽略本书中的优化过程。Contredo 团队① 将在未来三年内招募专注于这个领域的学者和工业合作伙伴开展进一步研究。

---

① 来自法国国家研究机构(ANR)。ANR 计划:(DS0702) 2016。项目 ID:ANR - 16 - CE33 - 0024。项目协调人:Pr. Gilles Trombettoni。

参考文献

Abdallah, F., Gning, A., and Bonnifait, P. (2008). Box particle filtering for nonlinear state estimation using interval analysis. *Automatica*, 44(3), 807–815. Available: http://www.sciencedirect.com/science/article/pii/S0005109807003731.

Alexandre dit Sandretto, J. and Chapoutot, A. (2016). Validated explicit and implicit Runge-Kutta methods, *Reliable Computing Electronic Edition*, 22. Available: https://hal.archives-ouvertes.fr/hal-01243053.

Alexandre dit Sandretto, J., Trombettoni, G., Daney, D., and Chabert, G. (2014). Certified calibration of a Cable-Driven robot using interval contractor programming. In *Computational Kinematics: Proceedings of the 6th International Workshop on Computational Kinematics (CK2013)*, Thomas, F. and Perez Gracia, A. (eds). Springer Netherlands, Dordrecht, 209–217. Available: https://doi.org/10.1007/978-94-007-7214-4_24.

Angeli, A., Filliat, D., Doncieux, S., and Meyer, J.-A. (2008). Fast and incremental method for loop-closure detection using bags of visual words. *IEEE Transactions on Robotics*, 24(5), 1027–1037. Available: http://ieeexplore.ieee.org/document/4633680/.

Apt, K.R. (1999). The essence of constraint propagation. *Theoretical Computer Science*, 221(1), 179–210. Available: http://www.sciencedirect.com/science/article/pii/S03043975 99000328.

Araya, I., Neveu, B., and Trombettoni, G. (2008). Exploiting common subexpressions in numerical CSPs. In *Principles and Practice of Constraint Programming: 14th International Conference, CP 2008, Sydney, Australia, September 14–18, 2008. Proceedings*, Stuckey, P.J. (ed.). Springer Berlin Heidelberg, 342–357. Available: https://doi.org/10.1007/978-3-540-85958-1_23.

Araya, I., Trombettoni, G., and Neveu, B. (2012). A contractor based on convex interval taylor. In *Integration of AI and OR Techniques in Contraint Programming for Combinatorial Optimzation Problems: 9th International Conference, CPAIOR 2012. Nantes. France, May 28 – June 1, 2012. Proceedings*, Beldiceanu, N., Jussien, N., and Pinson É. (eds). Springer Berlin Heidelberg, 1–16. Available: https://doi.org/10.1007/978-3-642-29828-8_1.

Reliable Robot Localization: A Constraint-Programming Approach Over Dynamical Systems,
First Edition. Simon Rohou, Luc Jaulin, Lyudmila Mihaylova, Fabrice Le Bars and Sandor M. Veres.

Aubry, C., Desmare, and R., Jaulin, L. (2013). Loop detection of mobile robots using interval analysis. *Automatica*, 49(2), 463–470. Available: http://linkinghub.elsevier.com/retrieve/pii/S0005109812005456.

Aubry, C., Desmare, R., and Jaulin, L. (2014). Kernel characterization of an interval function. *Mathematics in Computer Science*, 8(3), 379–390. Available: https://doi.org/10.1007/s11786-014-0206-9.

Bahr, A., Leonard, J.J., and Fallon, M.F. (2009). Cooperative localization for autonomous underwater vehicles. *The International Journal of Robotics Research*, 28(6), 714–728. Available: https://doi.org/10.1177/0278364908100561.

Bailey, T. and Durrant-Whyte, H. (2006). Simultaneous localization and mapping (SLAM): part II. *IEEE Robotics & Automation Magazine*, 13(3), 108–117. Available: http://ieeexplore.ieee.org/document/1678144/.

Barkby, S. (2011). Efficient and Featureless Approaches to Bathymetric Simultaneous Localisation and Mapping. PhD Thesis, The University of Sydney.

Barkby, S., Williams, S., Pizarro, O., and Jakuba, M. (2009). An efficient approach to bathymetric SLAM. *2009 IEEE/RSJ International Conference on Intelligent Robots and Systems*, 219–224.

Benhamou, F. and Older, W.J. (1997). Applying interval arithmetic to real, integer, and boolean constraints. *The Journal of Logic Programming*, 32(1), 1–24. Available: http://www.sciencedirect.com/science/article/pii/S0743106696001422.

Benhamou, F. and Touraïvane, T. (1995). Prolog IV: Langage et algorithmes. *JFPLC*, 51–64.

Benjamin, M.R., Schmidt, H., Newman, P.M., and Leonard, J.J. (2010). Nested autonomy for unmanned marine vehicles with MOOS-IvP. *Journal of Field Robotics*, 27(6), 834–875. Available: http://doi.wiley.com/10.1002/rob.20370.

Berz, M., (ed.) (1996). *Computational Differentiation: Techniques, Applications, and Tools*. Society for Industrial and Applied Mathematics, Philadelphia.

Bessiere, C. (2006). Constraint propagation. In *Foundations of Artificial Intelligence, vol. 2 of Handbook of Constraint Programming*, Rossi, F., van Beek, P., and Walsh, T. (eds). Elsevier, 29–83. Available: http://www.sciencedirect.com/science/article/ pii/S1574652606800076.

Bethencourt, A. and Jaulin, L. (2013). Cooperative localization of underwater robots with unsynchronized clocks. *Paladyn, Journal of Behavioral Robotics*, 4(4). Available: http://www.degruyter.com/view/j/pjbr.2013.4.issue-4/pjbr-2013-0023/pjbr-2013-0023.xml.

Bethencourt, A. and Jaulin, L. (2014). Solving non-linear constraint satisfaction problems involving time-dependant functions. *Mathematics in Computer Science*, 8(3), 503–523. Available: https://doi.org/10.1007/s11786-014-0209-6.

Bichucher, V., Walls, J.M., Ozog, P., Skinner, K.A., and Eustice, R.M. (2015). Bathymetric factor graph SLAM with sparse point cloud alignment. *IEEE OCEANS'15 Conference*, IEEE, 1–7. Available: http://ieeexplore.ieee.org/document/7404433/.

Borsuk, K. (1933). Drei Sätze über die n-dimensionale euklidische Sphäre. *Fundamenta Mathematicae*, 20(1), 177–190. Available: http://eudml.org/doc/212624.

Bouron, P. (2002). Méthodes ensemblistes pour le diagnostic, l'estimation d'état et la fusion de données temporelles. PhD Thesis, Compiègne. Available: https://hal.inria.fr/docs/00/29/23/80/PDF/RAISSI.pdf.

Boyer, F., Lebastard, V., Chevallereau, C., Mintchev, S., and Stefanini, C. (2015). Underwater navigation based on passive electric sense: New perspectives for underwater docking, *The International Journal of Robotics Research*, 34(9), 1228–1250. Available: https://doi.org/10.1177/0278364915572071.

Caiti, A., Garulli, A., Livide, F., and Prattichizzo, D. (2005). Localization of Autonomous Underwater Vehicles by Floating Acoustic Buoys: A Set-Membership Approach. *IEEE Journal of Oceanic Engineering*, 30(1), 140–152. Available: http://ieeexplore.ieee.org/document/1435582/.

Carbonnel, C., Trombettoni, G., Vismara, P., and Chabert, G. (2014). Q-intersection Algorithms for Constraint-Based Robust Parameter Estimation. *AAAI Conference on Artificial Intelligence, AAAI'14 - Twenty-Eighth Conference on Artificial Intelligence*, Quebec City, Canada, 2630–2636. Available: https://hal.archives-ouvertes.fr/hal-01084606.

Ceberio, M. and Granvilliers, L. (2002). Horner's Rule for Interval Evaluation Revisited. *Computing*, 69(1), 51–81. Available: https://link.springer.com/article/10.1007/s00607-002-1448-y.

Cerone, V. (1996). Errors-in-variables models in parameter bounding. In *Bounding Approaches to System Identification*, Milanese, M., Norton, J., Piet-Lahanier, H., and Walter, E. (eds). Springer, 289–306.

Chabert, G. (2017). IBEX, a C++ library for constraint processing over real numbers. Available: http://www.ibex-lib.org.

Chabert, G. and Jaulin, L. (2009). Contractor programming. *Artificial Intelligence*, 173(11), 1079–1100. Available: http://www.sciencedirect.com/science/article/pii/S0004370209000381.

Chablat, D., Wenger, P., and Merlet, J. (2002). Workspace analysis of the orthoglide using interval analysis. In *Advances in Robot Kinematics*, Lenarcic, J., Thomas, F. (eds). Springer. Dordrecht, 397–406. Available: https://link.springer.com/chapter/10.1007/978-94-017-0657-5_42.

Chailloux, C., Le Caillec, J.-M., Gueriot, D., and Zerr, B. (2011). Intensity-based block matching algorithm for mosaicing sonar images. *IEEE Journal of Oceanic Engineering*, 36(4), 627–645. Available: http://ieeexplore.ieee.org/document/5982090/.

Choi, M., Choi, J., Park, J., and Chung, W.K. (2009). State estimation with delayed measurements considering uncertainty of time delay. *Proc. IEEE Int'l Conf. Robotics and Automation (ICRA 2009)*, Kobe, Japan, 3987–3992.

Cleary, J.G. (1987). Logical arithmetic. *Future Computing Systems*, 2(2), 125–149.

Clemente, L.A., Davison, A.J., Reid, I.D., Neira, J., and Tardós, J.D. (2007). Mapping large loops with a single hand-held camera. *Robotics: Science and Systems*, 2.

Collins, P. and Goldsztejn, A. (2008). The reach-and-evolve algorithm for reachability analysis of nonlinear dynamical systems. *Electronic Notes in Theoretical Computer Science*, 223(Supplement C), 87–102. Available: http://www.sciencedirect.com/science/article/pii/S1571066108004969.

Combastel, C. (2005). A state bounding observer for uncertain non-linear continuous-time systems based on zonotopes, 7228–7234. Available: http://ieeexplore.ieee.org/document/1583327/.

Creuze, V. (2014). Robots marins et sous-marins. Perception, modélisation, commande. *Techniques de L'Ingénieur*, Collection Robotique, base documentaire : TIB398DUO, article: s7783. Available: https://hal-lirmm.ccsd.cnrs.fr/lirmm-01084620.

Cruz, J. and Barahona, P. (2003). Constraint satisfaction differential problems. In *Principles and Practice of Constraint Programming - CP 2003: 9th International Conference, CP 2003*, Rossi, F. (ed.). Kinsale. Ireland. September 29 - October 3, 2003, 259–273. Available: https://doi.org/10.1007/978-3-540-45193-8_18.

Cummins, M. and Newman, P. (2008). FAB-MAP: Probabilistic Localization and Mapping in the Space of Appearance. *Int. J. Rob. Res.*, 27(6), 647–665. Available: http://dx.doi.org/10.1177/0278364908090961.

De Freitas, A., Mihaylova, L., Gning, A., Angelova, D., and Kadirkamanathan, V. (2016). Autonomous crowds tracking with box particle filtering and convolution particle filtering. *Automatica*, 69, 380–394. Available: http://linkinghub.elsevier.com/retrieve/pii/S0005109816300887.

Desrochers, B. and Jaulin, L. (2016). A minimal contractor for the polar equation: Application to robot localization. *Engineering Applications of Artificial Intelligence*, 55(Supplement C), 83–92. Available: http://www.sciencedirect.com/science/article/pii/S0952197616301129.

Desrochers, B., and Jaulin, L. (2017). Computing a guaranteed approximation of the zone explored by a robot. *IEEE Transactions on Automatic Control*, 62(1), 425–430. Available: http://ieeexplore.ieee.org/document/7407600/.

Deville, Y., Janssen, M., and Van Hentenryck, P. (1998). Consistency techniques in ordinary differential equations. In *Principles and Practice of Constraint Programming - CP98: 4th International Conference, CP98 Pisa. Italy, October 26–30, 1998*, Maher, M. and Puget, J.-F. (eds). 162–176. Available: https://doi.org/10.1007/3-540-49481-2_13.

Di Marco, M., Garulli, A., Lacroix, S., and Vicino, A. (2001). Set membership localization and mapping for autonomous navigation. *International Journal of Robust and Nonlinear Control*, 11(7), 709–734. Available: http://doi.wiley.com/10.1002/rnc.619.

Dillon, J. (2016). Aided Inertial Navigation in GPS-denied Environments Using Synthetic Aperture Processing. Technical report, NRC-CNRC.

Drevelle, V. (2011). Study of robust set estimation methods for a high integrity multi-sensor localization. Application to navigation in urban areas. Thesis, Université de Technologie de Compiègne. Available: https://tel.archives-ouvertes.fr/tel-00679502.

Drevelle, V. and Bonnifait, P. (2009). High integrity GNSS location zone characterization using interval analysis. *ION GNSS 2009*. Savannah. GA. United States, 2178–2187. Available: https://hal.archives-ouvertes.fr/hal-00444819.

Drevelle, V. and Nicola, J. (2014). VIBes: A visualizer for intervals and boxes. *Mathematics in Computer Science*, 8(3), 563–572. Available: https://doi.org/10.1007/s11786-014-0202-0.

Dubins, L.E. (1957). On curves of minimal length with a constraint on average curvature, and with prescribed initial and terminal positions and tangents. *American Journal of Mathematics*, 79(3), 497. Available: http://www.jstor.org/stable/2372560?origin=crossref.

Duracz, A. (2016). Rigorous Simulation: Its Theory and Applications. PhD Thesis, Halmstad University, Centre for Research on Embedded Systems (CERES).

Durrant-Whyte, H. and Bailey, T. (2006). Simultaneous localization and mapping: Part I. *IEEE Robotics & Automation Magazine*, 13(2), 99–110. Available: http://ieeexplore.ieee.org/document/1638022/.

Filippova, T.F., Kurzhanski, A.B., Sugimoto, K., and Vályi, I. (1996). Ellipsoidal state estimation for uncertain dynamical systems. In *Bounding Approaches to System Identification*, Milanese, M., Norton, J., Piet-Lahanier, H., and Walter, É. (eds). Springer US, Boston, MA, 213–238. Available: https://doi.org/10.1007/978-1-4757-9545-5_14.

Fonseca, I. and Gangbo, W. (1995). *Degree Theory in Analysis and Applications*. Clarendon Press, Oxford University Press, Oxford.

Fossen, T.I. (1994). *Guidance and Control of Ocean Vehicles*. Wiley, Chichester, New York.

Franek, P. and Ratschan, S. (2014). Effective topological degree computation based on interval arithmetic. *Mathematics of Computation*, 84(293), 1265–1290. Available: http://www.ams.org/mcom/2015-84-293/S0025-5718-2014-02877-9/.

Franek, P., Ratschan, S., and Zgliczynski, P. (2016). Quasi-decidability of a fragment of the first-order theory of real numbers. *Journal of Automated Reasoning*, 57(2), 157–185. Available: https://doi.org/10.1007/s10817-015-9351-3.

Furi, M., Pera, M., and Spadini, M. (2010). A set of axioms for the degree of a tangent vector field on differentiable manifolds. *Fixed Point Theory and Applications*, 2010(1), 845631. Available: http://www.fixedpointtheoryandapplications.com/content/2010/1/845631.

Gning, A. and Bonnifait, P. (2006). Constraints propagation techniques on intervals for a guaranteed localization using redundant data. *Automatica*, 42(7), 1167–1175. Available: http://www.sciencedirect.com/science/article/pii/S000510980600094X.

Gning, A., Ristic, B., Mihaylova, L., and Abdallah, F. (2013). An introduction to box particle filtering [Lecture Notes]. *IEEE Signal Processing Magazine*, 30(4), 166–171. Available: http://ieeexplore.ieee.org/document/6530743/.

Goldsztejn, A. (2006). A branch and prune algorithm for the approximation of non-linear AE-solution sets. *Proceedings of the 2006 ACM Symposium on Applied Computing, Dijon, France, April 23–27, 2006*. ACM, New York, USA, 1650–1654. Available: http://portal.acm.org/citation. cfm?doid=1141277.1141665.

Goldsztejn, A., Hayes, W., and Collins, P. (2011). Tinkerbell is chaotic. *SIAM Journal on Applied Dynamical Systems*, 10(4), 1480–1501. Available: http://epubs.siam.org/doi/10.1137/100819011.

Goubault, E., Mullier, O., Putot, S., and Kieffer, M. (2014). Inner approximated reachability analysis. *Proceedings of the 17th International Conference on Hybrid Systems: Computation and Control, HSCC'14*. ACM, New York, USA, 163–172. Available: http://doi.acm.org/10.1145/2562059.2562113.

Hairer, E., Nørsett, S.P., and Wanner, G. (1993). *Solving Ordinary Differential Equations I* (2nd Revised. Ed.): *Nonstiff Problems*. Springer-Verlag New York, USA.

Hickey, T.J. (2000). Analytic constraint solving and interval arithmetic. ACM Press, 338–351. Available: http://portal.acm.org/citation.cfm?doid=325694.325738.

IHO (2008). IHO Standards for Hydrographic Surveys. Technical Report 44, International Hydrographic Organization.

Janssen, M., Van Hentenryck, P., and Deville, Y. (2001). Optimal pruning in parametric differential equations. In *Principles and Practice of Constraint Programming - CP 2001: 7th International Conference, CP 2001 Paphos, Cyprus, November 26 – December 1, 2001 Proceedings*, Walsh, T. (ed.). Springer Berlin Heidelberg, 539–553. Available: https://doi.org/10.1007/3-540-45578-7_37.

Janssen, M., Van Hentenryck, P., and Deville, Y. (2002). A constraint satisfaction approach for enclosing solutions to parametric ordinary differential equations. *SIAM Journal on Numerical Analysis*, 40(5), 1896–1939. Available: http://epubs.siam.org/doi/10.1137/S0036142901392316.

Jaulin, L. (2002). Nonlinear bounded-error state estimation of continuous-time systems. *Automatica*, 38(6), 1079–1082. Available: http://www.sciencedirect.com/science/article/pii/S0005109801002849.

Jaulin, L. (2009). Robust set-membership state estimation; application to underwater robotics. *Automatica*, 45(1), 202–206. Available: http://www.sciencedirect.com/science/article/pii/S0005109808003853.

Jaulin, L. (2011). Range-only SLAM with occupancy maps: a set-membership approach. *IEEE Transactions on Robotics*, 27(5), 1004–1010. Available: http://ieeexplore.ieee.org/document/5779752/.

Jaulin, L. (2015a). *Mobile Robotics*. ISTE Press, London, and Elsevier, Oxford.

Jaulin, L. (2015b). Pure range-only SLAM with indistinguishable landmarks; a constraint programming approach. *Constraints*, 1–20. Available: https://hal.archives-ouvertes.fr/hal-01298354.

Jaulin, L., Kieffer, M., Didrit, O., and Walter, É. (2001). *Applied Interval Analysis*, Springer London, London. Available: http://link.springer.com/10.1007/978-1-4471-0249-6.

Jaulin, L. and Walter, É. (1993a). Guaranteed nonlinear parameter estimation via interval computations. *Interval Computation*, 3, 61–75.

Jaulin, L. and Walter, É. (1993b). Set inversion via interval analysis for nonlinear bounded-error estimation. *Automatica*, 29(4), 1053–1064. Available: http://linkinghub.elsevier.com/retrieve/pii/0005109893901064.

Jensen, F.B., Kuperman, W.A., Porter, M.B., and Schmidt, H. (2011). *Computational Ocean Acoustics*. Springer New York, New York. Available: http://link.springer.com/10.1007/978-1-4419-8678-8.

Kalman, R.E. (1960). Contributions to the theory of optimal control. *Boletín de la Sociedad Matemática Mexicana*, 5, 102–119.

Konečný, M., Taha, W., Bartha, F.A., Duracz, J., Duracz, A., and Ames, A.D. (2016). Enclosing the behavior of a hybrid automaton up to and beyond a Zeno point. *Nonlinear Analysis: Hybrid Systems*, 20(Supplement C), 1–20. Available: http://www.sciencedirect.com/science/article/pii/S1751570X15000606.

Kurzhanski, A.B. and Filippova, T.F. (1993). On the theory of trajectory tubes - a mathematical formalism for uncertain dynamics, viability and control. In *Advances in Nonlinear Dynamics and Control: A Report from Russia*, Kurzhanski, A.B. (ed.). Birkhäuser Boston, Boston, MA, 122–188. Available: http://link.springer.com/10.1007/978-1-4612-0349-0_4.

Lasbouygues, A., Lapierre, L., Andreu, D., Hermoso, J.L., Jourde, H., and Ropars, B. (2014). Stable and reactive centering in conduits for karstic exploration. *IEEE*, 2986–2991. Available: http://ieeexplore.ieee.org/document/6862278/.

Le Bars, F., Sliwka, J., Jaulin, L., and Reynet, O. (2012). Set-membership state estimation with fleeting data. *Automatica*, 48(2), 381–387. Available: http://linkinghub.elsevier.com/retrieve/pii/S0005109811005322.

Le Gallo, M. (2016). *Le grand livre des motifs bretons et celtiques: Méthode de construction*. Coop Breizh, Spézet. OCLC: 981935364.

Le Mézo, T., Jaulin, L., and Zerr, B. (2018). Bracketing the solutions of an ordinary differential equation with uncertain initial conditions. *Applied Mathematics and Computation*, 318, 70–79. Available: http://linkinghub.elsevier.com/retrieve/pii/S0096300317304976.

Lebastard, V., Chevallereau, C., Girin, A., Servagent, N., Gossiaux, P.-B., and Boyer, F. (2013). Environment reconstruction and navigation with electric sense based on a Kalman filter. *The International Journal of Robotics Research*, 32(2), 172–188. Available: http://journals.sagepub.com/doi/10.1177/0278364912470181.

Leblond, I., Legris, M., and Solaiman, B. (2005). Use of classification and segmentation of sidescan sonar images for long term registration. *IEEE OCEANS'05 Conference, IEEE*, 1, 322–327. Available: http://ieeexplore.ieee.org/document/1511734/.

Lemaire, T., Berger, C., Jung, I.-K., and Lacroix, S. (2007). Vision-based SLAM: Stereo and monocular approaches. *International Journal of Computer Vision*, 74(3), 343–364. Available: https://doi.org/10.1007/s11263-007-0042-3.

Leonard, J.J., Bennett, A.A., Smith, C.M., Jacob, H., and Feder, S. (1998). Autonomous underwater vehicle navigation. *MIT Marine Robotics Laboratory Technical Memorandum*.

Leonard, J.J. and Durrant-Whyte, H.F. (1991). Simultaneous map building and localization for an autonomous mobile robot. *IEEE/RSJ International Workshop on Intelligent Robots and Systems'91*. 'Intelligence for Mechanical Systems, Proceedings IROS '91, 3, 1442–1447.

L'Hour, M. and Creuze, V. (2016). French archaeology's long March to the deep - the lune project: Building the underwater archaeology of the future. In *Experimental Robotics*, Hsieh, M.A., Khatib, O., Kumar, V. (eds). 109, 911–927, Springer International Publishing, Cham. Available: http://link.springer.com/10.1007/978-3-319-23778-7_60.

Mackworth, A.K. (1977). Consistency in networks of relations. *Artif. Intell.*, 8(1), 99–118. Available: http://dx.doi.org/10.1016/0004-3702(77)90007-8.

Maksarov, D.G. and Norton, J.P. (1996). State bounding with ellipsoidal set description of the uncertainty. *International Journal of Control*, 65(5), 847–866. Available: http://www.tandfonline.com/doi/abs/10.1080/00207179608921725.

Matsuda, T., Maki, T., Sakamaki, T., and Ura, T. (2012). Performance analysis on a navigation method of multiple AUVs for wide area survey. *Marine Technology Society Journal*, 46(2), 45–55. Available: http://openurl.ingenta.com/content/xref?genre=article&issn=0025-3324&volume=46&issue=2&spage=45.

Matsuda, T., Maki, T., Sato, Y., and Sakamaki, T. (2015). Performance verification of the alternating landmark navigation by multiple AUVs through sea experiments. *IEEE OCEANS'15 Conference*, IEEE, 1–9. Available: http://ieeexplore.ieee.org/document/7271732/.

Merlet, J.P. (2004). Solving the forward kinematics of a gough-type parallel manipulator with interval analysis. *The International Journal of Robotics Research*, 23(3), 221–235. Available: https://doi.org/10.1177/0278364904039806.

Milne, P.H. (1983). *Underwater Acoustic Positioning Systems*. Gulf Publishing Company, Houston.

Milnor, J.W. (1997). *Topology From the Differentiable Viewpoint*, Princeton Landmarks in Mathematics, Rev. edition. Princeton University Press, Princeton, N.J.

Monnet, D., Ninin, J., and Jaulin, L. (2016). Computing an Inner and an outer approximation of the viability kernel. *Reliable Computing*, 22. Available: https://hal.archives-ouvertes.fr/hal-01366752.

Montemerlo, M., Thrun, S., Roller, D., and Wegbreit, B. (2003). FastSLAM 2.0: An improved particle filtering algorithm for simultaneous localization and mapping that provably converges. *Proceedings of the 18th International Joint Conference on Artificial Intelligence, IJCAI'03*. Morgan Kaufmann Publishers Inc., San Francisco, CA, USA, 1151–1156. Available: http://dl.acm.org/citation.cfm?id=1630659.1630824.

Moore, R. (1966). *Interval Analysis*. Prentice-Hall. Available: https://books.google.fr/books?id=csQ-AAAAIAAJ.

Moore, R. (1979). *Methods and Applications of Interval Analysis*, Studies in Applied and Numerical Mathematics. Society for Industrial and Applied Mathematics. Available: https://books.google.fr/books?id=WYjD2-R2zMgC.

Moore, R.E. (1977). A test for existence of solutions to nonlinear systems. *SIAM Journal on Numerical Analysis*, 14(4), 611–615. Available: http://epubs.siam.org/doi/10.1137/0714040.

Moore, R.E. and Kioustelidis, J.B. (1980). A simple test for accuracy of approximate solutions to nonlinear (or Linear) Systems. *SIAM Journal on Numerical Analysis*, 17(4), 521–529. Available: http://epubs.siam.org/doi/10.1137/0717044.

Moore, R.E. and Yang, C. (1959). Interval analysis. I. Technical Document LMSD-285875, Lockheed Missiles and Space Division, Sunnyvale, CA, USA.

Morel, Y., Lebastard, V., and Boyer, F. (2016). Neural-based underwater surface localization through electrolocation. *IEEE*, 2596–2603. Available: http://ieeexplore.ieee.org/document/7487417/.

Munk, W.H., Spindel, R.C., Baggeroer, A., and Birdsall, T.G. (1994). The heard island feasibility test. *The Journal of the Acoustical Society of America*, 96(4), 2330–2342. Available: http://asa.scitation.org/doi/10.1121/1.410105.

Nedialkov, N.S. and Jackson, K.R. (2000). ODE software that computes guaranteed bounds on the solution. *Advances in Software Tools for Scientific Computing, Lecture Notes in Computational Science and Engineering*, Springer, Berlin, Heidelberg, 197–224. Available: https://link.springer.com/chapter/10.1007/978-3-642-57172-5_6.

Nedialkov, N.S., Jackson, K.R., and Corliss, G.F. (1999). Validated solutions of initial value problems for ordinary differential equations. *Applied Mathematics and Computation*, 105(1), 21–68. Available: http://dx.doi.org/10.1016/S0096-3003(98)10083-8.

Nehmeier, M. and von Gudenberg, J.W. (2011). filib++, expression templates and the coming interval standard. *Reliable Computing*, 15(4), 312–320. Available: http://dblp.uni-trier.de/db/journals/rc/rc15.html#NehmeierG11.

Neuland, R., Nicola, J., Maffei, R., Jaulin, L., Prestes, E., and Kolberg, M. (2014). Hybridization of Monte Carlo and set-membership methods for the global localization of underwater robots. *2014 IEEE/RSJ International Conference on Intelligent Robots and Systems*, 199–204.

Newman, P. and Leonard, J. (2003). Pure range-only sub-sea SLAM. *IEEE International Conference on Robotics and Automation*, 2, 1921–1926.

Norton, J.P. and Veres, S.M. (1993). Outliers in bound-based state estimation and identification. *1993 IEEE International Symposium on Circuits and Systems*, 1, 790–793.

O'Regan, D., Cho, Y.J., and Chen, Y.Q. (2006). *Topological Degree Theory and Applications*. Chapman & Hall/CRC, Boca Raton, FL. OCLC: ocm64592216.

Palomer, A., Ridao, P., and Ribas, D. (2016). Multibeam 3d underwater SLAM with probabilistic registration. *Sensors*, 16(4), 560. Available: http://www.mdpi.com/1424-8220/16/4/560.

Papoulis, A. and Pillai, S. (2002). *Probability, Random Variables, and Stochastic Processes*. McGraw-Hill. Available: https://books.google.fr/books?id=YYwQAQAAIAAJ.

Paull, L., Seto, M., and Leonard, J.J. (2014). Decentralized cooperative trajectory estimation for autonomous underwater vehicles. *2014 IEEE/RSJ International Conference on Intelligent Robots and Systems*, 184–191.

Pennec, S. (2010). Amélioration de la précision des systèmes de positionnement à base ultra-courte en acoustique sous-marine. PhD dissertation, Université de Bretagne Occidentale, Brest, France.

Piazzi, A. and Visioli, A. (1997). A global optimization approach to trajectory planning for industrial robots. *IROS'97*, 3, 1553–1559.

Picard, K., Brooke, B., and Coffin, M. (2017). Geological Insights from Malaysia Airlines Flight MH370 Search. Available: https://eos.org/project-updates/geological-insights-from-malaysia-airlines-flight-mh370-search.

Pronzato, L. and Walter, É. (1996). Robustness to outliers of bounded-error estimators and consequences on experiment design. *Bounding Approaches to System Identification*, Springer, Boston, MA, 199–212. Available: https://link.springer.com/chapter/10.1007/978-1-4757-9545-5_13.

Pruski, A. and Rohmer, S. (1997). Robust path planning for non-holonomic robots. *Journal of Intelligent and Robotic Systems*, 18(4), 329–350. Available: https://link.springer.com/article/10.1023/A:1007937713460.

Quidu, I., Hétet, A., Dupas, Y., and Lefèvre, S. (2007). AUV (REDERMOR) obstacle detection and avoidance experimental evaluation. *IEEE OCEANS'07 Conference*, Aberdeen (Scotland). United Kingdom, 1–6. Available: https://hal.archives-ouvertes.fr/hal-00504875.

Raïssi, T., Ramdani, N., and Candau, Y. (2004). Set membership state and parameter estimation for systems described by nonlinear differential equations. *Automatica*, 40(10), 1771–1777. Available: http://www.sciencedirect.com/science/article/pii/S0005109804001529.

Ramdani, N. and Nedialkov, N.S. (2011). Computing reachable sets for uncertain nonlinear hybrid systems using interval constraint-propagation techniques. *Nonlinear Analysis: Hybrid Systems*, 5(2), 149–162. Available: http://linkinghub.elsevier.com/retrieve/pii/S1751570X1000049X.

Revol, N., Makino, K., and Berz, M. (2005). Taylor models and floating-point arithmetic: Proof that arithmetic operations are validated in COSY. *The Journal of Logic and Algebraic Programming*, 64(1), 135–154. Available: http://www.sciencedirect.com/science/article/pii/S1567832604000797.

Rohou, S., Franek, P., Aubry, C., and Jaulin, L. (2018). Proving the existence of loops in robot trajectories. *The International Journal of Robotics Research*, 37(12), 1500–1516. Available: journals.sagepub.com/doi/full/10.1177/0278364918808367.

Rohou, S., Jaulin, L., Mihaylova, L., Le Bars, F., and Veres, S.M. (2017). Guaranteed computation of robot trajectories. *Robotics and Autonomous Systems*, 93, 76–84. Available: http://www.sciencedirect.com/science/article/pii/S0921889016304006.

Rohou, S., Jaulin, L., Mihaylova, L., Le Bars, F., and Veres, S.M. (2018), Reliable non-linear state estimation involving time uncertainties. *Automatica*, 93, 379–388. Available: https://www.sciencedirect.com/science/article/pii/S0005109818301699.

Rokityanskiy, D.Y., and Veres, S.M. (2005). Application of ellipsoidal estimation to satellite control design. *Mathematical and Computer Modelling of Dynamical Systems*, 11(2), 239–249. Available: http://www.tandfonline.com/doi/abs/10.1080/13873950500069326.

Rump, S.M. (1988). Reliability in computing: The role of interval methods in scientific computing. Academic Press Professional, Inc., San Diego, CA, USA, 109–126. Available: http://dl.acm.org/citation.cfm?id=60181.60187.

Sam-Haroud, D. and Faltings, B. (1996). Consistency techniques for continuous constraints. *Constraints*, 1(1–2), 85–118. Available: https://link.springer.com/article/10.1007/BF00143879.

Schichl, H. and Neumaier, A. (2005). Interval analysis on directed acyclic graphs for global optimization. *Journal of Global Optimization*, 33(4), 541–562. Available: http://link.springer.com/10.1007/s10898-005-0937-x.

Seddik, S.I. (2015). Localization of a swarm of underwater robots using set-membership methods. PhD dissertation, Université de Bretagne Occidentale, Brest, France.

Serra, R., Arzelier, D., Joldes, M., Lasserre, J.-B.B., Rondepierre, A., and Salvy, B. (2015). A Power Series Expansion based Method to Compute the Probability of Collision for Short-term Space Encounters, Research Report, LAAS-CNRS. Available: https://hal.archives-ouvertes.fr/hal-01131384.

Smith, R., Self, M., and Cheeseman, P. (1990). Estimating uncertain spatial relationships in robotics. *Autonomous Robot Vehicles*. Springer, New York, 167–193. Available: https://link.springer.com/chapter/10.1007/978-1-4613-8997-2_14.

Stachniss, C., Hahnel, D., and Burgard, W. (2004). Exploration with active loop-closing for FastSLAM. *2004 IEEE/RSJ International Conference on Intelligent Robots and Systems (IROS)* (IEEE Cat. No.04CH37566). 2, 1505–1510.

Taha, W., Duracz, A., Zeng, Y., Atkinson, K., Bartha, F.A., Brauner, P., Duracz, J., Xu, F., Cartwright, R., Konečný, M., Moggi, E., Masood, J., Andreasson, P., Inoue, J., Sant'Anna, A., Philippsen, R., Chapoutot, A., O'Malley, M., Ames, A., Gaspes, V., Hvatum, L., Mehta, S., Eriksson, H., and Grante, C. (2015). Acumen: An open-source testbed for cyber-physical systems research. *Internet of Things. IoT Infrastructures, Lecture Notes of the Institute for Computer Sciences, Social Informatics and Telecommunications Engineering*. Springer, Cham, 118–130. Available: https://link.springer.com/chapter/10.1007/978-3-319-47063-4_11.

Thrun, S. and Leonard, J.J. (2008). Simultaneous localization and mapping. In *Springer Handbook of Robotics*, Siciliano, B. and Khatib, O. (eds). Springer Berlin Heidelberg, 871–889. Available: http://link.springer.com/10.1007/978-3-540-30301-5_38.

Thrun, S. and Montemerlo, M. (2006). The graph SLAM algorithm with applications to large-scale mapping of Urban structures. *The International Journal of Robotics Research*, 25(5-6), 403–429. Available: http://journals.sagepub.com/doi/10.1177/0278364906065387.

Thrun, S., Burgard, W., and Fox, D. (2005). *Probabilistic Robotics*, The MIT Press.

Toumelin, N. and Lemaire, J. (2001). New capabilities of the Redermor unmanned underwater vehicle. *IEEE OCEANS'01 Conference*, vol. 2, Marine Technol. Soc, 1032–1035. Available: http://ieeexplore.ieee.org/document/968258/.

Tucker, W. (1999). The Lorenz attractor exists. *Comptes Rendus de l'Académie des Sciences - Series I - Mathematics*, 328(12), 1197–1202. Available: http://www.sciencedirect.com/science/article/pii/S076444429980439X.

Tuohy, S.T., Leonard, J.J., Bellingham, J.G., Patrikalakis, N.M., and Chryssostomidis, C. (1996). Map based navigation for autonomous underwater vehicles. *International Journal of Offshore and Polar Engineering*, 6(1), 9–18.

Tyrén, C. (1982). Magnetic anomalies as a reference for ground-speed and Map-matching Navigation. *Journal of Navigation*, 35(02), 242. Available: http://www.journals.cambridge.org/abstract_S0373463300022025.

Vaganay, J., Leonard, J., and Bellingham, J. (1996). Outlier rejection for autonomous acoustic navigation. *IEEE International Conference on Robotics and Automation*, 3, 2174–2181. Available: http://ieeexplore.ieee.org/document/506191/.

Van Hentenryck, P., Michel, L., and Benhamou, F. (1998). Constraint programming over nonlinear constraints. *Science of Computer Programming*, 30(1), 83–118. Available: http://www.sciencedirect.com/science/article/pii/S0167642397000087.

Veres, S.M. and Norton, J.P. (1996). Parameter-bounding algorithms for linear errors-in-variables models. *Bounding Approaches to System Identification*, Springer, Boston, MA, 275–288. Available: https://link.springer.com/chapter/10.1007/978-1-4757-9545-5_17.

Walter, É. and Piet-Lahanier, H. (1988). Estimation of the parameter uncertainty resulting from bounded-error data. *Mathematical Biosciences*, 92(1), 55–74.

Walter, É. and Piet-Lahanier, H. (1989). Exact recursive polyhedral description of the feasible parameter set for bounded-error models. *IEEE Transactions on Automatic Control*, 34(8), 911–915.

Waltz, D.L. (1972). Generating Semantic Descriptions From Drawings of Scenes With Shadows. Technical report, Massachusetts Institute of Technology, Cambridge, MA, USA.

Wilczak, D., Zgliczyński, P., Pilarczyk, P., Mrozek, M., Kapela, T., Galias, Z., Cyranka, J., and Capinski, M. (2017). Computer Assisted Proofs in Dynamics group, a C++ package for rigorous numerics. Available: http://capd.ii.uj.edu.pl.

Yu, W., Zamora, E., and Soria, A. (2016). Ellipsoid SLAM: A novel set membership method for simultaneous localization and mapping. *Autonomous Robots*, 40(1), 125–137. Available: http://link.springer.com/10.1007/s10514-015-9447-y.

内 容 简 介

本书针对水下机器人定位领域存在的强烈不确定性和感知困难所带来的挑战，巧妙地采用时间约束和跨时间度量，提出了在非结构化水下环境中机器人的鲁棒性自主定位新方法。首先，对水下机器人的定位问题做了综述，明确了所面临的问题，介绍了目前常用的定位方法，给出了区间分析、约束、收缩子和集逆的概念。其次，引入包络边界函数的概念及其相关属性、代数收缩子和实施。然后提出一种新的包络边界函数收缩子来解决微分约束方程问题，使用移动机器人的动态定位和漂移时钟校正这两个示例证明新收缩子的有效性，并通过相关测试验证了机器人执行期内没有受到位置不确定性的影响。最后，提出一种新的基于约束的解决方案（即全新的具有鲁棒性的原始数据 SLAM 方法），并通过 Daurade AUV 实验证明了该方法在应用领域的巨大潜力。书中提出的鲁棒性定位新方法突破了传统导航定位的体系架构，同时给出了相关核心代码，具有很高的参考价值。

本书适合移动机器人学、非线性控制系统、水下机器人学、区间分析和约束规划领域的研究人员和学生阅读、参考。